电工电子技术简明教程

主　编　秦　工　王中明　祝颐蓉

华中科技大学出版社

中国·武汉

内 容 简 介

本书共分为 15 章,涵盖了电工技术和电子技术的基本内容,按章节顺序依次为:电路理论、模拟电子技术、数字电子技术、电气控制技术。在附录中介绍了安全用电常识、静电及其防护技术、雷电及其防护技术、电磁环境污染及其控制。

本书在保证理论体系完整的基础上,内容突出主干和应用,详略得当,避免面面俱到,便于读者掌握电工电子技术的架构和要点;叙述平实,分析到位,深入浅出,利于读者自学;配置大量图表及实用例题,便于读者思考理解;精炼习题,淡化解题技巧,编排较多章节,利于不同学时教学,方便读者阅读。

本书可作为高等院校工科非电类专业的教材,也可供其他相关专业选用和相关工程技术人员参考自学。

图书在版编目(CIP)数据

电工电子技术简明教程/秦工,王中明,祝颐蓉主编.—武汉:华中科技大学出版社,2019.6(2022.7 重印)
应用型本科机电类专业"十三五"规划精品教材
ISBN 978-7-5680-5393-8

Ⅰ.①电… Ⅱ.①秦… ②王… ③祝… Ⅲ.①电工技术-高等学校-教材 ②电子技术-高等学校-教材
Ⅳ.①TM ②TN

中国版本图书馆 CIP 数据核字(2019)第 136788 号

电工电子技术简明教程
Diangong Dianzi Jishu Jianming Jiaocheng

秦 工 王中明 祝颐蓉 主编

策划编辑:袁 冲
责任编辑:舒 慧
封面设计:孢 子
责任监印:朱 玢
出版发行:华中科技大学出版社(中国·武汉) 电话:(027)81321913
武汉市东湖新技术开发区华工科技园 邮编:430223
录 排:武汉正风天下文化发展有限公司
印 刷:武汉开心印印刷有限公司
开 本:787mm×1092mm 1/16
印 张:20.5
字 数:511 千字
版 次:2022 年 7 月第 1 版第 2 次印刷
定 价:53.00 元

电工电子技术是高等院校工科非电类专业的一门技术基础课程,它主要研究电工技术和电子技术的理论和应用。电工技术包括电路分析基础、电机及其控制技术,电子技术包括模拟电子技术、数字电子技术。这门课程主要讲述电工电子技术的基本理论和器件、基本分析思路和方法、基本电路设计和应用等内容,使学生打好用电技术的理论知识基础和工程应用基础。

本书依据电工电子技术的课程要求,并结合编者多年的教学实践经验编写而成。本书共分为15章,涵盖了电工技术和电子技术的基本内容,按章节顺序依次为:电路理论、模拟电子技术、数字电子技术、电气控制技术。在附录中介绍了安全用电常识、静电及其防护技术、雷电及其防护技术、电磁环境污染及其控制。

本书在结构和内容上有以下特点:

(1)突出重点,避免面面俱到。

该课程内容广,概念多,公式多,电路多,器件多,所以要突出重点知识讲解。对于每一章的内容,有的要详尽讲解,有的可一般介绍,有的可不讲,这样既能保证体系完整,又便于主要知识点的学习。如第2章电路分析,重点讲述支路电流法,要充分理解和掌握 KCL 和 KVL,其他方法只是作为分析技巧,做一般介绍;再如第11章时序逻辑电路,没有讲解时序逻辑电路分析和设计的内容,但是对边沿触发器做了详细分析。

(2)多用图表实例,强调应用性。

为便于读者理解自学,本书用大量的图表讲解了各章知识点,注重电路设计思路和方法的介绍。如第13章的 D/A 转换器部分,定性和定量相结合,讲解取样、保持、量化、编码的 D/A 转换工作过程。本书用许多实用电路说明理论、元件、器件在实际中的应用(实用电路避免采用复杂的电子系统),如 RC 电路的多种功能,二极管在电路中的各种作用,以及压力检测电路、过流保护电路、简单的开关电源、数字钟、555 定时器在日常生活中的应用等。

(3)章节编排合理,文字叙述平实。

本书将学生以前所学的有关电方面的内容,如电流、电压、功率、电阻、欧姆定律等概念及其相关的简单计算,作为开篇第1章,目的是使学生进一步熟练地掌握这些常用概念的意义,方便后续章节的深入学习。另外,二极管在电路中能起到很多作用,对二极管的熟练运用,有助于很多类型的电路和器件的学习和理解,所以将二极管作为单独一章即第5章进行讲解。在讲解概念和工作原理时,力求用平实的语言进行叙述,避免晦涩的词汇堆砌,以方便学生阅读自学。

本书第1、9、10、11、12、13章和附录部分由秦工编写,第5、6、7、8、15章由王中明编写,第2、3、4、14章由祝颐蓉编写。全书由秦工统稿。

本书配有电子课件和习题解答,可免费提供给采用本书作为教材的高校老师使用,可发送邮件至 211272956@qq.com 获取。

由于编者水平有限,书中难免有错误和不当之处,恳请广大读者批评指正。

编　者
2019 年 2 月

第 1 章
电路及其基本物理量

◀ **本章指南**

　　本章的目的在于介绍电路、电压、电流、电动势、功率的基本概念和关联参考方向在电路分析中的重要性，用欧姆定律对直流电路进行简单的分析和计算。这些概念和计算方法将贯穿于本书始末。

◀ 1.1 电路的组成及其作用 ▶

1.1.1 电路的组成

电路是电流所流经的路径,或称电子回路,它是在电压作用下由自由电子或自由离子移动形成的。在实际中,电路是为实现某种应用目的,将若干电气设备和电子元器件按一定方式连接而构成的网络。为了便于分析电路的实质,通常用符号表示组成电路的实际元器件及其连接线,即画成所谓的电路图。用电设备大都用 LED(发光二极管)作为指示灯,其电路图如图 1.1.1 所示。另外,手机的手电筒 APP 控制的照明硬件电路也与此类似。如果电路较为复杂,也可以用电路框图进行分析。图 1.1.2 所示为手机电池充电电路框图。

图 1.1.1　LED 指示灯电路　　　　图 1.1.2　手机电池充电电路框图

由图 1.1.1 和图 1.1.2 可以看出,无论是简单电路还是复杂电路,一般由电源、中间环节和负载三部分组成。电源在电路中提供电能,其功能是将非电能转换成电能,如锂电池和水力发电机等;负载的功能是吸收电能,将电能转换成非电能或消耗电能,如电扇、日光灯和电炉等;中间环节的功能是实现对电路的连接、控制、测量和保护等,如导线、开关,限流、分压、数字控制,电压表、电流表和短路保护等。

1.1.2 直流电路和交流电路

直流电路(DC circuit)就是电流的方向不变的电路。直流电路的电流大小是可以改变的。电流的大小和方向都不变的称为恒定电流。图 1.1.1 所示的 LED 指示灯电路即为直流电路。

交流电路(AC circuit)就是电流的大小和方向都在随时间变化的电路。正弦交流电路是交流电路的一种最基本的形式,其电压或电流的大小和方向随时间做周期性变化。220 V、50 Hz 的市电即为正弦交流电。

在电路分析中,直流电路的物理量用大写字母表示,电压、电流、电动势(描述电源特征)分别表示为 U、I、E;交流电路的物理量用小写字母表示,电压、电流、电动势(描述电源特征)分别表示为 u、i、e。

直流电和交流电各有用途,它们之间可以通过相应的电路进行转换。将交流电转变成直流电称为整流,如手机电源适配器;将直流电转变成交流电称为逆变,如车载逆变器。

1.1.3 强电电路和弱电电路

电路的作用一般分为两大类。

一类是用于实现电能的传输和转换,如高压输电系统、大功率动力系统、开关电源等。这类电路的处理对象是能源(电力),其特点是电压高、电流大、功率大和频率低,习惯上称之为强电电路,主要考虑的问题是减少损耗、提高效率等。

另一类是用于进行电信号的传递和处理,如计算机中的各种电信号的传输、放大、滤波、运算、存储等。这类电路的处理对象是信息(电信号),其特点是电压低、电流小、功率小和频率高,习惯上称之为弱电电路,主要考虑的问题是信息传送、处理和控制的可靠性、速度、低功耗等。

弱电控制强电是智能控制技术的一个应用,如空调器系统自动测量室内温度,与设定的温度值比较,从而控制压缩机的运行。压缩机的原理和制造不是本书所涉及的内容,但是,测量、设定、比较、控制能够通过本书的学习来完成。

家庭用电入口也分为强电和弱电。强电箱提供 380/220 V 配电线路,将电能输送给照明灯具、电热水器、取暖器、冰箱、电视机、空调等强电电气设备;弱电箱提供电话线路、电视线路和网络线路,实现电话机、电视机和电脑等弱电设备的信息传递。

◀ 1.2 关联参考方向 ▶

1.2.1 电路的基本物理量

1. 电流

在电路中,电源的电动势形成了电压,继而产生了电场力,在电场力的作用下,处于电场内的电荷发生定向移动,从而形成了电流。把单位时间里通过导体任一横截面的电荷(量)叫作电流强度,简称电流,其表达式为

$$i = \frac{\mathrm{d}q}{\mathrm{d}t} \tag{1.2.1}$$

式中,i 就是电荷(量)q 对时间 t 的变化率。电流 i 的单位为安(培)(A),为叙述方便,也可采用毫安(mA、10^{-3} A)、微安(μA、10^{-6} A)或千安(kA、10^{3} A)。

规定正电荷移动的方向为电流的实际方向,在电路图中用箭头标出,如图 1.2.1 所示。

2. 电压

顾名思义,电压是引起电流流动的电的压力。电压是描述电场力做功的物理量,设正电荷 $\mathrm{d}q$ 从 a 点通过电阻 R 移至 b 点电场力所做的功为 $\mathrm{d}W$,如图 1.2.1 所示,则 a、b 间的电压为

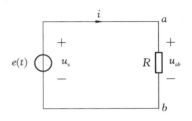

图 1.2.1　简单电路图

$$u_{ab} = \frac{\mathrm{d}W}{\mathrm{d}q} \tag{1.2.2}$$

式中,电压 u_{ab} 的单位为伏(特)(V),为叙述方便,也可采用毫伏(mV、10^{-3} V)、微伏(μV、10^{-6} V)或千伏(kV、10^3 V)。

电路中,两点间的电压也可以用两点间的电位差来表示,即

$$u_{ab} = V_a - V_b \tag{1.2.3}$$

式中,V_a、V_b 分别是 a 点、b 点的电位值。电位的符号以大写字母 V 表示。所谓某点的电位,在数值上可以理解为该点与参考点之间的电压。参考点又称为零电位点,在电路分析中,可以任选一点作为参考点,常用符号"⊥"表示。多数情况下,常以电源的负端或公共节点作为参考点。在图 1.2.1 所示的电路中,以电源负端作为参考点,则 b 点的电位 $V_b = 0$。在工程实际中,通常将大地或电气柜柜体作为参考点,所以,习惯上将参考点称为"接地"。

规定电压的实际方向是电位降的方向,即从高电位点指向低电位点,用正负极性表示,"+"号表示高电位点,"−"号表示低电位点。

电源给电路提供能量,具有电动势 $e(t)$。电动势是描述电源中非电场力做功的能力,是指将单位正电荷从负极移至正极所做的功。在电路分析中,一般电源的极性都是已知的。在图 1.2.1 所示的电路中,表示电动势 $e(t)$ 的图形符号是内阻为 0 的理想电压源,这也是电压源的图形表示。$u_s(t)$ 表示电压源提供的电压值,并标明极性,于是有 $u_s(t) = u_{ab}$。若是直流电压源,以大写字母 U_s 表示。

1.2.2 参考方向

对于图 1.2.1 所示的电路,电压和电流的实际方向很好标明,但是,在后续章节中,将要接触到较为复杂的电路,如具有两个及以上的电源(电压源或电流源)的电路,就难以直观地分析出电路中各元器件的电压和电流的实际方向。不知道电路中的电压和电流的方向,就无法对电路进行分析和计算。

所采取的解决方法是,除电源外,预先假定电路中各元器件的电流和电压的方向,该方向称为电流(或电压)参考方向。在电路图中,电流参考方向用箭头标出,电压参考方向用正负极性标出。有了这些假定的参考方向,再用电路理论进行分析和计算。所得出的流过元器件的电流值和元器件两端的电压值,若为正值,则表示所标出的参考方向和实际方向相同;若为负值,则表示所标出的参考方向和实际方向相反。

这里还介绍一个重要的概念,即关联参考方向。用关联参考方向分析电路,会得出一些有用的结论。对于电源以外的元器件,由前面的电压和电流的概念分析可知,其电压和电流的实际方向是一致的,电流总是从电压的高电位端流向低电位端。那么,在分析电路时,常假定元件的电压参考方向和电流参考方向一致,称为关联参考方向,否则就称为非关联参考方向。

在图 1.2.1 所示的电路中,电阻元件标出的就是关联参考方向,电源标出的就是非关联参考方向。

1.2.3 功率

在电路中,功率也是一个常用的物理量,它是指电路元器件(包括电源)在单位时间内消

耗(吸收)或输出(释放)的电能。功率的单位为瓦(特)(W),其计算公式为

$$p = ui \tag{1.2.4}$$

采用关联参考方向分析功率公式,可得出以下结论:

若 $p > 0$,表示该元器件的电压和电流的实际方向一致,该元器件作为负载消耗功率,如图 1.1.1 所示的发光二极管。图 1.1.2 所示的手机电池被充电,此时其作为负载吸收电能。也可以这样说,该元器件属关联参考方向,是负载。

若 $p < 0$,表示该元器件的电压和电流的实际方向不一致,该元器件作为电源输出功率。也可以这样说,该元器件属非关联参考方向,是电源。

◀ 1.3 直流电路的简单计算 ▶

1.3.1 串、并联电阻的等效变换

1. 电阻元件

所有材料都会对电流产生阻力,电阻就是由某些阻碍电流的材料制成的,如图 1.3.1 所示。电阻的符号是 R,基本单位是欧姆(Ω),电阻阻值的大小反映电阻材料获得自由电子(载流子)的能力。人的干燥的双手间的电阻为 $1 \sim 5$ kΩ,人的潮湿的双手间的电阻为 $200 \sim 800$ Ω,长 1 m、横截面积为 1 mm^2 的铜导线在 20 ℃ 时的电阻值约为 0.017 Ω。

电阻元件有线性电阻和非线性电阻之分,非线性电阻有光敏电阻、压敏电阻和二极管等,如图 1.3.2 所示,这里只讨论线性电阻。线性电阻的阻值 R 是一个常数,无论是直流还是交流,在任一瞬间,线性电阻两端的电压与通过它的电流的关系遵循欧姆定律,即

$$U = RI(\text{或 } u = Ri) \tag{1.3.1}$$

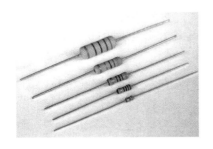

图 1.3.1 典型的电阻

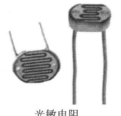

光敏电阻

压敏电阻

图 1.3.2 典型的非线性电阻

电阻是一种耗能元件,它将电能转换为热能。当电流流过电阻时,会产生热量。若电阻过热,则会燃烧。因此,选用电阻时,要注意电阻的额定功率这个指标。图 1.3.1 所示的电阻的额定功率从下到上依次是 $\frac{1}{8}$ W、$\frac{1}{4}$ W、$\frac{1}{2}$ W、1 W、2 W。

例题 1.1 24 V 的电源与 1 kΩ 的电阻连接,电阻所消耗的功率是多少? 所选电阻标定的额定功率是多大?

解 由功率计算公式可得,电阻所消耗的功率为

$$P=UI=\frac{U^2}{R}=\frac{24^2}{1000}\ \text{W}=0.576\ \text{W}$$

根据经验,在合理的安全系数下,电阻的额定功率应是计算值的 2 倍。因此,应选用功率为 1 W 的电阻。

2. 电阻的作用

可以说,电阻在电路中是最常用的元件,电路无处不用电阻。在日常生活中,见得较多的是把电阻用作负载进行电热转换,即电热器,如电饭煲、电热水器、取暖器、电炉、电烙铁等。电阻在电路中的作用还有很多,如限流电阻、取样电阻、偏置电阻、上拉电阻等,随着学习的深入,会陆续介绍这些电阻。这里介绍电阻的几个基本作用,同时加深电压、电流和功率概念在电路中应用的理解。

1）分压

分压电路即电阻的串联电路,如图 1.3.3 所示。在各电阻中通过同一电流 I,由欧姆定律可知,分压公式为

$$U_1=\frac{R_1}{R_1+R_2+R_3}U,\quad U_2=\frac{R_2}{R_1+R_2+R_3}U,\quad U_3=\frac{R_3}{R_1+R_2+R_3}U \quad (1.3.2)$$

该电路的等效电阻,即总电阻等于各电阻之和,可表示为

$$R=R_1+R_2+R_3 \quad (1.3.3)$$

由分压公式可知,串联电路实现的是降压分压。如有一个小灯泡的额定电压是 5 V,但是所提供的电源是 12 V,那么就要在电路中与小灯泡串联一个分压电阻,承担 7 V 压降,以保证小灯泡正常发光。

2）分流

分流电路即电阻的并联电路,如图 1.3.4 所示。各电阻两端有相同的电压 U,由欧姆定律可知,分流公式为

$$I_1=\frac{R_2}{R_1+R_2}I,\quad I_2=\frac{R_1}{R_1+R_2}I \quad (1.3.4)$$

设该电路的等效电阻,即总电阻为 R,总电阻的倒数是各并联电阻的倒数之和,可表示为

$$R=R_1//R_2=\frac{R_1R_2}{R_1+R_2}\quad \text{或者}\quad \frac{1}{R}=\frac{1}{R_1}+\frac{1}{R_2} \quad (1.3.5)$$

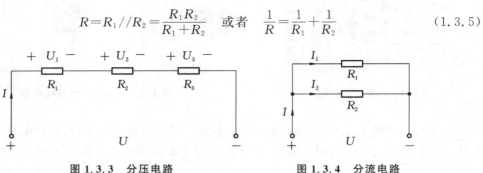

图 1.3.3　分压电路　　　　　　　　图 1.3.4　分流电路

在实践中,常利用电阻并联组成分流电路,以对电路中的电流进行再分配。如在电流表的两端并联一个分流电阻,分担超出电流表满量程的电流,这样可以使电流表的量程扩大。选取的分流电阻的阻值越小,电流表所能测量的量程就越大。

3）阻抗匹配

阻抗是应用于交流电路中的一个概念，是交流电路中电阻、电容、电感对电流所起的阻碍作用，以复数形式描述，单位是欧姆。阻抗匹配是指负载阻抗与信号源内部阻抗（或传输线特征阻抗）之间的一种合适的匹配方式，反映了电路中输入和输出间的功率传输关系。当实现阻抗匹配时，负载将从电源获得最大传输功率；反之，会导致能量传输受阻，效率降低，还会对所传输的信号产生不利影响，如导致音色变差或图像模糊。

这里通过对纯电阻的直流电路进行讨论，来理解阻抗匹配问题。实际中，电源是有内阻的，在图 1.2.1 所示的电路中加入内阻 R_0，就有了图 1.3.5 所示的电路，其中 R_L 为负载，该电路处于有载工作状态。电路中的电流为

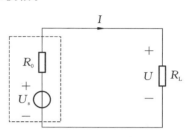

图 1.3.5　纯电阻电路

$$I = \frac{U_s}{R_0 + R_L} \tag{1.3.6}$$

式（1.3.6）表明，要使电路的输出电流大，则选择小阻值的负载。若 $R_L = 0$，则电路处于短路状态，因电源内阻很小，故有很大的输出电流，将会导致电源损坏，导线过热而引起火灾。短路状态应极力避免和预防。

根据欧姆定律，式（1.3.6）还可以变换为

$$U = \frac{R_L}{R_0 + R_L} U_s \tag{1.3.7}$$

式（1.3.7）表明，要使输出电压大，则选择大阻值的负载。若 $R_L = \infty$，则电路处于开路状态，电源空载，故有 $U = U_s$。

要使负载从电源获得最大传输功率，应满足的条件为

$$P = UI = I^2 R_L = \left(\frac{U_s}{R_0 + R_L}\right)^2 R_L = \frac{U_s^2}{4R_0 + \frac{(R_0 - R_L)^2}{R_L}} \tag{1.3.8}$$

因此，只有当 $R_0 = R_L$ 时，上式分母最小，此时负载所获取的功率最大，为

$$P_{max} = U_s^2 / 4R_0 \tag{1.3.9}$$

所以，当负载电阻等于电源内阻时，负载将获得最大功率，这就是阻抗匹配电路的基本原理。

阻抗匹配原理多应用于交流电路中，如闭路电视信号传输的同轴电缆与电视机射频输入端的连接、音频功放设备与喇叭的连接。当然，关于交流电路的阻抗匹配条件的计算要复杂得多，其相关的基本知识将在后续章节中介绍。

3. 等效电阻

等效电阻是指代替原来的几个电阻后，整个电路的效果与原来几个电阻的电路相同的电阻。对于单纯的串联电阻电路或者单纯的并联电阻电路，其等效电阻一目了然，很容易得到；对于串、并联混合的电路，因电路较为复杂，其等效电阻就需要通过分析、图形变换和计算而得到。下面通过例题来介绍求等效电阻的常用方法。

例题 1.2　计算图 1.3.6 所示的电路中 a、b 两端的等效电阻 R。

解　求解步骤如下。

（1）将等电位点看成一点，即节点，用字母命名，如图 1.3.7（a）所示。说明：在电路分析

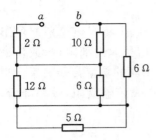

图 1.3.6 例题 1.2 的电路图

中,如没有特别指出,导线电阻忽略。

（2）在 a、b 之间按顺序将所命名的节点排在同一直线上。

（3）将各节点间的电阻画入,这样就构成了能清楚看出串、并联结构的电路图,便于求解等效电阻,如图 1.3.7(b)所示。

注意:

① 导线的交叉点,若是连接的,在图中必须用实心黑圆点标注;否则会被认为交叉点是非连接的,结果就会差之毫厘,失之千里。

② 5 Ω 电阻两端均接在等电位点上,电路中的电流不流过它,它对电路没有贡献,可去掉。

（4）用电阻的串联和并联公式,计算出等效电阻,即 $R = 7\ \Omega$。

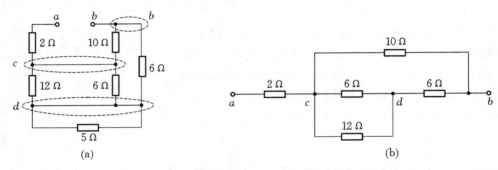

(a)   (b)

图 1.3.7 例题 1.2 的求解分析图

1.3.2 电位的计算

前面在介绍电压的概念时,同时也介绍了电位的概念。为了进一步强调,关于电位有以下几个结论:

（1）电路中某点的电位等于该点与参考点之间的电压。

（2）电位值随参考点的改变而改变,但任意两点间的电压值不变。

（3）各点的电位值是相对的,而电压值是绝对的。

在电路分析中,为简化电路图的画法,常不画电源图形符号,用电源某一端的电位值表示,而将电源的另一端作为参考点,或称"接地",用符号"⊥"标注。

例如,将图 1.3.5 所示的电路的完整画法变换为用电位表示的简化画法:若将电源的负极作为参考点,那么该电源的电位值就是正值,如图 1.3.8(a)所示;若将电源的正极作为参考点,那么该电源的电位值就是负值,如图 1.3.8(b)所示。

例题 1.3 计算图 1.3.9 所示的电路中开关 S 断开和闭合时 b 点的电位。

解 （1）当开关 S 闭合时,形成完整回路,有电流通过,a 点电位高,b 点电位低,故电流方向由 a 指向 c,则电流为

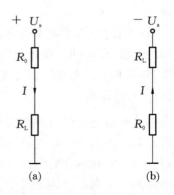

(a)   (b)

图 1.3.8 用电位表示的简化画法

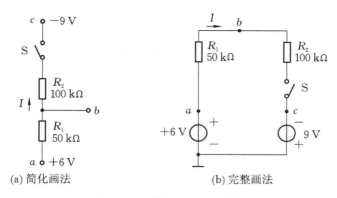

图 1.3.9　例题 1.3 的电路图

$$I=\frac{V_a-V_c}{R_1+R_2}=\frac{6-(-9)}{(50+100)\times 10^3}\ \mathrm{A}=0.1\times 10^{-3}\ \mathrm{A}=0.1\ \mathrm{mA}$$

因为 $U_{ab}=V_a-V_b$,故有

$$V_b=V_a-U_{ab}=(6-0.1\times 50)\ \mathrm{V}=1\ \mathrm{V}$$

（2）当开关 S 断开时,电路不能形成回路,50 kΩ 电阻无电流流过,a、b 两点等电位,故有

$$V_a=V_b=6\ \mathrm{V}$$

◀ 1.4　电路仿真软件 Multisim 介绍 ▶

　　Multisim 是美国国家仪器(NI)有限公司推出的以 Windows 为基础的仿真工具,可以虚拟设计、测试和演示各种电子电路(电工学、模拟电路、数字电路等),具有详细的电路分析功能,能帮助设计人员分析电路的性能,帮助学生强化理论理解。

　　Multisim 提供了基于动手实践的学习方法,可让学生轻松地将理论与实际联系起来,以一种很有效的方法来帮助学生提高学习效率。

　　Multisim 易学,界面直观,学生通过短时间的自学,就可以轻松地选择元器件、搭建原理图、测试和分析电路。

　　学生可以使用内含的仿真仪器(如万用表、函数信号发生器、示波器、稳压电源、频谱分析仪、逻辑分析仪等)来驱动电路、测量电路,并检查仿真结果。这些易于配置的仪器可以像真实的仪器那样设置、使用和读数。

　　Multisim Live 将电路教育环境扩展到浏览器,支持任何手机、平板电脑和计算机,为学生提供了免费的在线触控环境来进行仿真和协作。数千个 Multisim Live 共享电路范例进一步完善了 Multisim 教学方法,让学生可以随时随地学习。

　　以下是用 Multisim 对例题 1.3 中的电路进行仿真并测试的结果。

1. Multisim 用户界面

　　Multisim 具有界面友好、功能强大、操作方便、易学易用等特点,其虚拟电子元器件和虚拟仪器仪表能进行电路的设计和测试。Multisim 用户界面(见图 1.4.1)如同一个实际的电子实验台,屏幕中央最大的窗口就是电路工作区,还包括菜单栏、元器件栏、虚拟工具栏、电路元件属性视窗、仿真按钮等。

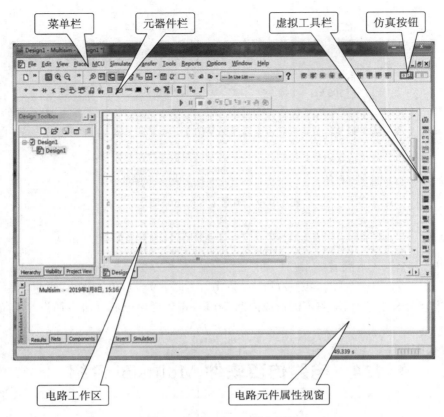

图 1.4.1 Multisim 用户界面

2. 选取元器件

从元器件栏中选取元器件放置在电路工作区,如图 1.4.2 所示。

3. 连线,形成电路原理图

用鼠标连线,形成例题 1.3 的电路图,如图 1.4.3 所示。

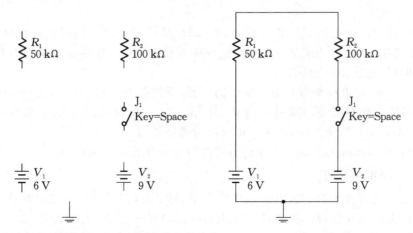

图 1.4.2 在电路工作区中放置元器件   图 1.4.3 电路图连线

4. 仿真与测试

从虚拟工具栏选取万用表放置在电路图的 b 点,启动仿真按钮,测量 b 点的电压,如图 1.4.4 所示。

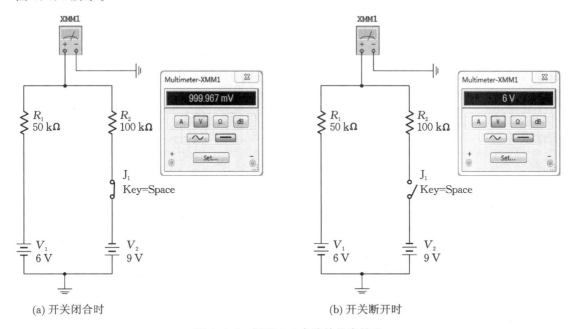

(a) 开关闭合时   (b) 开关断开时

图 1.4.4　例题 1.3 电路的仿真结果

习　　题

1.1　对于图 1.1.1 所示的 LED 指示灯电路,给定的直流电源为 5 V,忽略电源内阻。当开关 S 闭合时,发光二极管工作,此时其导通压降为 2 V,若其工作电流为 10 mA,求电路中所取限流电阻的阻值。

1.2　一个 220 V、60 W 的灯泡内流过的电流是多少?灯丝的电阻是多少?

1.3　某 4.2 V 电池的内阻是 0.1 Ω,当负载获得 500 mA 的电流时,电池提供给负载的电压是多少?

1.4　一种家用取暖器的功率为 2400 W,问需用多少安的插座才安全?至少需用多少平方米的铜芯电线作为电源线?(此题需自查相关资料)

1.5　电路如图 1.01 所示,试求 U_{ab}。

1.6　蓄电池充电电路图如图 1.02 所示,RP 为电位器,即可变电阻器。已知电动势

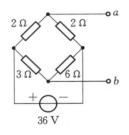

图 1.01　习题 1.5 图

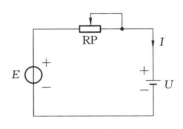

图 1.02　习题 1.6 图

$E=20$ V,调节电位器 RP,使其阻值为 $R=2$ Ω。当蓄电池两端电压 $U=12$ V 时,求电路中的充电电流 I 及各元件的功率。

1.7 有一电池电路如图 1.03 所示,电池两端电压为 U。当 $U=3$ V,$E=5$ V 时,该电池是作为电源供电还是作为负载充电?

1.8 电路如图 1.04 所示,试计算 U_{ab}。

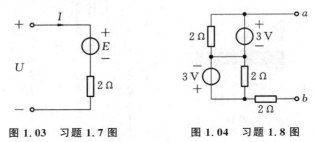

图 1.03 习题 1.7 图   图 1.04 习题 1.8 图

1.9 计算图 1.05 所示的电路中 a、b 间的等效电阻 R_{ab}。

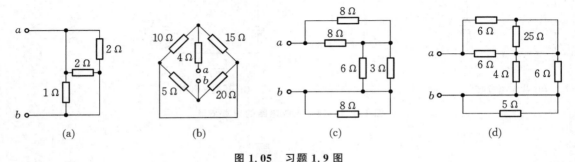

(a)   (b)   (c)   (d)

图 1.05 习题 1.9 图

1.10 在图 1.06 中,若以 a 点作为参考点,试计算 b、c、d、e 点的电位。

1.11 计算图 1.07 所示的电路图中 A、B、C 点的电位。

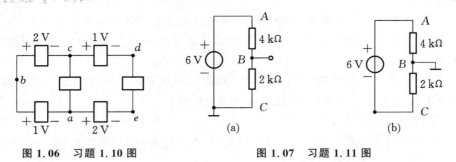

图 1.06 习题 1.10 图   图 1.07 习题 1.11 图

1.12 计算图 1.08 所示的电路在开关 S 断开和闭合时 A 点的电位 V_A。

1.13 计算图 1.09 中 A 点的电位 V_A,并采用完整画法画出该电路。

1.14 手机已成为人们生活中不可缺少的日用品,查阅资料,从电信号的传递和处理角度,简要分析手机主要功能的实现过程。

1.15 在汽车领域,新能源汽车蓬勃发展,查阅资料,从电能的传输和转换角度,简要分析电动汽车的工作原理和关键技术。

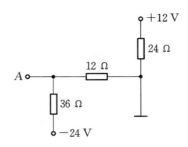

图 1.08　习题 1.12 图　　　　图 1.09　习题 1.13 图

第 2 章
电路分析

◀ **本章指南**

　　电路分析是指确定已知电路中各部分电压与电流之间的关系,从而进一步了解电路的功能。本章从电路的基本组成元件——电源入手,讲解电源的等效算法,然后介绍电路分析中除了欧姆定律之外的另一条基本定律——基尔霍夫定律。但应用欧姆定律、等效电源定理和基尔霍夫定律计算复杂电路的电压、电流仍相当繁杂。因此,在后续章节中又介绍了支路电流法、叠加原理、戴维南定理,以及如何应用这些定理、方法分析直流电路。

◀ 2.1 电压源和电流源及其等效变换 ▶

电源是任何电路都不可缺少的重要组成部分,它是电路中电能的来源。一个实际的电源可以用两种不同的电路模型表示:一种是用电压的形式,称为电压源;一种是用电流的形式,称为电流源。

2.1.1 理想电压源与实际电压源

理想电压源是实际电压源的一种理想化模型。理想电压源两端的电压与通过它的电流无关,其电压总保持为某个给定的数值或时间的函数。

理想电压源一般具有以下特性:

(1)电压 $u_s(t)$ 是固定的,与所连接的外电路无关(负载不能短路);

(2)电压源的电流随与之连接的外电路的不同而不同,也就是说,电压源的电流随负载的变化而变化;

(3)电压源的内阻为零。

理想电压源在电路中的图形符号如图 2.1.1 所示,U_s 是直流电压源的电压值,其伏安特性曲线是一条不通过原点且与电流轴平行的直线。

实际电压源由理想电压源串联一个电阻构成,如图 2.1.2 所示,图中 R_0 称为电压源的内阻或输出电阻,$U = U_s - IR_0$。当 $R_0 = 0$ 时,实际电压源就变成了理想电压源。

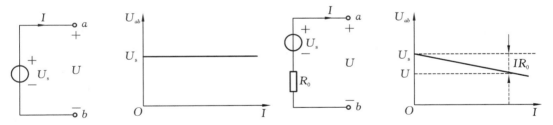

图 2.1.1　理想电压源及其伏安特性曲线　　图 2.1.2　实际电压源及其伏安特性曲线

由实际电压源的伏安特性曲线可以看出,其两端电压 U 将随负载电流的增大而减小,减小的快慢程度由内阻 R_0 决定。R_0 越大,U 减小得越快,曲线越陡,表明带负载的能力越差;R_0 越小,U 减小得越慢,曲线越平缓,表明带负载的能力越强。

2.1.2 理想电流源与实际电流源

理想电流源是实际电流源的一种理想化模型。理想电流源的电流总保持为某个给定的时间函数,而与其两端电压无关。

概括地说,理想电流源一般有以下特性:

(1)输出电流始终保持恒定或者是某个确定的时间函数,与负载情况无关(负载不能开路);

(2)电流源两端电压的大小由负载决定;

（3）电流源的内阻为无穷大。

理想电流源在电路中的图形符号如图 2.1.3 所示，图中 I_s 为理想电流源的电流，其伏安特性曲线是一条不通过原点且与电压轴平行的直线。

实际电流源在向外电路提供电流的同时，也存在一定的内部损耗，这种情况可以用一个理想电流源和一个内电阻的并联模型来替代。图 2.1.4 所示为实际电流源及其伏安特性曲线。

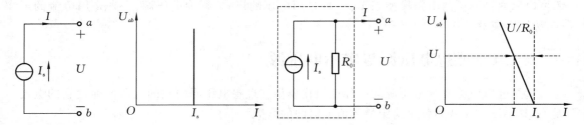

图 2.1.3　理想电流源及其伏安特性曲线　　　图 2.1.4　实际电流源及其伏安特性曲线

实际电流源的伏安特性曲线的倾斜程度由内阻 R_0 决定。R_0 越小，该曲线越平缓；R_0 越大，该曲线越陡，R_0 支路对 I_s 的分流作用就越小。

2.1.3　电压源与电流源的等效变换

既然一个电源可用电压源这种电路模型表示，也可用电流源这种电路模型表示，而且电压源与电流源的外特性是相同的，因此，电源的这两种电路模型之间其实是相互等效的，可以进行等效变换。利用这种等效变换，在进行复杂电路的分析计算时，往往会带来很大的方便。

图 2.1.5 所示是电压源和电流源分别对电阻 R 供电的电路，若两电路中通过 R 的电流和其两端电压相同，则认为电压源和电流源是等效的。

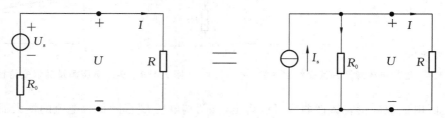

图 2.1.5　电压源和电流源的等效变换

等效变换的方法如下：

（1）电压源和电流源的内阻相等，均为 R_0；

（2）电压源的电压和电流源的电流的关系为 $\dfrac{U_s}{R_0}=I_s$。

需要注意的是：

（1）变换前后电压与电流的方向（即电流源电流的方向与电压源电压升高的方向）相同；

（2）所谓的等效是指对外部电路等效，对内部电路是不等效的；

（3）理想电压源与理想电流源不能相互转换。

例题 2.1 求图 2.1.6(a)中阻值为 4 Ω 的电阻的电压值。

解 根据电压源和电流源等效变换原理,可以将图 2.1.6(a)进行变换,如图 2.1.6(b)至图 2.1.6(h)所示。

根据图 2.1.6(h),有

$$U = 12 \times \frac{4}{4+4} \text{ V} = 6 \text{ V}$$

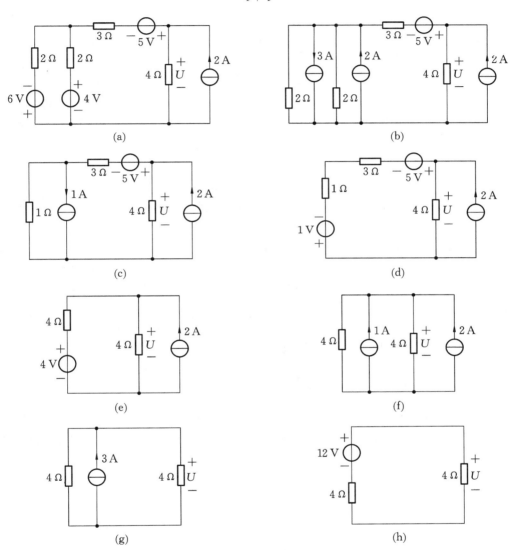

图 2.1.6 例题 2.1 的电路图

◀ 2.2 基尔霍夫定律 ▶

在初高中阶段,分析与计算电路的基本定律主要是欧姆定律,其实除了欧姆定律外,基尔霍夫定律亦是电路分析的重要定律,它更是电路理论的基石。

在介绍基尔霍夫定律之前,先介绍电路分析中常用的几个名词术语。

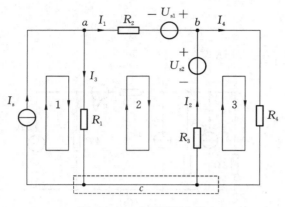

图 2.2.1　术语解释电路

（1）支路（branch）：电路中每一条不分岔的局部路径,其特点是支路中流过同一电流。例如,图 2.2.1 所示的电路中共有五条支路。

（2）节点（node）：三条或三条以上支路的公共连接点。例如,图 2.2.1 所示的电路中共有三个节点 a、b 和 c（注意,c 应该算作节点而不是支路）。

（3）路径（path）：两节点间的一条通路,由支路构成。例如,图 2.2.1 所示的电路中,a 通过 b 到达 c。

（4）回路（loop）：由支路组成的闭合路径。例如,图 2.2.1 所示的电路中共有六条回路,请读者自行找出。

（5）网孔（mesh）：对于平面电路,内部不含任何支路的回路称为网孔。网孔属于回路,但回路并非都是网孔。例如,图 2.2.1 所示的电路中共有三个网孔。

基尔霍夫定律是从整体上描述电路的约束关系,这种关系与电路中各元件的连接情况有关。基尔霍夫定律是电路最基本的规律,不论元件是什么性质的,不论是直流电路还是交流电路,不论是线性电路还是非线性电路,不论是平面电路还是非平面电路,基尔霍夫定律都是普遍适用的。

基尔霍夫定律包括基尔霍夫电流定律（KCL）和基尔霍夫电压定律（KVL）,前者适用于电路中的节点,而后者适用于电路中的回路。

2.2.1　基尔霍夫电流定律（KCL）

KCL 全称为 Kirchhoff's current law,它是描述电路中与节点相连的各支路电流间的相互关系的定律,其基本内容是:在任一时刻、任一节点,流入该节点的电流总和等于流出该节点的电流总和,即

$$\sum i_入 = \sum i_出 \tag{2.2.1}$$

也可表述为流入任一节点的电流的代数和为零,即

$$\sum i = 0 \tag{2.2.2}$$

基尔霍夫电流定律的本质是,由于电荷不可能在节点集合堆积,所以流入节点的电流必须等于流出节点的电流,这是电流具有连续性的体现,也可视为物质不灭在电学中的体现。

例题 2.2　在图 2.2.2 中,$I_1 = 2$ A,$I_2 = -3$ A,$I_3 = -2.5$ A,试求 I_4。

解　应用式（2.2.1）可列出节点方程,即

$$I_1 + I_3 = I_2 + I_4$$

也可应用式（2.2.2）列出节点方程,即

$$I_1 - I_2 + I_3 - I_4 = 0$$

代入数据,可得

$$2-(-3)+(-2.5)-I_4=0$$

解得

$$I_4=2.5\ \text{A}$$

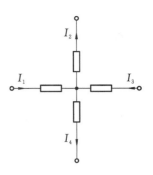

在列方程时,通常惯用的规定是:在参考方向下,流入节点的电流取正值,流出节点的电流取负值,也可相反规定。

注意:在列 KCL 方程时,只根据电流的参考方向来判断电流是流入节点还是流出节点,具体计算时,电流是正值就代入正值,是负值就代入负值。所以,在 KCL 方程中有两套正负号,I 前的符号由 KCL 根据电流参考方向确定,括号内的正负号则表示 I 的实际方向与参考方向的关系。

另外,KCL 不仅适用于节点,还可以推广到电路中任意假设的封闭面。

图 2.2.2　KCL 举例

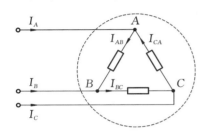

图 2.2.3　KCL 的推广举例

例题 2.3　如图 2.2.3 所示,分析 I_A、I_B 和 I_C 的关系。若已知 $I_A=5\ \text{A}$,$I_B=-3\ \text{A}$,求 I_C。

解　对于节点 A,根据 KCL 列方程,有

$$I_A+I_{CA}-I_{AB}=0$$

同理,对于节点 B、C,有

$$I_B+I_{AB}-I_{BC}=0$$
$$I_C+I_{BC}-I_{CA}=0$$

将上述三式相加,可得

$$I_A+I_B+I_C=0$$

由此可见,在任一时刻,通过这个封闭面的电流的代数和也为零。

若已知 $I_A=5\ \text{A}$,$I_B=-3\ \text{A}$,则可求出 $I_C=-2\ \text{A}$,即 I_C 的大小为 2 A,实际方向与参考方向相反。

2.2.2　基尔霍夫电压定律(KVL)

KVL 全称为 Kirchhoff's voltage law,它是描述电路的回路中各段电压间的相互关系的定律,其基本内容是:在任一时刻、任一回路,沿规定的方向(顺时针或逆时针)绕行回路一周,则在这个方向上的电位降之和等于电位升之和,即

$$\sum u_{降}=\sum u_{升} \tag{2.2.3}$$

也可表述为回路中各段电压的代数和为零,即

$$\sum u=0 \tag{2.2.4}$$

从电路中的某一点出发,沿任意支路方向循进,只要再回到这一点,就形成闭合回路,根据电压的定义,这点的电势没有发生变化,因而外电路所做的功等于零。所以,KVL 实质上是能量守恒在电学中的体现。

在列写方程时,可先指定一个绕行方向,绕行回路中各元件电压的参考方向和回路的绕行方向一致的,取"+";反之,取"-"。

例题 2.4　在图 2.2.4 所示的电路中,各元件电压的参考方向和回路的绕行方向如图所

示,试列出 KVL 方程。

解 根据 KVL 列出方程,即

$$u_2 + u_3 + u_4 + u_{s4} = u_1 + u_{s1}$$

或

$$-u_1 - u_{s1} + u_2 + u_3 + u_4 + u_{s4} = 0$$

应用欧姆定律,上述方程可改写为

$$i_2 R_2 + (-i_3 R_3) + i_4 R_4 + u_{s4} = i_1 R_1 + u_{s1}$$

或

$$-i_1 R_1 - u_{s1} + i_2 R_2 + (-i_3 R_3) + i_4 R_4 + u_{s4} = 0$$

注意:上述 KVL 方程中亦有两套正负号,括号外的符号由 KVL 根据电压参考方向与回路绕行方向是否一致确定,而括号内的符号则由欧姆定律根据电压与电压参考方向是否一致确定。

KVL 不仅适用于闭合回路,还可以推广应用于回路的部分电路(或开口电路)。

以图 2.2.5(a)为例,可列出 KVL 方程,即

$$U_{AB} + U_B - U_A = 0$$

以图 2.2.5(b)为例,可列出 KVL 方程,即

$$U + IR - E = 0$$

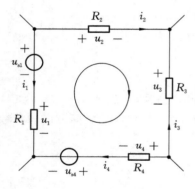

图 2.2.4 KVL 举例

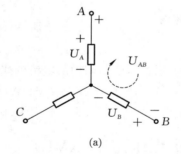

(a)　　　　　　　　(b)

图 2.2.5 KVL 的推广举例

2.3 支路电流法

支路电流法是电路最基本的分析方法之一,它应用 KCL 对节点、应用 KVL 对回路列出方程组,然后求解方程组,得到各支路电流,进而求得支路电压、功率等数据。支路电流法是求解复杂电路的方法之一。

支路电流法是以各支路电流为未知量,列写出电路方程,从而分析电路的方法,其基本思路是:对于有 n 个节点、b 条支路的电路,可列出 b 个独立的电路方程,进而求解出 b 个支路的电流。

应用支路电流法解题的一般步骤是:

(1)确定电路中的支路数 b 及节点数 n,标出各支路电流的参考方向;

（2）依据 KCL 列出独立的 $n-1$ 个节点的电流方程；

（3）依据 KVL 和元件的伏安特性曲线，列出独立的 $b-(n-1)$ 个回路的电压方程；

（4）求解上述 b 个方程，得到 b 个支路的电流；

（5）进一步计算支路电压、功率等数据。

在使用支路电流法分析电路时，需注意以下两点：

（1）对于支路数较多的电路，不适合用支路电流法，因为列出的方程数量较多，会增加计算工作量；

（2）若支路中含有理想电流源，则方程数等于总支路数减去理想电流源支路数，在根据 KVL 列方程时，应避开含理想电流源的支路。

例题 2.5 列出图 2.3.1 所示的电路中支路的电流方程。

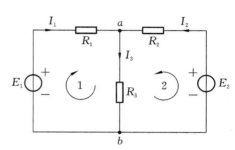

图 2.3.1　支路电流法举例 1

解　（1）此电路有两个节点 a 和 b，共有三条支路，设这三条支路的电流分别为 I_1、I_2 和 I_3，参考方向如图所示。

（2）可列出一个独立的 KCL 方程。选取其中一个节点 a，对其列 KCL 方程，得

$$I_1 + I_2 - I_3 = 0$$

（3）列出独立的两个 KVL 方程。选取回路 1、2，列出 KVL 方程，得

$$I_1 R_1 + I_3 R_3 = E_1$$
$$I_2 R_2 + I_3 R_3 = E_2$$

（4）联立方程组，得

$$\begin{cases} I_1 + I_2 - I_3 = 0 \\ I_1 R_1 + I_3 R_3 = E_1 \\ I_2 R_2 + I_3 R_3 = E_2 \end{cases}$$

解上述方程组，即可求得 I_1、I_2 和 I_3。

例题 2.6 电路如图 2.3.2 所示，求 I_1、I_2 和理想电流源的电压 U。

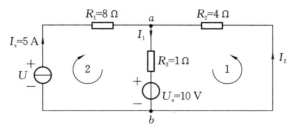

图 2.3.2　支路电流法举例 2

解　该电路包含两个节点、三条支路，但其中有一条支路含一个理想电流源，因而只需设两个支路的未知电流 I_1、I_2。根据支路电流法列出方程，即

$$\begin{cases} I_s + I_2 = I_1 \\ I_1 R_3 + I_2 R_2 + U_s = 0 \end{cases}$$

将已知数据代入，得

$$\begin{cases} I_1 - I_2 = 5 \\ I_1 \times 1 + I_2 \times 4 + 10 = 0 \end{cases}$$

解得

$$\begin{cases} I_1 = 2 \text{ A} \\ I_2 = -3 \text{ A} \end{cases}$$

再对回路 2 列 KVL 方程，即

$$U = I_s R_1 + I_1 R_3 + U_s = (5 \times 8 + 2 \times 1 + 10) \text{ V} = 52 \text{ V}$$

◀ 2.4 叠加原理 ▶

叠加原理是分析线性电路的重要定理之一，反映了线性电路的叠加性和比例性，也是解决许多工程问题的基础。应用叠加方法来分析电路，可以把一个复杂的电路简化成几个简单的电路来处理。叠加原理可表述为：在线性电路中，如果有几个独立的电源（电流源或电压源）同时作用，在任一支路中所产生的电流或电压等于各个独立电源单独作用在该支路时所产生的电流或电压的代数和。

应用叠加原理时应注意以下几点：

（1）从数学概念上说，叠加就是线性方程的可加性，因此叠加原理不适用于非线性电路。

（2）叠加原理仅适用于线性电路中电压、电流的叠加，在叠加时要注意各电压、电流的参考方向，电压、电流的相应项前要带正、负号。

（3）当某电源暂不起作用时，应将该电源置零。当独立电压源暂不起作用时，应将其两端短路；而当独立电流源暂不起作用时，应将其两端开路。

（4）电路中的功率不能叠加，因为功率与电压或电流的平方有关，不具有线性关系。

（5）应用叠加原理时，可把电源分组求解，即每个分电路中的电源个数可以多于一个。

例题 2.7 用叠加原理求解例题 2.6。

解 例题 2.6 中的电路含有一个理想电流源和一个理想电压源，依据叠加原理，可分别求理想电流源和理想电压源单独作用时的电压和电流，再求所有电压和电流的代数和。

（1）作出理想电流源和理想电压源单独作用时的电路图，标明参考方向及符号，如图 2.4.1 所示。

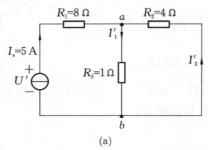
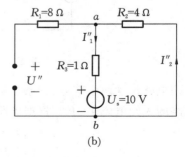

(a)   (b)

图 2.4.1 叠加原理举例 1

（2）对于图 2.4.1(a)，有

$$I_1' = \frac{R_2}{R_2+R_3}I_s = \frac{4}{5} \times 5 \text{ A} = 4 \text{ A}$$

$$I_2' = I_1' - I_s = (4-5) \text{ A} = -1 \text{ A}$$

$$U' = I_s \times (R_1 + R_3 // R_2) = 5 \times (8 + 1 // 4) \text{ V} = 44 \text{ V}$$

（3）对于图 2.4.1(b)，有

$$I_1'' = I_2'' = -\frac{U_s}{R_2+R_3} = -\frac{10}{1+4} \text{ A} = -2 \text{ A}$$

$$U'' = I_1'' R_3 + U_s = (-2 \times 1 + 10) \text{ V} = 8 \text{ V}$$

（4）将上述所求电流、电压进行叠加，得

$$I_1 = I_1' + I_1'' = (4-2) \text{ A} = 2 \text{ A}$$

$$I_2 = I_2' + I_2'' = (-1-2) \text{ A} = -3 \text{ A}$$

$$U = U' + U'' = (44+8) \text{ V} = 52 \text{ V}$$

此结果与按支路电流法求解出的结果一致。

例题 2.8 用叠加原理求解图 2.4.2 所示的电路中的 I_1 和 I_2。

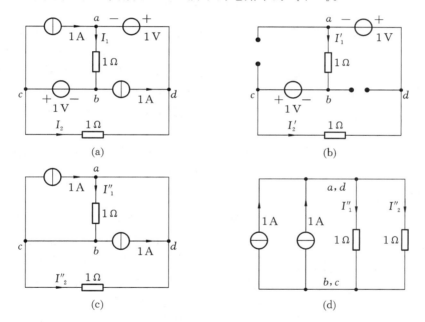

图 2.4.2　叠加原理举例 2

解　应用叠加原理时，可把电源分组求解，每组可以有多个电源。图 2.4.2(a)可按照图 2.4.2(b)、图 2.4.2(c)进行分组，图 2.4.2(c)可以进一步转化为图 2.4.2(d)。

对于图 2.4.2(b)，有

$$I_1' = I_2' = 0$$

对于图 2.4.2(d)，有

$$I_1'' = I_2'' = 1 \text{ A}$$

将上述所求电流进行叠加，得

$$I_1 = I_1' + I_1'' = (0+1) \text{ A} = 1 \text{ A}$$

$$I_2 = I_2' + I_2'' = (0+1) \text{ A} = 1 \text{ A}$$

◀ 2.5 戴维南定理和诺顿定理 ▶

首先来解释一下"二端网络"的含义。若一个电路只通过两个输出端与外电路相连,则该电路称为二端网络,如图 2.5.1(a)所示。根据网络内部是否包含独立电源,可将二端网络分为无源二端网络(见图 2.5.1(b))和有源二端网络(见图 2.5.1(c))。

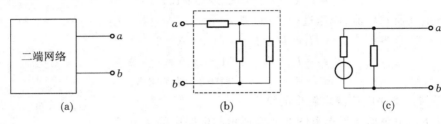

图 2.5.1 二端网络

在求解电路的过程中,当不需要计算全部支路的电压或电流,只需要计算某一条支路的电压、电流或功率时,若采用支路电流法列方程进行求解将十分烦琐,而采用等效电源方法求解则较简便。等效电源的含义是:对于待求支路而言,电路的其余部分就成为一个有源二端网络,可等效变换为较简单的电源模型(理想电压源与电阻串联或理想电流源与电阻并联的支路),使该二端网络与待求支路构成一个简单电路,这样很容易计算出待求支路的电流或电压。

等效电源方法有两种:戴维南定理和诺顿定理。一般来说,同一个有源二端网络既可以等效为戴维南形式,也可以等效为诺顿形式。以下将对这两个定理加以说明。

1. 戴维南定理

戴维南定理表述为:任何一个线性有源二端网络,对于外电路来说,总可以用一个电压源和电阻的串联组合来等效替代,此电压源的电压等于外电路断开时二端网络端口处的开路电压 U_{OC},而电阻等于端口的输入电阻 R_0。以上表述可以用图 2.5.2 来表示。

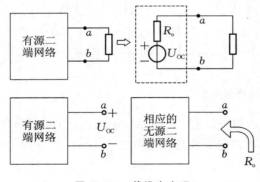

图 2.5.2 戴维南定理

应用戴维南定理时要注意以下几点:

(1) 所谓开路电压,是指外电路(待测支路)断开后,a、b 两端口间的电压;等效电阻是指将有源二端网络变为无源二端网络(电压源短路,电流源开路)后的等效电阻。

(2) 戴维南定理研究的是线性有源二端网络的简化问题,但使用该定理时对外电路(待测支路)是否是线性的并未要求,换句话说,无论外电路是线性电路还是非线性电路,均可使用戴维南定理。

2. 诺顿定理

诺顿定理指出,任何一个线性有源二端网络,对于外电路来说,可以用一个电流源和电阻的并联组合等效代替,电流源的电流等于原有源二端网络的短路电流 I_{SC},电流源的等效内电阻等于原有源二端网络变为无源二端网络后的等效电阻 R_o。以上表述可以用图 2.5.3 来表示。

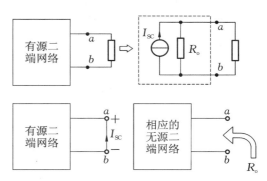

图 2.5.3 诺顿定理

应用诺顿定理时应注意以下几点:

(1) 短路电流是指外电路(待测支路)短路后两端口间的电流,等效电阻是指将有源二端网络变为无源二端网络(电压源开路,电流源短路)后的等效电阻。

(2) 诺顿定理和戴维南定理是等效电源方法的两种不同的表现形式,其适用范围相同。

例题 2.9 如图 2.5.4(a)所示,已知 $R_1 = 30 \ \Omega, R_2 = 60 \ \Omega, R_3 = 60 \ \Omega, R_4 = 30 \ \Omega, R_5 = 10 \ \Omega, U = 20 \ V$,利用戴维南定理求解 I_5。

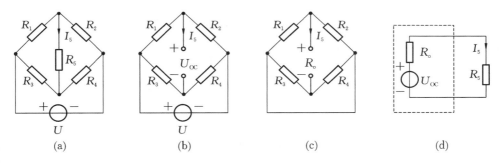

图 2.5.4 戴维南定理举例

解 根据戴维南定理,先将除 R_5 以外的其余电路等效成电压源模型。根据图 2.5.4(b),可得开路电压为

$$U_{OC} = \frac{UR_2}{R_1 + R_2} - \frac{UR_4}{R_3 + R_4} = \left(\frac{20 \times 60}{30 + 60} - \frac{20 \times 30}{60 + 30} \right) \ V = 6.67 \ V$$

根据图 2.5.4(c),可得等效电阻为

$$R_o = R_1 // R_2 + R_3 // R_4 = (30 // 60 + 60 // 30) \ \Omega = 40 \ \Omega$$

根据图 2.5.4(d),可得

$$I_5 = \frac{U_{OC}}{R_o + R_5} = \frac{6.67}{40 + 10} \ A = 0.133 \ A$$

例题 2.10 用诺顿定理求解例题 2.9。

解 电路图如图 2.5.5(a)所示,根据诺顿定理,先将除 R_5 以外的其余电路等效成电流源模型,如图 2.5.5(b)至图 2.5.5(d)所示。设 $V_D = 0$,由于 $R_1 // R_3 = R_2 // R_4$,所以有 $V_A = V_B = 10 \ V$。短路电流为

$$I_{SC} = I_1 - I_2 = \frac{V_C - V_A}{R_1} - \frac{V_A - V_D}{R_2} = \left(\frac{20 - 10}{30} - \frac{10 - 0}{60} \right) \ A = 0.167 \ A$$

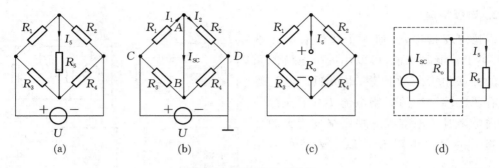

图 2.5.5　诺顿定理举例

等效电阻为

$$R_o=R_1//R_2+R_3//R_4=(60//30+60//30)\ \Omega=40\ \Omega$$

于是有

$$I_5=\frac{I_{SC}R_o}{R_o+R_5}=\frac{0.167\times40}{40+10}\ A=0.133\ A$$

习　　题

2.1　运用电源等效变换的方法求解图 2.01 所示的电路中的电流 I。

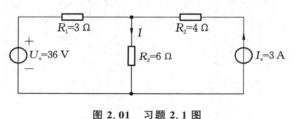

图 2.01　习题 2.1 图

2.2　运用电源等效变换的方法求解图 2.02 所示的电路中的电流 I。

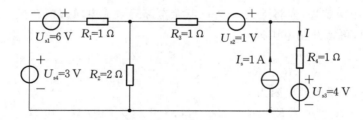

图 2.02　习题 2.2 图

2.3　名词解释：支路、节点、路径、回路、网孔。

2.4　用支路电流法求解图 2.03 所示的电路中的 I_1、I_2 和 I_3。其中，$U_{s1}=12$ V，$U_{s2}=8$ V，$R_1=3$ kΩ，$R_2=2$ kΩ，$R_3=2$ kΩ，$R_4=8$ kΩ，$R_5=1$ kΩ。

2.5　图 2.04 所示是一个三极管电路，已知 $U_{CC}=12$ V，$I_C=1.33$ mA，$I_B=18$ μA，$R_2=50$ kΩ，$U_{BE}=0.7$ V，$R_E=1.5$ kΩ，$V_C=8$ V。利用 KCL 和 KVL，求：(1) I_1、I_2、I_E；(2)U_{CE}、V_B；(3)R_C、R_1。

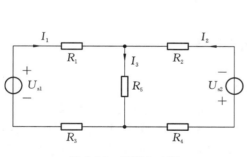

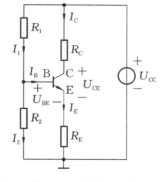

图 2.03　习题 2.4 图　　　　　　图 2.04　习题 2.5 图

2.6　利用叠加原理求图 2.03 所示的电路中的 I_1、I_2 和 I_3。

2.7　已知 $U_{AB}=0$，利用叠加原理求图 2.05 所示的电路中的电压 U_s。

2.8　应用叠加原理求图 2.06 所示的电路中的电压 U。

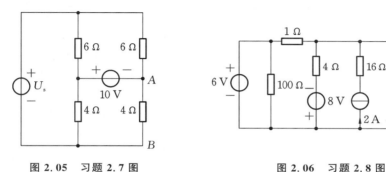

图 2.05　习题 2.7 图　　　　　　图 2.06　习题 2.8 图

2.9　在图 2.07 所示的电路中，N 为无源线性网络。当 $U_s=40\text{ V}$，$I_s=0$ 时，$I=40\text{ A}$；当 $U_s=20\text{ V}$，$I_s=2\text{ A}$ 时，$I=0$；当 $U_s=10\text{ V}$，$I_s=2\text{ A}$ 时，I 为多少？

2.10　利用戴维南定理求解图 2.01 所示的电路中的电流 I。

2.11　利用戴维南定理和诺顿定理求解图 2.08 所示的电路中的电流 I。

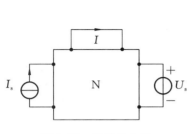

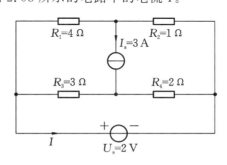

图 2.07　习题 2.9 图　　　　图 2.08　习题 2.11 图

第 3 章
正弦交流电路

◀ **本章指南**

　　在电工技术中,正弦交流电的应用极为广泛:电能的产生和传输几乎都是以正弦的形式进行的;电器所用的直流电也是由正弦交流电变换而来的;在弱电方面,正弦信号也是一种最常见的信号源。

　　本章从正弦交流电的概念着手,介绍正弦量的相量表示方法,讲解正弦交流电路的基本分析、计算方法,意在使读者能够了解正弦交流电路的特点,掌握交流电路的分析、处理手段。

3.1 正弦交流量的三要素

3.1.1 正弦交流电的概念

正弦交流电是指电路中的电源(激励)随时间按正弦规律做周期性变化,由它引起的电路中各部分的电压和电流也都随时间按正弦规律做周期性变化。在工农业生产和人们的日常生活中,所用的电大多都是正弦交流电。正弦交流电之所以有这样广泛的应用,主要是因为:

(1) 正弦电压升降变换的方法灵活、简单、经济;

(2) 同频率的正弦量相加、减后仍为同一频率的正弦量,正弦量的求导和积分也不会改变其频率,这在技术上具有重大的意义;

(3) 正弦量变化平缓,对电气设备具有良好的保护作用,而非正弦周期量含有高次谐波,对电气设备有很大的损害。

3.1.2 正弦量的三要素

正弦交流电的电动势、电压和电流的大小和方向随时间按正弦规律变化。下面以正弦交流电流为例进行说明。正弦交流电流的数学表达式为

$$i = I_m \sin(\omega t + \psi_i) \tag{3.1.1}$$

式中:i 为正弦交流电流在任一瞬间的值,称为瞬时值,用小写字母表示;I_m 为正弦交流电流的最大值,又称幅值,用大写字母加脚标 m 表示;ω 为正弦交流电流的角频率;ψ_i 为正弦交流电流的初相位,又称初相角。

正弦交流电流的波形图如图 3.1.1 所示。幅值、角频率和初相位是确定正弦量的三个量,称为正弦量的三要素。

1. 瞬时值、幅值和有效值

小写字母通常表示瞬时值,如 i、u、e 分别表示电流、电压和电动势的瞬时值,它们是正弦交流电某一瞬时的量,随时间 t 的变化而变化,瞬时值中的最大值记作 I_m、U_m、E_m。

通常正弦量的大小会用有效值来表示,有效值用大写字母表示,如 I、U、E。有效值是依照电流的热效应来规定的,当正弦交流电流在电阻上产生的热效应与某直流电流

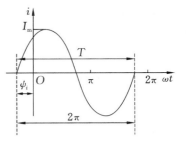

图 3.1.1 正弦交流电流的波形图

在这个电阻上产生的热效应相同时,称此直流电流为这个交流电流的有效值。

根据上述描述,有

$$\int_0^T i^2 R \mathrm{d}t = I^2 RT \tag{3.1.2}$$

由此可推导出正弦交流电流的最大值和有效值之间的关系为

$$\frac{I_m}{\sqrt{2}} = I \tag{3.1.3}$$

同理,正弦交流电压和电动势的最大值和有效值之间的关系分别为

$$\frac{U_{\mathrm{m}}}{\sqrt{2}}=U, \quad \frac{E_{\mathrm{m}}}{\sqrt{2}}=E \tag{3.1.4}$$

一般所说的正弦交流电压或电流的大小都是指它们的有效值。各种交流电压表和交流电流表的读数值也是有效值。例如,常说的民用电 220 V,指的就是有效值。由于交流电的有效值和直流电均用大写字母表示,因此在使用时应注意区别。

2. 频率、角频率和周期

正弦量是一个周期函数,完成一个循环变化所需的时间称为周期,用 T 表示,单位为秒(s)。周期的倒数(即每秒变化的次数)称为频率,表示一秒内正弦量变化的周期数,用 f 表示,单位为赫兹(Hz)。周期与频率之间的关系为

$$f=\frac{1}{T} \tag{3.1.5}$$

正弦量变化的快慢除了用周期和频率表示外,还常用角频率 ω 来表示,其单位为弧度/秒(rad/s)。由于一个周期的角弧度为 2π,故有

$$\omega=2\pi f=\frac{2\pi}{T} \tag{3.1.6}$$

我国和大多数国家都采用 50 Hz 作为电力标准频率,有些国家(如美国、日本等)采用 60 Hz 作为电力标准频率。50 Hz 的频率在工业上的应用极为广泛,习惯上称为工频。可以很容易算出,工频信号相应的角频率和周期分别为 314 rad/s 和 0.02 s。

在其他的领域中还使用其他的频率信号,如有线通信的频率为 300~5000 Hz;收音机中波段的频率是 530~1600 kHz,短波段的频率是 2.3~23 MHz;移动通信的频率是 900 MHz 和 1800 MHz;在无线通信中使用的频率甚至可高达 300 GHz;高速电动机的频率是 150~2000 Hz;飞机用电频率为 400 Hz 等。

3. 相位、初相位和相位差

在正弦交流电流的表达式 $i=I_{\mathrm{m}}\sin(\omega t+\psi_i)$ 中,$\omega t+\psi_i$ 是随时间变化的电角度,称为正弦量的相位,单位为弧度(rad);ψ_i 是正弦量在 $t=0$ 时的相位角,称为初相位。图 3.1.2 所示为不同的初相位所对应的正弦交流电流波形图。

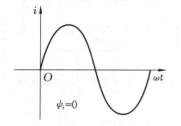 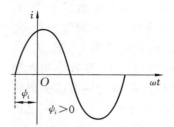 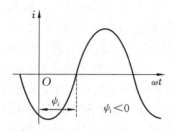

图 3.1.2　不同的初相位所对应的正弦交流电流波形图

在正弦交流电路的分析中,有时要比较同频率的正弦量之间的相位差。由于它们的频率相同,因此它们的相位差就是初相位之差。例如,在一个电路中,某元件端电压 u 和流过的电流 i 的频率相同,分别为 $u=U_{\mathrm{m}}\sin(\omega t+\psi_u)$,$i=I_{\mathrm{m}}\sin(\omega t+\psi_i)$,它们的初相位分别为 ψ_u 和 ψ_i,它们之间的相位差(用 φ 表示)为

$$\varphi = (\omega t + \psi_u) - (\omega t + \psi_i) = \psi_u - \psi_i$$

可见，相位差 φ 不随时间 t 而变化。

当 $\varphi > 0$ 时，u 总是比 i 先经过零值或正的最大值，这说明在相位上 u 超前 i 一个 φ 角，或者说 i 滞后于 u 一个 φ 角，如图 3.1.3(a) 所示。

当 $\varphi < 0$ 时，i 总是比 u 先经过零值或正的最大值，这说明在相位上 i 超前 u 一个 φ 角，或者说 u 滞后于 i 一个 φ 角，如图 3.1.3(b) 所示。

当 $\varphi = 0$ 时，说明 u 和 i 的初相位相同，或者说 u 和 i 同相，如图 3.1.3(c) 所示。

当 $\varphi = 180°$ 时，说明 u 和 i 的相位相反，或者说 u 和 i 反相，如图 3.1.3(d) 所示。

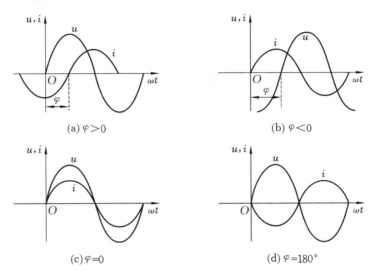

图 3.1.3　正弦量的相位差

需要注意的是：

（1）只有同频率的两个正弦量的相位才可以比较，不同频率的正弦量的相位差随时间的变化而变化，没有比较的意义；

（2）两个同频率的正弦量的相位随时间的变化而变化，但二者的相位差不变；

（3）余弦量可以转变成正弦，它也是正弦量。

例题 3.1　已知正弦交流电流 $i = 30\sin(628t - 30°)$，求该正弦交流电流的幅值 I_m、有效值 I、角频率 ω、周期 T 和初相位 ψ。

解　该正弦交流电流的幅值为

$$I_m = 30 \text{ A}$$

有效值为

$$I = \frac{I_m}{\sqrt{2}} = 21.2 \text{ A}$$

角频率为

$$\omega = 628 \text{ rad/s}$$

周期为

$$T = \frac{2\pi}{\omega} = 0.01 \text{ s}$$

初相位为

$$\psi = 30°$$

例题 3.2 已知三个正弦交流电压分别为 $u_1 = 5\sqrt{2}\sin\left(100t + \dfrac{\pi}{2}\right)$，$u_2 = 10\sqrt{2}\sin100t$，$u_3 = 5\sqrt{2}\sin\left(200t - \dfrac{\pi}{3}\right)$，试求出它们的相位差，并指出谁超前、谁滞后。

解 因为 u_1 与 u_2 是同频率的正弦量，所以可以比较 u_1 与 u_2，其相位差为 $\varphi = \dfrac{\pi}{2} - 0 = \dfrac{\pi}{2}$，即 u_1 在相位上超前 u_2 $\dfrac{\pi}{2}$，或 u_2 在相位上滞后 u_1 $\dfrac{\pi}{2}$。u_3 与 u_1、u_2 的频率不同，因此不能进行比较。

◀ 3.2 正弦量的相量表示 ▶

通过上一节的内容可以看出，一个正弦量通常有两种表示方法：一种是三角函数解析式，如 $u = U_m\sin(\omega t + \psi)$，这是正弦量最基本的表示方法；另一种是用波形图来表示。但是，分析正弦交流电路时，会遇到正弦量的计算问题，若采用这两种方法，计算会相当烦琐，结果还容易出错，因此，在实际计算中往往采用相量（复数）表示法。正弦量的相量表示法可以将三角函数的有关运算转变为复数的运算，从而使正弦交流电路的计算大为简化。

3.2.1 相量和复数

首先说明一下如何用相量来描述正弦量。

完整描述一个正弦量，需要幅值、频率和初相位三个要素，但分析时往往碰到的都是同频率的正弦量，为了方便运算和简化表达式，可以不考虑正弦量的频率参数，因此正弦量的主要参数就只剩下幅值和初相位了。如此一来，可以用一个旋转的有向线段来表示一个正弦量，有向线段与横轴正半轴的夹角等于正弦量的初相位，而线段的长短可用来描述正弦量幅值（有效值）的大小。

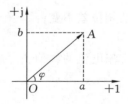

图 3.2.1 复数的相量表示

正弦量可以用有向线段来表示，而有向线段又可用复数来表示，如图 3.2.1 所示，因此可以用复数来表示正弦量。相量表示法就是以复数运算为基础的正弦量的分析方法。

表示正弦交流电的复数称为相量，用大写字母上加"·"（如 $\dot{U}$）来表示。例如，若正弦量的三角函数为 $u = U_m\sin(\omega t + \varphi)$，则其对应的相量表达式表示为

$$\dot{U} = Ue^{j\varphi} = U\angle\varphi \tag{3.2.1}$$

应用相量表示法时必须注意以下几点：

（1）正弦量用相量表示时，其中只包含正弦量的幅值（有效值）与初相位，而无角频率，因此要用相量表征一个正弦量，只需给出确定的幅值（有效值）和初相位两个要素即可；

（2）相量仅是正弦量的一种表征方法，并不等于正弦量，但是两者之间可以相互转换；

（3）通常用有效值相量表示正弦量，如式（3.2.1），也有少部分教材采用最大值相量表

示正弦量。

3.2.2　复数的表示方法和运算

复数有以下表示方法：

（1）代数形式：$A=a+jb(j=\sqrt{-1}$，为虚数单位）。

（2）三角函数形式：$A=r\cos\theta+jr\sin\theta$（其中 $r=\sqrt{a^2+b^2}$，称为复数 A 的模，$\theta=\arctan\dfrac{b}{a}$，称为复数 A 的幅角）。

（3）指数形式：$A=r\mathrm{e}^{j\theta}$。

（4）极坐标形式：$A=r\angle\theta$。

以上四种复数的表示形式之间可以相互转换。在进行复数的加减运算时，可用代数形式或三角函数形式；在进行复数的乘除运算时，可用指数形式或极坐标形式。

下面对复数的有关运算做些简单介绍。

复数的加减运算用复数的代数形式比较方便，运算时实部与实部相加减，虚部与虚部相加减。若已知两个复数 A_1 和 A_2，其中

$$A_1=a_1+jb_1,\quad A_2=a_2+jb_2$$

则加减运算法则为

$$A_1\pm A_2=(a_1\pm a_2)+j(b_1\pm b_2)\tag{3.2.2}$$

复数的加减运算也可以在复平面上按平行四边形法则用相量的相加和相减（相减等同于加上相反数）求得，如图 3.2.2 所示。

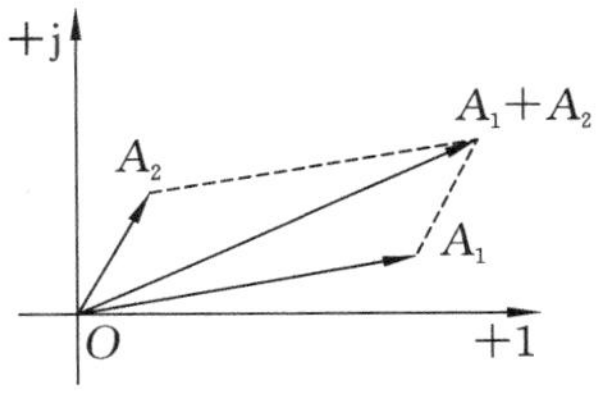

复数的乘除运算采用指数形式或极坐标形式比较方便。运算时，模和模相乘除，幅角和幅角相加减。若已知两个复数 A_1 和 A_2，其中

$$A_1=r_1\mathrm{e}^{j\theta_1}=r_1\angle\theta_1,\quad A_2=r_2\mathrm{e}^{j\theta_2}=r_2\angle\theta_2$$

则乘法运算法则为

$$A_1\cdot A_2=r_1\mathrm{e}^{j\theta_1}\cdot r_2\mathrm{e}^{j\theta_2}=r_1\cdot r_2\mathrm{e}^{j(\theta_1+\theta_2)}\tag{3.2.3}$$

$$A_1\cdot A_2=r_1\angle\theta_1\cdot r_2\angle\theta_2=r_1\cdot r_2\angle(\theta_1+\theta_2)$$

除法运算法则为

$$\frac{A_1}{A_2}=\frac{r_1\mathrm{e}^{j\theta_1}}{r_2\mathrm{e}^{j\theta_2}}=\frac{r_1}{r_2}\mathrm{e}^{j(\theta_1-\theta_2)}$$

$$\frac{A_1}{A_2}=\frac{r_1\angle\theta_1}{r_2\angle\theta_2}=\frac{r_1}{r_2}\angle(\theta_1-\theta_2)\tag{3.2.4}$$

图 3.2.2　复数加法的相量图

由以上运算结果可知，若用复数 A_1 去乘以（或除以）复数 A_2，其结果是将复数 A_1 的模 r_1 扩大（或缩小）r_2 倍，并将相量 A_1 的幅角 θ_1 沿逆（或顺）时针方向旋转 θ_2 角，从而得到一个新的复数。图 3.2.3 所示为复数的乘法。

例题 3.3　已知电路如图 3.2.4 所示，其中 $i_1=30\sin(\omega t-30°)$，$i_2=60\sin(\omega t+60°)$，试分别用复数法和相量图法求解 i。

解　根据 $i_1=30\sin(\omega t-30°)$，$i_2=60\sin(\omega t+60°)$，写出其相量表

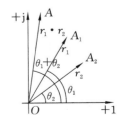

图 3.2.3　复数的乘法

达式,即

$$\dot{I}_1=\frac{30}{\sqrt{2}}\angle-30°\text{ A}=21.2\angle-30°\text{ A},\quad \dot{I}_2=\frac{60}{\sqrt{2}}\angle60°\text{ A}=42.4\angle60°\text{ A}$$

方法一:根据 KCL 定律和复数的计算法则,有

$$\dot{I}=\dot{I}_1+\dot{I}_2=(21.2\angle-30°+42.4\angle60°)\text{ A}$$
$$=[(18.36-j10.60)+(21.20+j36.72)]\text{ A}$$
$$=(39.56+j26.12)\text{ A}=47.41\angle33.4°\text{ A}$$

方法二:相量图法。作出 $\dot{I}_1$ 和 $\dot{I}_2$ 的相量图,按照相量的加法运算法则,合成相量 $\dot{I}$,如图 3.2.5 所示。

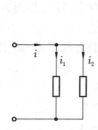

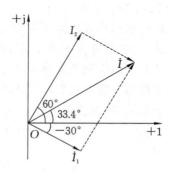

图 3.2.4　例题 3.3 的电路图　　　　图 3.2.5　例题 3.3 的相量图

◀ 3.3　电路元件的交流特性 ▶

　　电路中的元件,根据其物理特性的不同,一般可以分成三类:电阻 R、电感 L 和电容 C。任何一个实际的电路元件,一般都包含这三类元件的特性。本节主要介绍这三类理想的单一元件电路中电压和电流的关系。

　　需要注意的是,这里讨论的电路元件都是理想元件,比如实际的电感既具有电感性,也具有一定的电阻性,而理想的电感元件忽略了它的电阻性,只考虑它的电感性。

3.3.1　理想电阻元件的交流电路

　　图 3.3.1 所示是理想电阻元件的交流电路,其电压和电流的参考方向如图 3.3.1(a)所示。

1. 电压和电流

　　电阻是线性元件,其电压和电流的关系满足欧姆定律,即

$$R=\frac{u}{i}\quad\text{或}\quad u=iR \tag{3.3.1}$$

　　为了方便分析,设 $i=\sqrt{2}I\sin\omega t$,则有

$$u=\sqrt{2}I\sin\omega t\cdot R=\sqrt{2}IR\sin\omega t=\sqrt{2}U\sin\omega t \tag{3.3.2}$$

由此可以发现：

（1）电阻上的电压与电流为同频率的正弦量，而且其初相位相同（同相），如图 3.3.1(b)所示；

（2）电压和电流的有效值（或最大值）满足欧姆定律，即

$$U = IR \qquad (3.3.3)$$

（3）电阻上的电压与电流的相量图如图 3.3.1(c)所示，其相量关系为

$$\dot{U} = \dot{I} R \qquad (3.3.4)$$

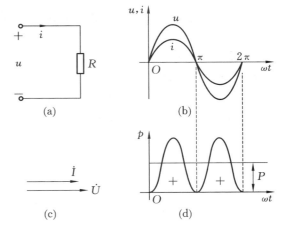

图 3.3.1　理想电阻元件的交流电路

2. 功率

电路中任一瞬时吸收或发出的功率称为瞬时功率，以小写字母 p 表示，它是瞬时电压 u 和瞬时电流 i 的乘积，即

$$p = ui = \sqrt{2} IR\sin\omega t \cdot \sqrt{2} I\sin\omega t = 2I^2 R \sin^2\omega t = I^2 R(1-\cos 2\omega t) = UI(1-\cos 2\omega t) \qquad (3.3.5)$$

由式(3.3.5)可知，p 由两部分组成：第一部分是常数 UI；第二部分是幅值为 UI，以 2ω 的角频率随时间变化的交变量 $-UI\cos 2\omega t$。p 随时间变化的波形图如图 3.3.1(d)所示。

由于在电阻元件的交流电路中 u 与 i 同相，它们同时为正、负或零，所以瞬时功率总是非负值，即 $p \geqslant 0$。当瞬时功率为正时，表示外电路从电源吸收能量。电阻元件从电源取用电能，将其转换为热能，这种转换是不可逆的能量转换过程，因此电阻是一个耗能元件。在一个周期内电路消耗电能的平均速度，即瞬时功率的平均值，称为平均功率。在电阻元件电路中，平均功率为

$$P = \frac{1}{T}\int_0^T p\,dt = \frac{1}{T}\int_0^T UI(1-\cos 2\omega t)\,dt = UI = I^2 R = \frac{U^2}{R} \qquad (3.3.6)$$

由于平均功率就是实际消耗的功率，因此又称其为有功功率。有功功率的单位为瓦（W）或千瓦（kW），它反映了一个周期内电路（这里为电阻 R）消耗电能的平均速率。通常所说的功率一般均是指平均功率。如一盏额定电压为 220 V、功率为 60 W 的灯泡，就是指灯泡接在有效值为 220 V 的额定交流电压上时平均功率为 60 W，灯泡点亮一天所消耗的电量为 $60 \times 10^{-3} \times 24$ kW·h=1.44 kW·h，即 1.44 度电。

例题 3.4　交流电压 $u = \sqrt{2} \cdot 220\sin(\omega t + 120°)$ 作用于 $R = 100\ \Omega$ 的电阻上，求电流的瞬时表达式，并求出电阻消耗的平均功率。

解　已知 $u = \sqrt{2} \cdot 220\sin(\omega t + 120°)$，即电压的有效值 $U = 220$ V，则电流的有效值为

$$I = U/R = 220/100\ \text{A} = 2.2\ \text{A}$$

由于该电阻的电压和电流是同相的，因此可得到

$$i = \sqrt{2} \cdot 2.2\sin(\omega t + 120°)$$

电阻消耗的平均功率为

$$P = UI = 220 \times 2.2\ \text{W} = 484\ \text{W}$$

3.3.2 理想电感元件的交流电路

1. 电压和电流

根据电感线圈的特性可知,当电感线圈中通过交流电流 i 时,会产生自感电动势 e_L。设电流 i、电动势 e_L 和电压 U 的参考方向如图 3.3.2(a)所示。

根据电感线圈的物理特性和基尔霍夫电压定律,可得

$$u = -e_L = L\frac{\mathrm{d}i}{\mathrm{d}t} \tag{3.3.7}$$

为了方便分析,设 $i = \sqrt{2}I\sin\omega t$,则有

$$u = L\frac{\mathrm{d}i}{\mathrm{d}t} = L\frac{\mathrm{d}(\sqrt{2}I\sin\omega t)}{\mathrm{d}t} = \sqrt{2}LI\frac{\mathrm{d}(\sin\omega t)}{\mathrm{d}t} = \sqrt{2}I\omega L\cos\omega t \tag{3.3.8}$$

$$= \sqrt{2}I\omega L\sin(\omega t + 90°) = \sqrt{2}U\sin(\omega t + 90°)$$

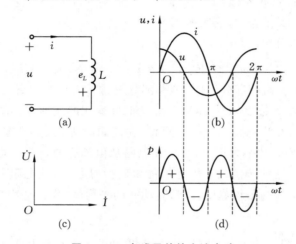

图 3.3.2 电感元件的交流电路

由此可以发现:

(1) 电感的电压和电流是同频率的正弦量,且在相位上电流比电压滞后 90°(电压超前电流 90°),其波形图如图 3.3.2(b)所示;

(2) 电感的电压和电流的有效值(或最大值)之间满足关系

$$U = I\omega L \tag{3.3.9}$$

(3) 电感上的电压与电流的相量图如图 3.3.2(c)所示,其相量关系为

$$\dot{U} = \mathrm{j}\dot{I}\omega L \tag{3.3.10}$$

在式(3.3.9)中,电感的电压有效值与电流有效值之比为 ωL。显然,电感的单位与电阻的单位一样,为欧姆(Ω)。当电压 U 一定时,ωL 愈大,则电流 I 愈小。可见,电感具有对交流电流起到阻碍作用的物理性质,所以称为感抗,用 X_L 表示,即

$$X_L = \omega L = 2\pi f L \tag{3.3.11}$$

显然,X_L 与频率 f 成正比,频率越高,感抗越大。在直流电路中,$f = 0$,$X_L = 0$,因此,在直流电路中电感相当于短路,而在交流电路中感抗与频率 f 成正比。

因此,式(3.3.9)和式(3.3.10)可改写成

$$U = IX_L \tag{3.3.12}$$

$$\dot{U} = j\dot{I}X_L \tag{3.3.13}$$

2. 功率

电感元件的瞬时功率为

$$p = ui = \sqrt{2}U\sin(\omega t + 90°) \cdot \sqrt{2}I\sin\omega t = 2UI\cos\omega t\sin\omega t = UI\sin2\omega t \tag{3.3.14}$$

由式(3.3.14)可知,p 是一个幅值为 UI,并以 2ω 的角频率随时间变化的交变量,其波形图如图 3.3.2(d)所示。

在第一个和第三个 1/4 周期内,p 是正值(u 和 i 正负相同);在第二个和第四个 1/4 周期内,p 是负值(u 和 i 一正一负)。当瞬时功率为正值时,电感元件处于充电状态,它从电源获取能量并储存为磁场能;当瞬时功率为负值时,电感元件处于放电状态,它将储存的磁场能释放出去。

电感元件的平均功率为

$$P = \frac{1}{T}\int_0^T p\,\mathrm{d}t = \frac{1}{T}\int_0^T UI\sin2\omega t\,\mathrm{d}t = 0 \tag{3.3.15}$$

从图 3.3.2(d)所示的功率波形图中很容易看出 p 的平均值为零。

由此可知,在电感元件的交流电路中并没有能量消耗,只有电源与电感元件之间的能量互换,因而电感属于储能元件,而非耗能元件。

为了描述储能元件与外电路交换能量的规模,定义了无功功率这个参数,无功功率用大写字母 Q 来表示。规定无功功率 Q 等于瞬时功率 p 的幅值,即

$$Q = UI = I^2 X_L = \frac{U^2}{X_L} \tag{3.3.16}$$

无功功率的单位是乏(var)或千乏(kvar)。

应当指出,电感元件和后面将要讲的电容元件都是储能元件,它们与电源之间进行能量互换是由电感性质决定的,这对于电源来说是一种负担,但对于储能元件本身来说,其并未消耗能量,故将往返于电源与储能元件之间的功率命名为无功功率。因此,平均功率也可称为有功功率。

例题 3.5　某线圈电感 $L = 50$ mH,假设其内阻忽略不计,将其接到 $u = 220\sqrt{2}\sin314t$ 的电源上,求此时的感抗、电流、有功功率 P、无功功率 Q,并画出电压和电流的相量图。若电压幅值不变,而频率变为 500 Hz,问此时的感抗和电流又为多少?

解　当 $u = 220\sqrt{2}\sin314t$ 时,电压的角频率 $\omega = 314$ rad/s,频率 $f = 50$ Hz,则感抗为

$$X_L = \omega L = 314 \times 50 \times 10^{-3}\ \Omega = 15.7\ \Omega$$

电流为

$$\dot{I} = \frac{\dot{U}}{jX_L} = \frac{220\angle0°}{15.7j}\ A = 14.0\angle-90°\ A$$

有功功率为

$$P = 0$$

无功功率为

$$Q = UI = 220 \times 14.0\ var = 3080\ var$$

电压和电流的相量图如图 3.3.3 所示。

若电压的频率变为 $f = 500$ Hz,则感抗为

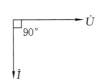

图 3.3.3　例题 3.5 的相量图

$$X_L = \omega L = 2\pi f L = 2 \times 3.14 \times 500 \times 50 \times 10^{-3} \ \Omega = 157 \ \Omega$$

电流为

$$\dot{I} = \frac{\dot{U}}{jX_L} = \frac{220\angle 0°}{157j} \ A = 1.4\angle -90° \ A$$

有功功率为

$$P = 0$$

无功功率为

$$Q = UI = 220 \times 1.4 \ \text{var} = 308 \ \text{var}$$

3.3.3 理想电容元件的交流电路

1. 电压和电流

图 3.3.4(a)所示是一个线性电容 C 的交流电路,在取图示的参考方向的情况下,u 和 i 满足微分关系

$$i = C\frac{\mathrm{d}u}{\mathrm{d}t} \tag{3.3.17}$$

为了方便分析,设 $u = \sqrt{2}U\sin\omega t$,则有

$$i = C\frac{\mathrm{d}u}{\mathrm{d}t} = C\frac{\mathrm{d}(\sqrt{2}U\sin\omega t)}{\mathrm{d}t} = \sqrt{2}UC\frac{\mathrm{d}(\sin\omega t)}{\mathrm{d}t} = \sqrt{2}U\omega C\cos\omega t \tag{3.3.18}$$

$$= \sqrt{2}U\omega C\sin(\omega t + 90°) = \sqrt{2}I\sin(\omega t + 90°)$$

由此可以发现:

(1) 电容的电压和电流是同频率的正弦量,且在相位上电流比电压超前 90°(电压滞后电流 90°),其波形图如图 3.3.4(b)所示;

(2) 电容的电压有效值和电流有效值(或最大值)之间满足关系

$$I = U\omega C \quad 或 \quad U = I\frac{1}{\omega C} \tag{3.3.19}$$

(3) 电容上的电压与电流的相量图如图 3.3.4(c)所示,其相量关系为

$$\dot{I} = j\dot{U}\omega C \quad 或 \quad \dot{U} = \dot{I}\frac{1}{j\omega C} = -j\dot{I}\frac{1}{\omega C} \tag{3.3.20}$$

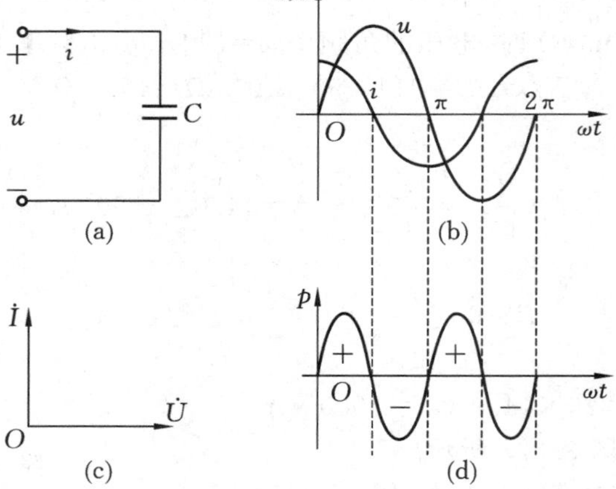

图 3.3.4 电容元件的交流电路

电容与感抗的概念相似,若令 $X_C = \dfrac{1}{\omega C}$,式(3.3.19)和式(3.3.20)可以改写成

$$U = I X_C \tag{3.3.21}$$

$$\dot{U} = -\mathrm{j}\dot{I} X_C \tag{3.3.22}$$

X_C 为电容的容抗,其单位同样是欧姆(Ω),其大小与频率 f 及电容 C 成反比。当电压一定时,频率越高,电容越大,则容抗 X_C 就越小,它对电流的阻碍作用就越小,即电流 I 越大。所以在高频电路中,X_C 趋于零,此时电容元件可视为短路;而对于直流电路而言,由于 $f = 0$,$X_C = \infty$,此时电容元件就可视为开路。因此,电容元件可以起到传输交流、隔离直流的作用。

2. 功率

电容元件的瞬时功率为

$$p = ui = \sqrt{2}U\sin(\omega t + 90°) \cdot \sqrt{2}I\sin\omega t = 2UI\cos\omega t\sin\omega t = UI\sin 2\omega t \tag{3.3.23}$$

由式(3.3.23)可知,p 是一个幅值为 UI,并以 2ω 的角频率随时间变化的交变量,其波形图如图 3.3.4(d)所示。

在第一个和第三个 1/4 周期内,p 是正值(u 和 i 正负相同);在第二个和第四个 1/4 周期内,p 是负值(u 和 i 一正一负)。当瞬时功率为正值时,电容元件处于充电状态,它从电源吸收能量并储存为电场能;当瞬时功率为负值时,电容元件处于放电状态,将电场能释放出去。

电容元件的平均功率为

$$P = \frac{1}{T}\int_0^T p\,\mathrm{d}t = \frac{1}{T}\int_0^T UI\sin 2\omega t\,\mathrm{d}t = 0 \tag{3.3.24}$$

从图 3.3.4(d)所示的功率波形图中很容易看出 p 的平均值为零。

由此可知,在电容元件的交流电路中亦没有能量消耗,只有电源与电容元件之间的能量互换,因而电容也属于储能元件,而非耗能元件。

为了描述电容元件与外电路交换能量的规模,同样使用无功功率这个概念来定义,但为了和电感的无功功率相区分,将电容的无功功率定义为负值,大小仍等于瞬时功率 p 的幅值,即

$$Q_C = -UI = -I^2 X_C = -\frac{U^2}{X_C} \tag{3.3.25}$$

电容无功功率的单位也是乏(var)或千乏(kvar)。

例题 3.6 有一个 LC 并联电路接在 220 V、50 Hz 的交流电压上,已知 $L = 100$ mH,$C = 40$ μF,试求:(1)感抗和容抗;(2)I_C、I_L 和总电流 I;(3)画出相量图;(4)Q_L、Q_C 和总的无功功率 Q。

解 (1)求感抗和容抗。

电感的感抗为

$$X_L = 2\pi fL = 2 \times 3.14 \times 50 \times 100 \times 10^{-3}\ \Omega = 31.4\ \Omega$$

电容的容抗为

$$X_C = \frac{1}{2\pi fC} = \frac{1}{2 \times 3.14 \times 50 \times 40 \times 10^{-6}}\ \Omega = 79.6\ \Omega$$

(2)求 I_C、I_L 和总电流 I。

电感的电流为

$$I_L = \frac{U}{X_L} = \frac{220}{31.4} \text{ A} = 7.00 \text{ A}$$

电容的电流为

$$I_C = \frac{U}{X_C} = \frac{220}{79.6} \text{ A} = 2.76 \text{ A}$$

由于 $\dot{I}_L$ 和 $\dot{I}_C$ 方向相反,因此总电流为

$$I = I_L - I_C = (7.00 - 2.76) \text{ A} = 4.24 \text{ A}$$

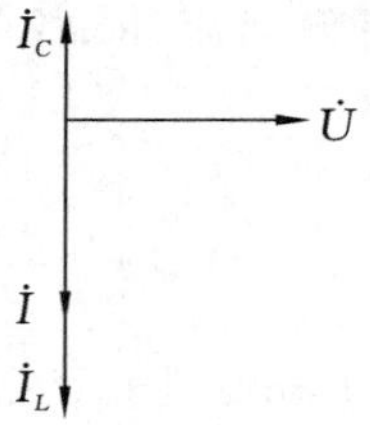

(3) 相量图如图 3.3.5 所示。

(4) 求 Q_L、Q_C 和总的无功功率 Q。

电感的无功功率为

$$Q_L = UI_L = 220 \times 7.00 \text{ var} = 1540 \text{ var}$$

电容的无功功率为

$$Q_C = -UI_C = -220 \times 2.76 \text{ var} = -607.2 \text{ var}$$

图 3.3.5 例题 3.6 的相量图   总的无功功率为

$$Q = Q_L + Q_C = (1540 - 607.2) \text{ var} = 932.8 \text{ var}$$

单一参数电路的比较如表 3.3.1 所示。

表 3.3.1   单一参数电路的比较

电路名称		电阻电路	电感电路	电容电路
电路及符号		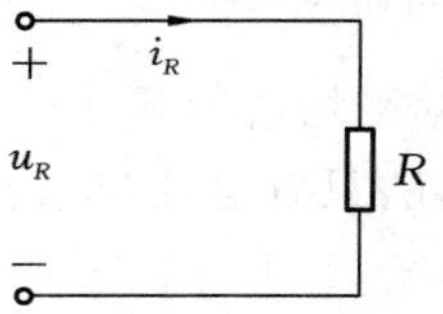 u_R i_R R	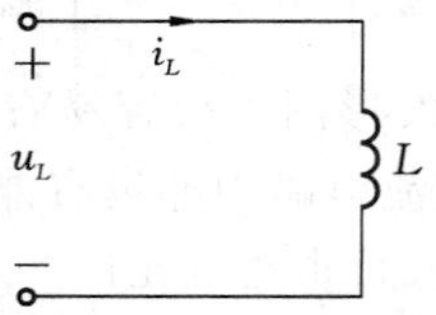 u_L i_L L	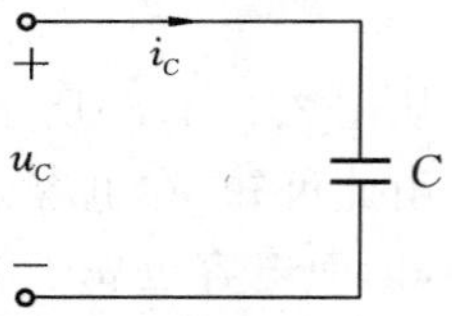 u_C i_C C
元件参数		R	$X_L = 2\pi f L$	$X_C = \dfrac{1}{\omega C}$
电压与电流的关系	瞬时值	$R = \dfrac{u_R}{i_R}$ 或 $u_R = i_R R$	$u_L = L\dfrac{di_L}{dt}$ 或 $i_L = \dfrac{1}{L}\int u_L dt$	$i_C = C\dfrac{du_C}{dt}$ 或 $u_C = \dfrac{1}{C}\int i_C dt$
	有效值	$U_R = I_R R$	$U_L = I_L X_L$	$U_C = I_C X_C$
	相位关系	$\dot{I}_R$ 与 $\dot{U}_R$ 同相	$\dot{U}_L$ 超前 $\dot{I}_L 90°$	$\dot{I}_C$ 超前 $\dot{U}_C 90°$
	相量式	$\dot{U}_R = \dot{I}_R R$	$\dot{U}_L = j\dot{I}_L X_L$	$\dot{U}_C = -j\dot{I}_C X_C$
	相量图	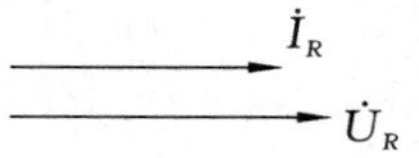 $\dot{I}_R$ $\dot{U}_R$	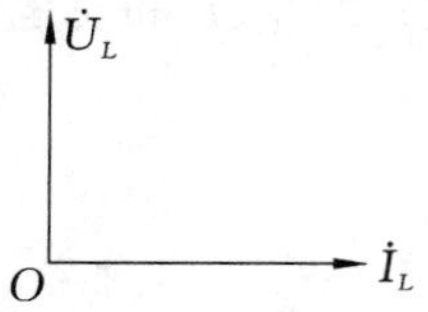 $\dot{U}_L$ O $\dot{I}_L$	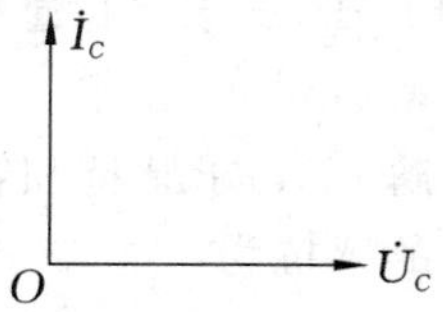 $\dot{I}_C$ O $\dot{U}_C$
功率	有功功率	$P_R = U_R I_R$ $= I_R^2 R = U_R^2/R$	$P_L = 0$	$P_C = 0$
	无功功率	$Q_R = 0$	$Q_L = U_L I_L$ $= I_L^2 X_L = U_L^2/X_L$	$Q_C = -U_C I_C$ $= -I_C^2 X_C = -U_C^2/X_C$

◀ 3.4　简单正弦交流电路的计算 ▶

3.4.1　基尔霍夫定律的相量表示

在实际电路中,很少有电路元件单一出现的情况,往往是电阻、电感和电容相互串联、并联或者混联,对于这样的情况,基尔霍夫定律同样适用。但由于交流电路中常常使用相量法表示交流量,因而 KVL 和 KCL 的表述方式有所变化。

在由各支路组成的闭合回路中,各支路电压的瞬时值及其相量符合 KVL,即

$$\sum u = 0 \quad \text{或} \quad \sum \dot{U} = 0$$

对于节点而言,各支路电流的瞬时值及其相量符合 KCL,即

$$\sum i = 0 \quad \text{或} \quad \sum \dot{I} = 0$$

注意:在交流电路中,电流和电压的有效值不符合基尔霍夫定律。

3.4.2　RLC 串联电路

下面以 RLC 串联电路为例,讲解一般非单一元件交流电路的分析方法。电阻 R、电感 L 和电容 C 串联的交流电路如图 3.4.1 所示。

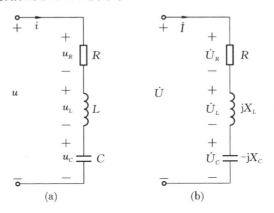

图 3.4.1　RLC 串联电路

1. 电压、电流和阻抗

设电流为参考正弦量,即 $i=\sqrt{2}I\sin\omega t$,用相量表示为 $\dot{I}=I\angle 0°$,则电路的电压为

$$\dot{U}=\dot{U}_R+\dot{U}_L+\dot{U}_C=\dot{I}R+j\dot{I}X_L+(-j\dot{I}X_C)$$
$$=\dot{I}[R+j(X_L-X_C)]=\dot{I}(R+jX)=\dot{I}Z \tag{3.4.1}$$

式中,$Z=R+j(X_L-X_C)=R+jX$,$X=X_L-X_C$。

Z 为 RLC 元件串联后的总阻抗,单位为欧姆(Ω)。因为 Z 是阻抗的复数形式,故又称其为复阻抗。Z 的实部 R 就是电阻部分,表示阻抗的耗能性质;虚部 X 就是电抗部分,表示阻

抗的储能与交换性质。Z 的模为 $|Z|$，阻抗角为 φ，很显然，根据式（3.4.1）可以发现 φ 也是电压和电流之间的夹角，$\cos\varphi$ 称为线路的功率因数。注意，Z 是复数而不是正弦量。

$$|Z| = \sqrt{R^2 + X^2} = \sqrt{R^2 + (X_L - X_C)^2} \tag{3.4.2}$$

$$\varphi = \arctan\frac{X}{R} = \arctan\frac{X_L - X_C}{R} \tag{3.4.3}$$

2. 阻抗三角形

$|Z|$、R 和 X 三者之间的关系可以用一个直角三角形来表示，如图 3.4.2 所示。这个三角形称为阻抗三角形，阻抗三角形的一个锐角就是 Z 的阻抗角 φ。

由式（3.4.3）可知，阻抗角 φ 的大小和正负与 X_L、X_C 有紧密关系：

当 $X_L > X_C$ 时，$\varphi > 0$，电路为感性，电压超前电流 φ 角；

当 $X_L < X_C$ 时，$\varphi < 0$，电路为容性，电压滞后电流 φ 角；

当 $X_L = X_C$ 时，$\varphi = 0$，电路为电阻性，电压和电流同相位，这时称电路发生了谐振。

3. 电压三角形和功率三角形

三个电压相量 $\dot{U}$、$\dot{U}_R$ 和 $\dot{U}_L + \dot{U}_C$ 也构成了直角三角形，通常称为电压三角形，如图 3.4.3 所示。电压三角形和阻抗三角形是相似三角形。

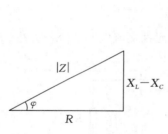

图 3.4.2　阻抗三角形

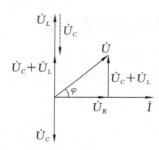

图 3.4.3　电压三角形

需要注意的是，满足三角关系的是电压相量，而不是电压的有效值。

下面再看功率关系。通过前一小节可以知道，在 RLC 电路中只有电阻消耗功率，其有功功率为

$$P = IU_R = IU\cos\varphi \tag{3.4.4}$$

电感和电容与电源之间进行能量交换，它们对应的无功功率为

$$Q = IU_L - IU_C = I(U_L - U_C) = IU\sin\varphi \tag{3.4.5}$$

对于电源而言，它既要给电阻提供能量，又要与电感、电容进行能量交换，为了表示电源的容量，定义了视在功率，用大写字母 S 表示。视在功率 S 的大小定义为电路的电压有效值 U 和电流有效值 I 的乘积，即

$$S = UI \tag{3.4.6}$$

通常交流电气设备是按照规定的额定电压 U_N 和额定电流 I_N 来设计使用的，变压器的容量就是用视在功率 S 表示的。视在功率的单位是伏安（V·A）或千伏安（kV·A）。

由式（3.4.4）、式（3.4.5）和式（3.4.6）可以发现，P、Q 和 S 也构成了一个直角三角形，这个三角形叫功率三角形，它与阻抗三角形和电压三角形是相似三角形，如图 3.4.4 所示。

需要注意的是,虽然阻抗三角形、电压三角形和功率三角形是相似三角形,但其中只有电压是正弦量,可用相量表示,因此电压三角形的三条边是带箭头的有向线段,而阻抗和功率不是正弦量,不能用相量表示,因此阻抗三角形和功率三角形的三条边只用线段表示。

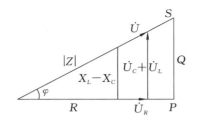

图 3.4.4　阻抗三角形、电压三角形和功率三角形

例题 3.7　日光灯电路在正常工作时实际上就是一个 RL 串联电路,当其工作电压为 220 V/50 Hz 的交流电压时,测得某日光灯管的电流为 0.36 A,功率为 44.6 W,试求其电阻 R 和电感 L,并求其功率因数。

解　电阻为
$$R = \frac{P}{I^2} = \frac{44.6}{0.36^2}\ \Omega = 344.1\ \Omega$$

功率因数为
$$\cos\varphi = \frac{P}{UI} = \frac{44.6}{220 \times 0.36} = 0.563$$

当 $\cos\varphi = 0.563$ 时,可得
$$\tan\varphi = \sqrt{\frac{1}{\cos^2\varphi} - 1} = 1.47$$

于是有
$$X_L = R\tan\varphi = 344.1 \times 1.47\ \Omega = 505.8\ \Omega$$

故电感系数为
$$L = \frac{X_L}{2\pi f} = \frac{505.8}{2 \times 3.14 \times 50}\ \text{H} = 1.61\ \text{H}$$

例题 3.8　在 RLC 串联电路中,已知电感电压 $U_L = 80$ V,电容电压 $U_C = 40$ V,外加电压 $U = 50$ V,如电阻上消耗的功率为 60 W,电源的角频率为 100 rad/s,试求电阻上的电压、电感和电容,分析整个电路的负载性质是感性还是容性,并求出电路的阻抗角。

解　根据 RLC 串联电路的电压三角关系,可得电阻上的电压为
$$U_R = \sqrt{U^2 - (U_L - U_C)^2} = \sqrt{50^2 - (80 - 40)^2}\ \text{V} = 30\ \text{V}$$

已知电阻的功率 $P = 60$ W,则电路的电流为
$$I = \frac{P}{U_R} = \frac{60}{30}\ \text{A} = 2\ \text{A}$$

电阻为
$$R = \frac{U_R}{I} = \frac{30}{2}\ \Omega = 15\ \Omega$$

感抗为
$$X_L = \frac{U_L}{I} = \frac{80}{2}\ \Omega = 40\ \Omega$$

电感系数为

$$L = \frac{X_L}{\omega} = \frac{40}{100} \text{ H} = 0.4 \text{ H}$$

容抗为

$$X_C = \frac{U_C}{I} = \frac{40}{2} \ \Omega = 20 \ \Omega$$

电容大小为

$$C = \frac{1}{\omega X_C} = \frac{1}{100 \times 20} \text{ F} = 500 \ \mu\text{F}$$

由于电路的感抗大于容抗,因此电路呈现出感性。

电路的阻抗角为

$$\varphi = \arctan \frac{X_L - X_C}{R} = \arctan \frac{40 - 20}{15} = 53°$$

由此可以发现,在 RLC 串联电路中,部分电压($\dot{U}_L$ 或 $\dot{U}_C$)的大小可以大于总电压 $\dot{U}$ 的大小。

例题 3.9 在 RLC 串联交流电路中,已知 $R = 100 \ \Omega, L = 280 \text{ mH}, C = 114.1 \ \mu\text{F}$,电源为 $u = 220\sqrt{2}\sin(314t - 30°)$,试求:(1)电流 i 以及部分电压 u_R、u_L 和 u_C;(2)有功功率 P 和无功功率 Q;(3)画出相量图。

解 (1)根据 $u = 220\sqrt{2}\sin(314t - 30°)$ 可知,电源角频率 $\omega = 314 \text{ rad/s}$,电源电压为 $\dot{U} = 220\angle{-30°} \text{ V}$,则感抗为

$$X_L = \omega L = 314 \times 280 \times 10^{-3} \ \Omega = 87.9 \ \Omega$$

容抗为

$$X_C = \frac{1}{\omega C} = \frac{1}{314 \times 114.1 \times 10^{-6}} \ \Omega = 27.9 \ \Omega$$

总阻抗为

$$Z = R + \text{j}(X_L - X_C) = [100 + \text{j}(87.9 - 27.9)] \ \Omega = (100 + \text{j}60) \ \Omega = 116.6\angle{31°} \ \Omega$$

电流为

$$\dot{I} = \frac{\dot{U}}{Z} = \frac{220\angle{-30°}}{116.6\angle{31°}} \text{ A} = 1.9\angle{-61°} \text{ A}$$

即

$$i = 1.9\sqrt{2}\sin(314t - 61°)$$

电阻电压为

$$\dot{U}_R = \dot{I}R = 1.9\angle{-61°} \times 100 \text{ V} = 190\angle{-61°} \text{ V}$$

即

$$u_R = 190\sqrt{2}\sin(314t - 61°)$$

电感电压为

$$\dot{U}_L = \dot{I}(\text{j}X_L) = 1.9\angle{-61°} \times 87.9\angle{90°} \text{ V} = 167\angle{29°} \text{ V}$$

即

$$u_L = 167\sqrt{2}\sin(314t + 29°)$$

电容电压为
$$\dot{U}_C = \dot{I}(-\mathrm{j}X_C) = 1.9\angle -61° \times 27.9\angle -90° \ \mathrm{V} = 53\angle -151° \ \mathrm{V}$$
即
$$u_C = 53\sqrt{2}\sin(314t - 151°)$$

（2）有功功率为
$$P = I^2 R = 1.9^2 \times 100 \ \mathrm{W} = 361 \ \mathrm{W}$$

无功功率为
$$Q = Q_L - Q_C = IU_L - IU_C = (1.9 \times 167 - 1.9 \times 53) \ \mathrm{var} = 216.6 \ \mathrm{var}$$

（3）相量图如图 3.4.5 所示。

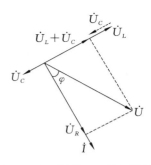

图 3.4.5　例题 3.9 的相量图

3.5　复阻抗电路

3.5.1　阻抗的串联、并联及混联

在实际电路中，许多元件本身就是复阻抗，并且许多交流电路都是通过阻抗的串联、并联和混联来构成的。

1. 阻抗的串联

当多个阻抗 $Z_k(k=1,\cdots,n)$ 串联时，可用一个阻抗 Z 等效，即
$$Z = \sum_{k=1}^{n} Z_k = \sum_{k=1}^{n} R_k + \mathrm{j}\sum_{k=1}^{n} X_k = |Z|\angle\varphi \tag{3.5.1}$$

式中，$|Z| = \sqrt{\left(\sum_{k=1}^{n} R_k\right)^2 + \left(\sum_{k=1}^{n} X_k\right)^2}$，$\varphi = \arctan\dfrac{\sum\limits_{k=1}^{n} X_k}{\sum\limits_{k=1}^{n} R_k}$。

电路的总阻抗等于各部分阻抗相加，即串联总阻抗的总电阻等于各部分电阻之和，总电抗等于各部分电抗的代数和。其中，感抗 X_L 取正号，容抗 X_C 取负号。

2. 阻抗的并联

若 n 个阻抗 $Z_k(k=1,\cdots,n)$ 并联，也可用一个阻抗 Z 等效，即
$$\frac{1}{Z} = \sum_{k=1}^{n} \frac{1}{Z_k} \tag{3.5.2}$$

当两个阻抗并联时，等效阻抗 Z 为
$$Z = \frac{Z_1 \cdot Z_2}{Z_1 + Z_2} \tag{3.5.3}$$

例题 3.10　电路图如图 3.5.1 所示，其中阻抗 $Z_1 = (2+\mathrm{j}2) \ \Omega$，$Z_2 = (1+\mathrm{j}2) \ \Omega$，它们串联在交流电压源 $u = 20\sin(314t + 60°)$ 上，求电路的电流及各阻抗上的电压。

解　已知 $u = 20\sin(314t + 60°)$，将电压改写成相量形式，即 $\dot{U} = 10\sqrt{2}\angle 60° \ \mathrm{V}$；将 Z_1 和 Z_2 也改写成相量形式，即 $Z_1 = (2+\mathrm{j}2) \ \Omega = 2\sqrt{2}\angle 45° \ \Omega$，$Z_2 = (1+\mathrm{j}2) \ \Omega = \sqrt{5}\angle 63.4° \ \Omega$，则电路的等效阻抗为
$$Z = Z_1 + Z_2 = (2+\mathrm{j}2 + 1 + \mathrm{j}2) \ \Omega = (3+\mathrm{j}4) \ \Omega = 5\angle 53° \ \Omega$$

电路的电流为

$$\dot{I}=\frac{\dot{U}}{Z}=\frac{10\sqrt{2}\angle60°}{5\angle53°}\ \mathrm{A}=2\sqrt{2}\angle7°\ \mathrm{A}$$

Z_1 的电压为

$$\dot{U}_1=\dot{I}Z_1=2\sqrt{2}\angle7°\times2\sqrt{2}\angle45°\ \mathrm{V}=8\angle52°\ \mathrm{V}$$

Z_2 的电压为

$$\dot{U}_2=\dot{I}Z_2=2\sqrt{2}\angle7°\times\sqrt{5}\angle63.4°\ \mathrm{V}=2\sqrt{10}\angle70.4°\ \mathrm{V}$$

例题 3.11 电路图如图 3.5.2 所示，已知 $Z_1=(1+\mathrm{j}2)\ \Omega$，$Z_2=(1-\mathrm{j}2)\ \Omega$，$Z_3=(1+\mathrm{j}3)\ \Omega$，电源电压 $\dot{U}=20\angle30°\ \mathrm{V}$，求电流 $\dot{I}$、$\dot{I}_1$、$\dot{I}_2$ 和 $\dot{I}_3$，并画出相量图。

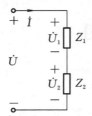 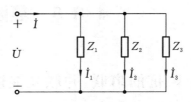

图 3.5.1　例题 3.10 的电路图　　　图 3.5.2　例题 3.11 的电路图

解　将 Z_1、Z_2 和 Z_3 转化成相量形式，即 $Z_1=(1+\mathrm{j}2)\ \Omega=\sqrt{5}\angle63.4°\ \Omega$，$Z_2=(1-\mathrm{j}2)\ \Omega=\sqrt{5}\angle-63.4°\ \Omega$，$Z_3=(1+\mathrm{j}3)\ \Omega=\sqrt{10}\angle71.6°\ \Omega$，则 Z_1、Z_2 和 Z_3 的等效电阻为

$$Z=\frac{Z_1Z_2Z_3}{Z_1Z_2+Z_2Z_3+Z_1Z_3}$$

$$=\frac{\sqrt{5}\angle63.4°\times\sqrt{5}\angle-63.4°\times\sqrt{10}\angle71.6°}{\sqrt{5}\angle63.4°\times\sqrt{5}\angle-63.4°+\sqrt{5}\angle-63.4°\times\sqrt{10}\angle71.6°+\sqrt{5}\angle63.4°\times\sqrt{10}\angle71.6°}\ \Omega$$

$$=\frac{5\sqrt{10}\angle71.6°}{5\angle0°+5\sqrt{2}\angle8.2°+5\sqrt{2}\angle135°}\ \Omega=\frac{5\sqrt{10}\angle71.6°}{5+7.0+\mathrm{j}-5+\mathrm{j}5}\ \Omega$$

$$=\frac{5\sqrt{10}\angle71.6°}{7+\mathrm{j}6}\ \Omega=\frac{5\sqrt{10}\angle71.6°}{9.2\angle40.6°}\ \Omega=1.7\angle31°\ \Omega$$

总电流为

$$\dot{I}=\frac{\dot{U}}{Z}=\frac{20\angle30°}{1.7\angle31°}\ \mathrm{A}=11.8\angle-1°\ \mathrm{A}$$

Z_1 的电流为

$$\dot{I}_1=\frac{\dot{U}}{Z_1}=\frac{20\angle30°}{\sqrt{5}\angle63.4°}\ \mathrm{A}=4\sqrt{5}\angle-33.4°\ \mathrm{A}$$

Z_2 的电流为

$$\dot{I}_2=\frac{\dot{U}}{Z_2}=\frac{20\angle30°}{\sqrt{5}\angle-63.4°}\ \mathrm{A}=4\sqrt{5}\angle93.4°\ \mathrm{A}$$

Z_3 的电流为

$$\dot{I}_3=\frac{\dot{U}}{Z_3}=\frac{20\angle30°}{\sqrt{10}\angle71.6°}\ \mathrm{A}=2\sqrt{10}\angle-41.6°\ \mathrm{A}$$

相量图如图 3.5.3 所示。

例题 3.12 RLC 混联电路如图 3.5.4 所示,已知 $u = 10\sqrt{2}\sin 314t$, $R_1 = 10\ \Omega$, $R_2 = 1000\ \Omega$, $L = 500\ \text{mH}$, $C = 10\ \mu\text{F}$, 求电容电压 u_C。

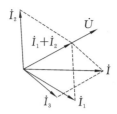 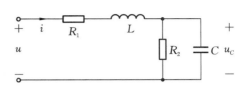

图 3.5.3 例题 3.11 的相量图   图 3.5.4 例题 3.12 的电路图

解 将电源电压 $u = 10\sqrt{2}\sin 314t$ 改写成相量形式,即 $\dot{U} = 10\angle 0°$ V,则电感的感抗为

$$X_L = \omega L = 314 \times 500 \times 10^{-3}\ \Omega = 157\ \Omega$$

电容的容抗为

$$X_C = \frac{1}{\omega C} = \frac{1}{314 \times 10 \times 10^{-6}}\ \Omega = 318.5\ \Omega$$

R_2 和 C 并联后的等效阻抗为

$$Z_{R_2 C} = \frac{R_2(-\text{j}X_C)}{R_2 + (-\text{j}X_C)} = \frac{1000 \times (-\text{j}318.5)}{1000 - \text{j}318.5}\ \Omega = \frac{318\ 500\angle -90°}{1049.5\angle -17.7°}\ \Omega$$
$$= 303.5\angle -72.3°\ \Omega = (92.3 - \text{j}289.2)\ \Omega$$

总的等效阻抗为

$$Z = R_1 + \text{j}X_L + Z_{R_2 C} = (10 + \text{j}157 + 92.3 - \text{j}289.2)\ \Omega = (102.3 - \text{j}132.2)\ \Omega = 167.2\angle -52.3°\ \Omega$$

总电流为

$$\dot{I} = \frac{\dot{U}}{Z} = \frac{10\angle 0°}{167.2\angle -52.3°}\ \text{A} = 0.06\angle 52.3°\ \text{A}$$

电容电压为

$$\dot{U}_C = \dot{I} Z_{R_2 C} = 0.06\angle 52.3° \times 303.5\angle -72.3°\ \text{V} = 18.21\angle -20°\ \text{V}$$

所以,电容电压为

$$u_C = 18.21\sqrt{2}\sin(314t - 20°) = 25.75\sin(314t - 20°)$$

3.5.2 复阻抗电路的应用

移相电路是电工电子领域最常用的电路之一,常用在许多电气设备和仪器中。例如,在我国很多中小企业的生产中,常常需要用到三相空压机、三相鼓风机和三相抽水机等,在只有单相电源的条件下,借助于移相电路等,就可以从单相电源获取对称的三相交流电源。

这里介绍两种最简单的移相电路,如图 3.5.5 所示。

对于图 3.5.5(a)所示的电路,有

$$\frac{\dot{U}_2}{\dot{U}_1} = \frac{R}{R - \text{j}X_C} = r\angle \varphi \tag{3.5.4}$$

式中,$r = \sqrt{\dfrac{R^2}{R^2 + X_C^2}}$,$\varphi = \arctan\dfrac{X_C}{R}$。

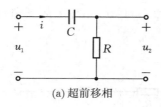 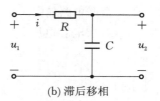

(a) 超前移相　　　　　　　　(b) 滞后移相

图 3.5.5　移相电路

此电路的输出电压超前输入电压 $\varphi(\varphi>0°)$ 角,因而该电路可以提供一个超前相角,从而增大交流电压的初相角。

同理,图 3.5.5(b)所示的电路可以提供一个滞后相角,从而减小交流电压的初相角(读者可自行证明)。

◀ 3.6　电路的谐振 ▶

在交流电路中,由于具有电感元件和电容元件,电路两端的总电压与总电流一般是不同相的,电路呈现出感性或容性。但如果调节电路参数或电源的频率,使感性和容性的作用相互抵消,对外电路显示纯电阻性,这时该电路的总电压与总电流同相,这种现象叫作电路的谐振。研究谐振的目的就是要认识这种客观现象,并在生产中充分利用谐振的特征,同时又要预防它所产生的危害。根据电路连接方式的不同,谐振分为串联谐振和并联谐振两种。

3.6.1　串联谐振

根据 3.4.2 节中的分析可以知道,在图 3.6.1(a)所示的 RLC 串联电路中,当 $X_L=X_C$ 时,电路的阻抗 $Z=R+\mathrm{j}(X_L-X_C)=R$,此时 RLC 串联阻抗呈现出电阻性,回路发生串联谐振,Z 的复相角 $\varphi=0°$。

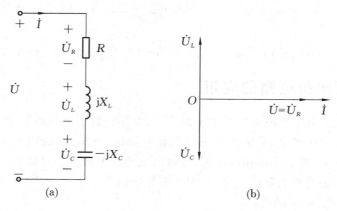

图 3.6.1　串联谐振

1. 串联谐振的条件

当发生串联谐振时,因 $X_L=X_C$,于是有

$$\omega L = \frac{1}{\omega C}$$

从而可求出谐振角频率 ω_0 和谐振频率 f_0 为

$$\omega_0 = \frac{1}{\sqrt{LC}}, \quad f_0 = \frac{1}{2\pi\sqrt{LC}} \tag{3.6.1}$$

频率 f_0 的大小由 L、C 决定。f_0 称为谐振电路的固有频率。

由式(3.6.1)可知，使 RLC 串联电路产生谐振有两种方法：

(1) 当电源频率 f 一定时，改变电路参数 L 或 C 的大小，使 $f_0 = f$；

(2) 当电路参数 L 和 C 固定不变时，改变电源频率 f，使之与电路的固有频率 f_0 相等。

2．串联谐振的特点

电路发生串联谐振时，有以下特征：

(1) 谐振时，串联阻抗 $Z = R$，达到最小值；

(2) 由于串联阻抗最小，因而此时电流 I 达到最大值，即 $I_{\max} = \dfrac{U}{Z} = \dfrac{U}{R}$；

(3) 由于电路呈电阻性，电源电压与电路中的电流同相；

(4) 电感的无功功率 Q_L 与电容的无功功率 Q_C 大小相等，符号相反，电感磁场能与电容电场能发生能量交换，而电源供给电路的能量全部被电阻消耗；

(5) 电感电压 $\dot{U}_L$ 与电容电压 $\dot{U}_C$ 大小相等，方向相反，相互抵消，而电阻电压 $\dot{U}_R$ 等于电源电压 $\dot{U}$，相量图如图 3.6.1(b)所示。

但若 $X_L = X_C \gg R$，则 $U_L = U_C \gg U$，即出现了电路的部分电压远大于电源电压的现象，因此有时又将串联谐振称为电压谐振。电感或电容上产生过电压，可能会导致线圈和电容的绝缘层被击穿，将危及设备和人身安全，对此要有充分的认识和注意。

通常，将电感电压或电容电压的有效值与总电压的比值称为品质因数，记作 Q，即

$$Q = \frac{U_L}{U} = \frac{U_C}{U} = \frac{U_L}{U_R} = \frac{U_C}{U_R} \tag{3.6.2}$$

品质因数表明，发生串联谐振时电感或电容上的电压是总电压的 Q 倍。品质因数的物理意义是 RLC 回路储存的总能量与一个周期内损耗的能量之比。

在无线电接收设备中，常利用串联谐振来选择电台信号。图 3.6.2(a)所示是收音机的调谐回路，它由电感线圈 L 和可变电容 C 组成，L_1 是天线线圈。由于每一个电台都有自己的广播频率，不同电台发射出不同的电磁波信号，通过 L_1 线圈在天线回路中产生各自的感应电动势，由于线圈的互感作用，在 LC 回路中将感应出许多频率不同的电动势 e_1、e_2、e_3……其等效电路如图 3.6.2(b)所示。调节可变电容 C，使电路对某一电台频率产生串联谐振，此时在电容两端产生的与该电台同频率的电压最大。其他各种不同频率的信号，虽然在电容两端也有该频率的电压，但由于未达到它们的谐振频率，所以电压幅值小，信号不显著。调节可变电容 C，调谐回路就会对不同频率产生串联谐振，于是就可以收听到不同电台的节目。

例题 3.13 在图 3.6.2 所示的电路中，已知 $L = 30$ mH，$R = 22$ Ω，现想收听频率 $f_1 = 880$ kHz 的电台节目，需将可变电容调至多大？若 $e_1 = 2.8$ μV，试问电容上的电压为多大？此时品质因数 Q 为多少？

解 若希望收听频率 $f_1 = 880$ kHz 的节目，需调节可变电容 C，使得串联回路产生谐

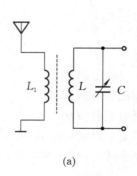 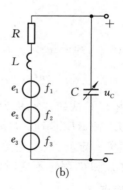

(a)   (b)

图 3.6.2   收音机的原理图

振,即 $f_0 = \dfrac{1}{2\pi\sqrt{LC}} = f_1$,于是有

$$C = \frac{1}{4\pi^2 f_1^2 L} = \frac{1}{4\times 3.14^2 \times (880\times 10^3)^2 \times 30\times 10^{-3}}\ \text{F} = 1.09\ \text{pF}$$

电容的容抗为

$$X_C = \frac{1}{2\pi f_1 C} = \frac{1}{2\times 3.14\times 880\times 10^3 \times 1.09\times 10^{-12}}\ \Omega = 1.66\times 10^5\ \Omega$$

品质因数为

$$Q = \frac{U_C}{e_1} = \frac{X_C}{R} = \frac{1.66\times 10^5}{22} = 7545$$

若 $e_1 = 2.8\ \mu\text{V}$,则

$$U_C = Q e_1 = 7545\times 2.8\times 10^{-6}\ \text{V} = 0.021\ \text{V} = 21\ \text{mV}$$

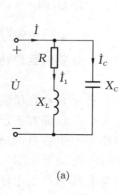 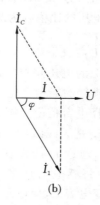

(a)   (b)

图 3.6.3   并联谐振

3.6.2   并联谐振

并联谐振研究的电路是具有电阻 R 和电感 L 的线圈与电容 C 组成的并联电路,如图 3.6.3(a)所示。

并联回路的复阻抗为

$$Z = \frac{(R+\mathrm{j}\omega L)\left(-\mathrm{j}\dfrac{1}{\omega C}\right)}{R+\mathrm{j}\omega L-\mathrm{j}\dfrac{1}{\omega C}} \tag{3.6.3}$$

由于 R 为电感的阻值,相对于电感的感抗 X_L 可以忽略不计,因此上式可近似简化为

$$Z = \frac{\mathrm{j}\omega L\left(-\mathrm{j}\dfrac{1}{\omega C}\right)}{R+\mathrm{j}\omega L-\mathrm{j}\dfrac{1}{\omega C}} = \frac{\dfrac{L}{C}}{R+\mathrm{j}\left(\omega L-\dfrac{1}{\omega C}\right)} \tag{3.6.4}$$

欲使电路产生谐振,复阻抗 Z 应为纯实数,因而可以得到并联谐振的条件为

$$\omega L - \frac{1}{\omega C} = 0$$

即并联谐振的频率和角频率为

$$\omega_0 = \frac{1}{\sqrt{LC}}, \quad f_0 = \frac{1}{2\pi\sqrt{LC}} \tag{3.6.5}$$

电路发生并联谐振时,有以下特征:

(1) 产生谐振时,复阻抗 $Z = \dfrac{L}{RC}$ 达到最大值;

(2) 由于复阻抗最大,因而此时电流 I 达到最小值;

(3) 由于电路呈电阻性,电源电压与电路中的电流同相;

(4) 电感的无功功率 Q_L 与电容的无功功率 Q_C 大小相等,符号相反,电感磁场能与电容电场能发生能量交换,而电源供给电路的能量全部被电阻消耗;

(5) 电感中的电流几乎与电容中的电流大小相等,相位相反,相量图如图 3.6.3(b)所示。很多情况下电感和电容的电流比电路总电流大很多,所以并联谐振又称为电流谐振。

◀ 3.7 三相交流电路 ▶

目前,世界各国的电力系统中电能的生产、传输和供电方式绝大多数都采用对称三相正弦交流电制。为适应工业化生产的需要,三相交流电制已经标准化或规范化,它主要由三相电源、三相负载和三相输电线路三部分组成。

3.7.1 对称三相交流电源

通常由三相同步发电机产生对称三相电源。在三相电路中,对称三相电源一般连接成星形(Y)或三角形(△),其中星形连接较为常见,本教材主要介绍星形连接的三相交流电源。

把三个电压源的负极性连接在一起形成一个节点(记为 N,称为电源的中性点或公共点),而从三个电压源的正极性向外引出三条输出线(称为端线,俗称火线),如图 3.7.1 所示,这就是三相电源的星形连接方式。星形电源的三相绕组在空间上相差 120°,当转子以均匀的角速度 ω 转动时,在三相绕组中产生感应电压,从而形成对称三相电源。这样产生的三相正弦交流电源是具有相同频率和幅值、初相位各自相差 120°的三个正弦交流电压源。

三相电源的瞬时值为

$$\begin{cases} u_A = \sqrt{2}U\sin\omega t \\ u_B = \sqrt{2}U\sin(\omega t - 120°) \\ u_C = \sqrt{2}U\sin(\omega t + 120°) \end{cases} \tag{3.7.1}$$

波形图如图 3.7.2(a)所示。

将上式改写成相量形式,即

$$\begin{cases} \dot{U}_A = U\angle 0° \\ \dot{U}_B = U\angle -120° \\ \dot{U}_C = U\angle 120° \end{cases} \tag{3.7.2}$$

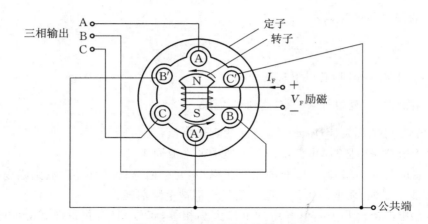

图 3.7.1 三相正弦交流发电机

相量图如图 3.7.2(b)所示。

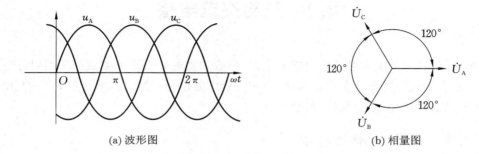

(a) 波形图　　　　　　　　　　　　(b) 相量图

图 3.7.2 三相正弦交流电

由于三相正弦交流电是对称的,因此很容易证明

$$\dot{U}_\mathrm{A}+\dot{U}_\mathrm{B}+\dot{U}_\mathrm{C}=0 \tag{3.7.3}$$

星形连接的三相正弦交流电源的常见画法如图 3.7.3 所示。

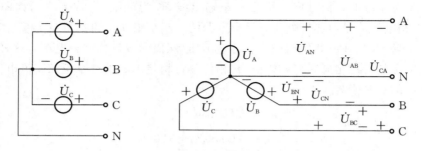

图 3.7.3 星形连接的三相正弦交流电源

在常见的供电方式中,三相电源对外可提供两种电压:一种电压是三相电源中的任意一根相线与中性线之间的电压,称为相电压,记为 $\dot{U}_\mathrm{AN}$、$\dot{U}_\mathrm{BN}$ 和 $\dot{U}_\mathrm{CN}$,其有效值大小用 U_P 表示,在忽略电源内阻抗压降时,三相电源的相电压与三相电源的电动势相等,由于三相电源的电动势相互对称,所以三个相电压也是对称的;另一种电压为任意两根相线之间的电压,称为线电压,习惯上把表示这些线电压参考方向的下标都按字母的次序来排,分别记为 $\dot{U}_\mathrm{AB}$、$\dot{U}_\mathrm{BC}$ 和

$\dot{U}_{CA}$,其有效值大小用 U_L 表示。

星形连接的对称三相电源的相电压可表示为

$$\dot{U}_{AN}=\dot{U}_A=U_P\angle 0°, \quad \dot{U}_{BN}=\dot{U}_B=U_P\angle-120°, \quad \dot{U}_{CN}=\dot{U}_C=U_P\angle 120° \quad (3.7.4)$$

星形连接的对称三相电源的线电压为

$$\begin{cases}\dot{U}_{AB}=\dot{U}_A-\dot{U}_B=\sqrt{3}\dot{U}_A\angle 30°=U_L\angle 30°\\\dot{U}_{BC}=\dot{U}_B-\dot{U}_C=\sqrt{3}\dot{U}_B\angle 30°=U_L\angle-90°\\\dot{U}_{CA}=\dot{U}_C-\dot{U}_A=\sqrt{3}\dot{U}_C\angle 30°=U_L\angle 150°\end{cases} \quad (3.7.5)$$

可以发现,对应的线电压和相电压之间的关系是:线电压的幅值是对应的相电压幅值的 $\sqrt{3}$ 倍,线电压超前对应的相电压 30°。线电压与相电压的相量图如图 3.7.4 所示。

显然,线电压与相电压一样也是三相对称的,即频率相等,幅值相等,相位角相差 120°,因此有

$$\dot{U}_{AB}+\dot{U}_{BC}+\dot{U}_{CA}=0 \quad (3.7.6)$$

3.7.2　三相负载的连接

三相负载的连接方式有两种:星形连接(Y)和三角形连接(△)。三相负载采用何种连接方式,取决于三相电源的电压值和每相负载的额定电压。

1. 三相负载的星形连接(Y)

图 3.7.5 所示的三相负载 Z_A、Z_B、Z_C 为星形连接。图中 Z_A、Z_B、Z_C 三个负载的一端连接在一起,形成一个节点 N′,该点为中性点;另一端分别引出三根输出线,为端线。由中性点可引出一根线,为中性线。根据是否有中性线,星形连接又可以分为两种情况:具有中性线的称为三相四线制连接,如图 3.7.6(a)所示;没有中性线的称为三相三线制连接,如图 3.7.6(b)所示。通常情况下,为了保证元件正常工作,需要连成三相四线制。

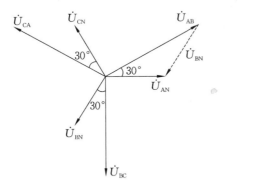

图 3.7.4　线电压与相电压的相量图

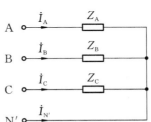

图 3.7.5　三相负载的星形连接

流过各相负载的电流称为相电流,相电流的有效值用 I_P 表示;流过各端线的电流称为线电流,线电流的有效值用 I_L 表示。由图 3.7.6 可知,星形连接电路的相电流和线电流是相等的。

若采用三相四线制连接,如图 3.7.6(a)所示,每相的电源与每相的负载通过中性线分别连成三条独立通路,此时的相电流(线电流)为

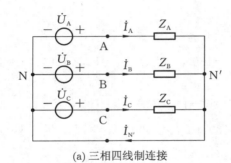 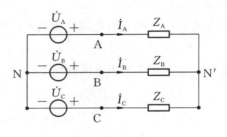

(a) 三相四线制连接　　　　　　　　(b) 三相三线制连接

图 3.7.6　三相四线制连接和三相三线制连接

$$\dot{I}_A=\frac{\dot{U}_A}{Z_A}, \quad \dot{I}_B=\frac{\dot{U}_B}{Z_B}, \quad \dot{I}_C=\frac{\dot{U}_C}{Z_C} \tag{3.7.7}$$

中性线电流为

$$\dot{I}_N=\dot{I}_A+\dot{I}_B+\dot{I}_C \tag{3.7.8}$$

1）三相负载对称

三相负载对称是指三相负载的阻抗相等，即

$$Z_A=Z_B=Z_C=Z\angle\varphi \tag{3.7.9}$$

由于三相电源是对称的，而三相负载相等，将式（3.7.9）代入式（3.7.7）中，可得出 $\dot{I}_A$、$\dot{I}_B$ 和 $\dot{I}_C$ 也是对称的，即 $\dot{I}_A$、$\dot{I}_B$ 和 $\dot{I}_C$ 的频率相等，幅值相等，相位角相差 120°，由此可得到

$$\dot{I}_N=\dot{I}_A+\dot{I}_B+\dot{I}_C=0 \tag{3.7.10}$$

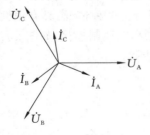

此时电压和电流的相量图如图 3.7.7 所示。

所以，在三相负载对称的电路中，中性线电流为零，此时三相四线制连接中的中性线可以去掉，使之成为三相三线制连接，电路的电压和电流不发生变化。

综上所述，三相负载对称的星形连接电路中：

（1）由于三相电源和三相负载的对称性，各相电压、电流都是对称的，只要计算出一相的电压、电流，其他两相的电压、电流就可以根据对称关系直接写出；

图 3.7.7　三相负载对称时
电压和电流的相量图

（2）各相电流仅由各相电压和各相阻抗决定，各相的计算具有独立性，即三相对称电路的计算可归结为三个单相电路的计算；

（3）对称负载的三相四线制电路中，中性线内没有电流通过。

例题 3.14　对称三相电路如图 3.7.6(a)所示，已知 $Z=(6+j8)\ \Omega,u_{AB}=380\sqrt{2}\sin(\omega t+60°)$，求各负载的电流。

解　将 $u_{AB}=380\sqrt{2}\sin(\omega t+60°)$ 改写成相量形式，即 $\dot{U}_{AB}=380\angle60°\ \text{V}$。根据线电压和相电压的关系，可以得到

$$\dot{U}_A=\frac{380}{\sqrt{3}}\angle(60°-30°)\ \text{V}=219\angle30°\ \text{V}$$

于是有

$$\dot{I}_A = \frac{\dot{U}_A}{Z} = \frac{219\angle 30°}{6+j8}\ A = \frac{219\angle 30°}{10\angle 53°}\ A = 21.9\angle -23°\ A$$

根据三相电流的对称性,有

$$\dot{I}_B = 21.9\angle(-23°-120°)\ A = 21.9\angle -143°\ A$$

$$\dot{I}_C = 21.9\angle(-23°+120°)\ A = 21.9\angle 97°\ A$$

2) 三相负载不对称

一般情况下,三相负载是不对称的,但由于有中性线,使得负载的相电压与相应的电源相电压相等,因此负载的相电压仍然对称,但因负载不对称,所以相电流是不对称的,因此中性线电流也不再为零。可利用式(3.7.7)和式(3.7.8)分别计算出相电流和中性线电流。

需要强调的是,若负载不对称,则中性线必须保留。因为中性线的存在,可以保证星形连接的各相负载即使在不对称的情况下也能承受相同的相电压,还可以保证各相负载的回路相互独立。

所以,在三相四线制电路中,为了保证负载的相电压对称,规定中性线上不准安装开关和熔断器,而且要用具有足够机械强度的导线作为中性线。

例题 3.15 在图 3.7.6(a)所示的三相四线制电路中,相电压为 220 V,假设三相负载均为白炽灯(纯电阻),每个白炽灯的额定电压为 220 V,电阻 $R=1200\ \Omega$,其中 A 相接入 1 个白炽灯,B 相并联接入 2 个白炽灯,C 相并联接入 3 个白炽灯,试计算各相电流和中性线电流。

解 假设 $\dot{U}_A = 220\angle 0°$ V,则三相负载的电阻分别为

$$R_A = 1200\ \Omega, \quad R_B = \frac{1200}{2}\ \Omega = 600\ \Omega, \quad R_C = \frac{1200}{3}\ \Omega = 400\ \Omega$$

A 相的相电流为

$$\dot{I}_A = \frac{\dot{U}_A}{R_A} = \frac{220\angle 0°}{1200}\ A = 0.183\angle 0°\ A$$

B 相的相电流为

$$\dot{I}_B = \frac{\dot{U}_B}{R_B} = \frac{220\angle -120°}{600}\ A = 0.367\angle -120°\ A$$

C 相的相电流为

$$\dot{I}_C = \frac{\dot{U}_C}{R_C} = \frac{220\angle 120°}{400}\ A = 0.55\angle 120°\ A$$

故中性线电流为

$$\dot{I}_N = \dot{I}_A + \dot{I}_B + \dot{I}_C = (0.183\angle 0° + 0.367\angle -120° + 0.55\angle 120°)\ A$$
$$= [0.183 + (-0.184 - j0.318) + (-0.275 + j0.476)]\ A$$
$$= (-0.276 + j0.158)\ A = 0.318\angle 150°\ A$$

其实,根据《民用建筑电气设计规范》(JGJ 16—2008),现在我国新建的建筑已一律实行三相五线制供电方式,已有建筑也逐步将三相四线制供电改为三相五线制供电。所谓三相五线制,就是在过去三相四线制配电的基础上,另增加一根专用保护线直接与接地网相连,即保护零线和工作零线单独敷设。如图 3.7.8 所示,该接法包含三根相线 L1——A 相、

L2——B相、L3——C相及一根工作零线N,还有一根保护零线PE,这是工作零线与保护零线分开设置或部分分开设置的接零保护系统。工作零线和保护零线的根本区别在于,工作零线N用于构成工作回路,而保护零线PE起保护作用,一个回电网,一个回大地,在电子电路中这两个概念要区别开来。在连线时,保护零线在供电变压器侧和工作零线接到一起,但进入用户侧后则不能当作零线使用。

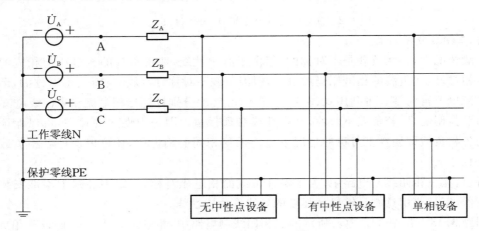

图 3.7.8 三相五线制示意图

　　三相五线制的优点是保护灵敏性与可靠性都比三相四线制的要高,因为保护零线是单独设置的,并且直接接在电源变压器中性点,变压器的中性点已可靠地直接接地,接地电阻较小,满足系统保护要求。因而,三相五线制通常用于安全要求较高、设备要求统一接地的场所及住宅。

2. 三相负载的三角形连接(△)

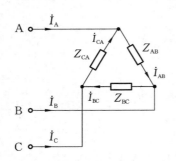

图 3.7.9 三相负载的三角形连接

　　三角形连接是将三相负载依次首尾相连接,再将三个连接点分别接到三相电源的三条相线上,如图 3.7.9 所示。

　　在三相负载的三角形连接方式中,因为各相负载都直接连接在电源的两根相线之间,所以负载的相电压就是电源的线电压。无论负载对称与否,负载的相电压总是对称的,即

$$U_{AB}=U_{BC}=U_{CA}=U_L \quad (3.7.11)$$

　　若使用相同的电压源,三相负载做三角形连接时的相电压是做星形连接时相电压的$\sqrt{3}$倍。因此,三相负载接到电源上,是做三角形连接还是做星形连接,要根据负载的额定电压而定。

　　做三角形连接时,三相负载的相电流分别为

$$\dot{I}_{AB}=\frac{\dot{U}_{AB}}{Z_{AB}}, \quad \dot{I}_{BC}=\frac{\dot{U}_{BC}}{Z_{BC}}, \quad \dot{I}_{CA}=\frac{\dot{U}_{CA}}{Z_{CA}} \quad (3.7.12)$$

　　三根相线中的线电流分别为

$$\dot{I}_A=\dot{I}_{AB}-\dot{I}_{CA}, \quad \dot{I}_B=\dot{I}_{BC}-\dot{I}_{AB}, \quad \dot{I}_C=\dot{I}_{CA}-\dot{I}_{BC} \quad (3.7.13)$$

1）三相负载对称

当三相负载对称时，很显然，由于三相负载的电压对称，因而三个相电流对称，三个线电流也对称，其相量图如图 3.7.10 所示。

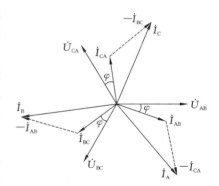

在对称负载三角形连接的三相电路中，根据相量图中的几何关系可以得到，线电流的有效值等于相电流有效值的 $\sqrt{3}$ 倍，各线电流比相应的相电流滞后 $30°$，即

$$\dot{I}_A=\sqrt{3}\dot{I}_{AB}\angle-30°,\quad \dot{I}_B=\sqrt{3}\dot{I}_{BC}\angle-30°,\quad \dot{I}_C=\sqrt{3}\dot{I}_{CA}\angle-30° \tag{3.7.14}$$

根据式（3.7.14），只需求出其中一相负载的线电流或相电流，就可以求出其余两相负载的线电流或相电流。

图 3.7.10 对称负载三角形连接时的电压、电流相量图

例题 3.16 对称三相电路如图 3.7.9 所示，已知 $Z_{AB}=Z_{BC}=Z_{CA}=(6+j8)$ Ω，$u_{AB}=220\sqrt{2}\sin(\omega t+60°)$，求 $\dot{I}_A$、$\dot{I}_B$ 和 $\dot{I}_C$。

解 A 相负载的相电流为

$$\dot{I}_{AB}=\frac{\dot{U}_{AB}}{Z_{AB}}=\frac{220\angle60°}{6+j8}\text{ A}=\frac{220\angle60°}{10\angle53°}\text{ A}=22\angle7°\text{ A}$$

A 相线上的线电流为

$$\dot{I}_A=\sqrt{3}\dot{I}_{AB}\angle-30°=22\sqrt{3}\angle(7°-30°)\text{ A}=38.1\angle-23°\text{ A}$$

根据对称关系，可以得到

$$\dot{I}_B=38.1\angle(-23°-120°)\text{ A}=38.1\angle-143°\text{ A}$$

$$\dot{I}_C=38.1\angle(-23°+120°)\text{ A}=38.1\angle97°\text{ A}$$

2）三相负载不对称

在不对称负载三角形连接的三相电路中，由于三相负载的阻抗不相等，各相电流间不存在对称关系，线电流与相电流间也不存在相应的大小和相位关系，此时电路中的电流可根据式（3.7.12）和式（3.7.13）逐相分析计算。

3.7.3 三相电路的功率

同单相交流电路一样，三相电路也存在能量的消耗、转换，所以对于三相电路，除了计算电压、电流外，还要计算功率。计算三相电路的有功功率和无功功率，原则上是一相一相地求，最后三相相加。但是对于对称三相电路，三相功率就等于每相功率的 3 倍。

1. 三相电路的一般关系式

对于三相电路，三相负载的有功功率为

$$P=P_A+P_B+P_C=U_AI_A\cos\varphi_A+U_BI_B\cos\varphi_B+U_CI_C\cos\varphi_C \tag{3.7.15}$$

三相负载的无功功率为

$$Q=Q_A+Q_B+Q_C=U_AI_A\sin\varphi_A+U_BI_B\sin\varphi_B+U_CI_C\sin\varphi_C \tag{3.7.16}$$

需要注意的是，一般情况下，三相视在功率不等于各相视在功率之和，只有在负载对称

时,三相视在功率才等于各相视在功率之和。

当三相负载不对称时,视在功率只能采用下式来计算,即

$$S=\sqrt{P^2+Q^2} \tag{3.7.17}$$

2. 对称三相电路的功率

在对称三相电路中,各相电压、相电流的有效值相等,功率因数也相等,总的有功功率为

$$P=3U_PI_P\cos\varphi \tag{3.7.18}$$

当负载做星形连接时,相电压是线电压的$\frac{1}{\sqrt{3}}$,相电流等于线电流,于是有

$$P=3U_PI_P\cos\varphi=3\times\frac{1}{\sqrt{3}}U_LI_L\cos\varphi=\sqrt{3}U_LI_L\cos\varphi \tag{3.7.19}$$

当负载做三角形连接时,相电压等于线电压,相电流是线电流的$\frac{1}{\sqrt{3}}$,于是有

$$P=3U_PI_P\cos\varphi=3\times U_L\times\frac{1}{\sqrt{3}}I_L\cos\varphi=\sqrt{3}U_LI_L\cos\varphi \tag{3.7.20}$$

由此可见,三相对称负载不论是做星形连接还是做三角形连接,三相有功功率都满足下式

$$P=\sqrt{3}U_LI_L\cos\varphi \tag{3.7.21}$$

同理,三相对称负载的无功功率为

$$Q=\sqrt{3}U_LI_L\sin\varphi \tag{3.7.22}$$

三相对称负载的视在功率为

$$S=\sqrt{3}U_LI_L \tag{3.7.23}$$

例题 3.17 求例题 3.14 中负载的有功功率、无功功率和视在功率。

解 三相对称负载的有功功率为

$$P=\sqrt{3}U_LI_L\cos\varphi=\sqrt{3}\times380\times21.9\times\cos53°\ \text{W}=8.674\ \text{kW}$$

三相对称负载的无功功率为

$$Q=\sqrt{3}U_LI_L\sin\varphi=\sqrt{3}\times380\times21.9\times\sin53°\ \text{var}=11.511\ \text{kvar}$$

三相对称负载的视在功率为

$$S=\sqrt{3}U_LI_L=\sqrt{3}\times380\times21.9\ \text{kV}\cdot\text{A}=14.413\ \text{kV}\cdot\text{A}$$

例题 3.18 三相异步电动机每相定子绕组的阻抗 $Z=(9+j12)\ \Omega$,将其接入 380/220 V 的三相对称电源中,求定子绕组分别采用星形连接和三角形连接时总的有功功率。

解 三相对称负载的阻抗为

$$Z=(9+j12)\ \Omega=15\angle53°\ \Omega$$

定子绕组做星形连接时,线电压 $U_L=380$ V,线电流等于相电流,即

$$I_L=I_P=\frac{220}{15}\ \text{A}=14.7\ \text{A}$$

有功功率为

$$P_Y=\sqrt{3}U_LI_L\cos\varphi=\sqrt{3}\times380\times14.7\times\cos53°\ \text{W}=5.822\ \text{kW}$$

定子绕组做三角形连接时,线电压 $U_L=380$ V,线电流等于相电流的$\sqrt{3}$倍,即

$$I_{\mathrm{L}}=\sqrt{3}\,I_{\mathrm{P}}=\sqrt{3}\times\frac{U_{\mathrm{L}}}{|Z|}=\sqrt{3}\times\frac{380}{15}\ \mathrm{A}=43.9\ \mathrm{A}$$

有功功率为

$$P_{\triangle}=\sqrt{3}\,U_{\mathrm{L}}I_{\mathrm{L}}\cos\varphi=\sqrt{3}\times380\times43.9\times\cos53^{\circ}\ \mathrm{W}=17.388\ \mathrm{kW}$$

由本例可知，$P_{\mathrm{Y}}=\dfrac{P_{\triangle}}{3}$。若把本该做星形连接的负载错接成三角形，则每相负载所承受的电压为额定电压的 $\sqrt{3}$ 倍，相电流、线电流、负载功率随之增大，很可能会导致导线和负载烧毁；相反，若把本该做三角形连接的负载错接成星形，则每相负载不能物尽其用，还可能出现事故。因此，三相负载必须按铭牌或说明书的要求进行连接。

三相异步电动机为了避免启动电流过大而烧毁电动机，会采取 Y-△降压启动，这也是利用了这一原理。电动机启动时，绕组采用星形连接，电压低，电流也低，避免了产生大电流的可能，从而保护了电动机和供电系统，正常工作时切换成三角形连接，保证了物尽其用。

习　题

3.1　正弦交流电的三要素是什么？相量和正弦量有何区别？

3.2　什么是谐振？串联谐振和并联谐振时电路有哪些特点？

3.3　已知 $u=220\sin(314t-120^{\circ})$，$i=20\sin(314t+300^{\circ})$，试：

(1) 画出它们的波形图，确定其有效值、频率和周期；

(2) 写出它们的相量表达式，画出相量图，并确定它们的相位差。

3.4　已知两正弦量 $i_1=400\sin(314t-120^{\circ})$，$i_2=20\sin(628t+30^{\circ})$，由此可以得出 i_1 滞后 $i_2\,150^{\circ}$ 吗？

3.5　在正弦交流电路中，电阻、电感、电容元件的电压和电流的关系是什么？它们对电流的阻碍作用是否和频率有关？

3.6　什么是无功功率？如何理解电感和电容消耗的无功功率？

3.7　供电电路提高功率因数的意义是什么？

3.8　正弦交流电压 $u=220\sin314t$，分别作用在电阻 $R=100\ \Omega$、电感 $L=1\ \mathrm{H}$、电容 $C=30\ \mu\mathrm{F}$ 上，试求出 i_R、i_L、i_C，并画出相量图。

3.9　有一个交流接触器，其线圈数据为 $380\ \mathrm{V}$、$10\ \mathrm{mA}$、$50\ \mathrm{Hz}$，线圈电阻为 $16\ \mathrm{k}\Omega$，试求线圈电感。

3.10　一个线圈接在 $U=120\ \mathrm{V}$ 的直流电源上，电流 $I=30\ \mathrm{A}$；若接在 $f=50\ \mathrm{Hz}$，$U=220\ \mathrm{V}$ 的交流电源上，则 $I=28\ \mathrm{A}$。试求线圈的电阻 R 和电感 L。

3.11　在 RLC 串联电路中，已知 $R=500\ \Omega$，$L=500\ \mathrm{mH}$，$C=3\ \mu\mathrm{F}$，$u=380\sin\omega t$，试求 ω 分别为 $500\ \mathrm{rad/s}$、$1000\ \mathrm{rad/s}$、$2000\ \mathrm{rad/s}$ 时的阻抗及电流。

3.12　图 3.01 所示为一移相电路，设 $R=100\ \Omega$，输入信号的频率为 $50\ \mathrm{Hz}$，若要使电压 $\dot{U}_1$ 与 $\dot{U}_2$ 的相位差为 60°，应选用多大的电容？此时 $\dot{U}_1$ 与 $\dot{U}_2$ 的相位关系是超前还是滞后？

3.13　额定容量为 $40\ \mathrm{kV\cdot A}$ 的电源，其额定电压为 $220\ \mathrm{V}$，专供照明用。

(1) 如果照明灯用 $220\ \mathrm{V}$、$40\ \mathrm{W}$ 的普通白炽灯，最多可点亮多少盏？

(2) 如果照明灯用 $220\ \mathrm{V}$、$40\ \mathrm{W}$、$\cos\varphi=0.5$ 的日光灯，最多可点亮多少盏？

3.14　图 3.02 所示的电路是用三表法测线圈参数的电路，已知电源频率 $f=50\ \mathrm{Hz}$，且测得 $U=50\ \mathrm{V}$，$I=1\ \mathrm{A}$，$P=30\ \mathrm{W}$，求线圈参数 Z。

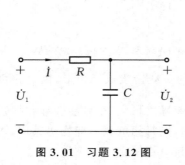

图 3.01　习题 3.12 图

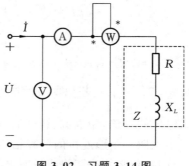

图 3.02　习题 3.14 图

3.15　电路如图 3.03 所示,已知 $u=220\sin(314t-120°)$,$R_1=10\ \Omega$,$R_2=R_3=R_4=30\ \Omega$,$X_L=30\ \Omega$,$X_C=30\ \Omega$,求 $\dot{I}_R$、$\dot{I}_L$、$\dot{I}_C$。

3.16　在图 3.04 所示的电路中,电源电压 $U=20$ V,$f=1000$ rad/s,调节电容 C,使电路达到谐振,谐振电流 $I=0.1$ A,电容电压 $U_C=220$ V,求 R、L、C 及回路的品质因数 Q。

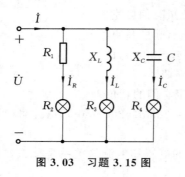

图 3.03　习题 3.15 图

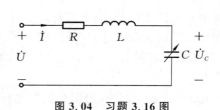

图 3.04　习题 3.16 图

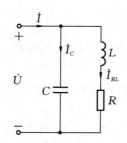

图 3.05　习题 3.17 图

3.17　在图 3.05 所示的电路中,已知 $U=220$ V,$C=30\ \mu$F,$R=2\ \Omega$,$L=70$ mH,求该电路的谐振频率以及谐振时的支路电流和总电流。

3.18　一台三相交流电动机,定子绕组做星形连接,额定电压为 380 V,额定电流为 3.2 A,功率因数为 0.8,试求该电动机每相绕组的电阻和电抗。

3.19　已知对称三相负载的线电压为 380 V,三角形连接负载的阻抗 $Z=(3+j4)\ \Omega$,求线电流和相电流,并画出相量图。

3.20　已知对称三相负载做星形连接,线电压为 380 V,每相电阻 $R=10\ \Omega$,试分别求下列情况下各相电流、中性线电流及三相负载的功率:(1)电路正常工作时;(2)中性线断开时;(3)中性线和 A 相负载均断开时;(4)有中性线,但 A 相负载断开时。

3.21　已知对称三相负载做三角形连接,线电压为 380 V,每相电阻 $R=10\ \Omega$,试分别求下列情况下各相电流和线电流:(1)正常工作时;(2)A、B 相负载断路时;(3)A 相线断路时。

3.22　在图 3.06 所示的电路中,对称感性负载做三角形连接,已知三相对称线电压等于 380 V,电流表读数为 17.3 A,每相负载的有功功率为 1.5 kW,求每相负载的电阻和感抗。

3.23　在图 3.07 所示的电路中,负载均为对称,已知线电压为 380 V,$R = 1000$ Ω,电路总的无功功率为 $152\sqrt{3}$ var,求电路的线电流。

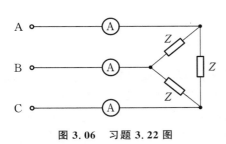

图 3.06　习题 3.22 图

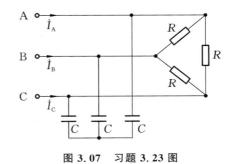

图 3.07　习题 3.23 图

第4章
一阶电路

◀ **本章指南**

　　"暂态"是相对于"稳态"而言的。电路中的稳态是指电路中的电流和电压在给定的条件下达到某一稳定的数值。当电路中都是电阻元件时,电源一接通或断开,电路立即处于稳定状态(稳态)。但如果电路中含有电感元件或电容元件,当电路的条件改变(如电路中某一开关接通或断开)时,电路中的电感或电容会进行充、放电,从充、放电开始到充、放电结束需要一个过程,并不能瞬间完成,这也是从一种工作状态转变为另一种工作状态,这种转变过程称为暂态过程。

　　电路产生暂态必须具备一定的条件:

　　(1) 电路存在换路,这是暂态过程产生的外因。这里的换路指的是电路的接通、断开、短路,电源或电路的参数改变等所有电路工作状态的变化。

　　(2) 电路中存在储能元件,这是暂态过程产生的内因。当电路中含有电感或电容时,电感或电容中会有一定的储能。在换路的瞬间,能量是不能突变的。电容中的储能为 $W_C = \dfrac{1}{2}CU_C^2$,电感中的储能为 $W_L = \dfrac{1}{2}LI_L^2$,因能量不能突变,所以电容两端的电压 U_C 及电感中的电流 I_L 也是不能突变的,因此,电容两端的电压和电感中的电流从一个稳定值变化到另一个稳定值时,就需要一个过渡过程。

　　本章首先讨论换路瞬间电压、电流的变化规律,然后就一阶电路的暂态过程进行讨论。借助微分方程的求解方法,得到暂态过程中电路中的电压和电流的变化规律,进而归纳总结出分析一阶电路的主要方法——三要素法。

◀ 4.1　换路定则 ▶

由电路结构或参数的变化引起的电路变化统称为"换路"，并定义换路是在 $t=0$ 时进行的。为了方便讲解，把换路前的最终时刻记为 $t=0_-$，把换路后的最初时刻记为 $t=0_+$，换路时间为 0_- 到 0_+。

上文提到在换路瞬间电容两端的电压 u_C 及电感中的电流 i_L 不能突变，这称为换路定则，可以表示为

$$\begin{cases} u_C(0_-)=u_C(0_+) \\ i_L(0_-)=i_L(0_+) \end{cases} \tag{4.1.1}$$

式(4.1.1)仅适用于换路瞬间，即换路后的 0_+ 时刻，电容两端的电压 u_C 及电感中的电流 i_L 都保持为换路前的 0_- 时刻具有的数值而不能跃变。

电路的暂态过程是指由换路后的瞬间（$t=0_+$）开始到电路达到新的稳定状态（$t=\infty$）时结束。$t=0_+$ 时，电路中的各电压值、电流值称为暂态过程的初始值。确定初始值是动态分析时首先要解决的问题。根据换路定则求换路瞬间初始值的步骤如下：

（1）求出换路前瞬间电路（此时电容视为开路，电感视为短路）中电容的电压和电感的电流，即 $u_C(0_-)$ 和 $i_L(0_-)$。

（2）根据换路定则，确定换路后瞬间电容的初始电压和电感的初始电流，即

$$\begin{cases} u_C(0_-)=u_C(0_+) \\ i_L(0_-)=i_L(0_+) \end{cases}$$

（3）根据换路后的电路画出 $t=0_+$ 时刻的等效电路，此时可将电容元件作为恒压源处理，数值和方向由 $u_C(0_+)$ 确定，将电感元件作为恒流源处理，其数值和方向由 $i_L(0_+)$ 确定。利用该等效电路，运用电路的基本定律求出换路后瞬间其余的电流和电压的初始值。

例题 4.1　电路如图 4.1.1(a)所示，$t=0$ 时开关 S 闭合，S 闭合前电容和电感均未储能，求电路中各电流和电压的初始值。

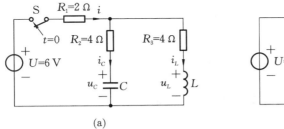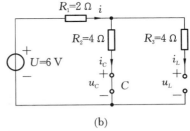

(a)　　　　　　　　　　　　　　　　(b)

图 4.1.1　例题 4.1 的电路图

解　由于开关 S 闭合前电容和电感均未储能，且电容、电感的电路未接入电源，所以有

$$u_C(0_-)=0,\quad i_L(0_-)=0,\quad i(0_-)=0,\quad i_C(0_-)=0,\quad u_L(0_-)=0$$

根据换路定则，有

$$u_C(0_+)=u_C(0_-)=0$$

$$i_L(0_+)=i_L(0_-)=0$$

因此,在换路的瞬间,电容可视为短路,电感可视为开路,原电路可转换为图 4.1.1(b) 所示的电路。

在图 4.1.1(b)中,有

$$i(0_+)=i_C(0_+)=\frac{U}{R_1+R_2}=\frac{6}{2+4} \text{ A}=1 \text{ A}$$

$$u_L(0_+)=u_{R_2}(0_+)=i_C(0_+)R_2=1\times4 \text{ V}=4 \text{ V}$$

电路中各电流和电压的初始值如表 4.1.1 所示。

表 4.1.1　电路中各电流和电压的初始值

时　　刻	u_C/V	i_C/A	u_L/V	i_L/A
$t=0_-$	0	0	0	0
$t=0_+$	0	1	4	0

由表 4.1.1 可见,根据换路定则,在换路瞬间 u_C 和 i_L 不会发生突变,但电容的电流、电感的电压会发生突变。事实上,换路定则只表明电容两端的电压及电感中的电流不能跃变,其他的电压、电流(包括电容中的电流、电感两端的电压)均是可以突变的。

例题 4.2　电路如图 4.1.2(a)所示,$t=0$ 时开关 S 闭合,在开关 S 闭合前,电路已处于稳态,求 $i_1(0_+)$、$i_2(0_+)$ 和 $i_C(0_+)$。

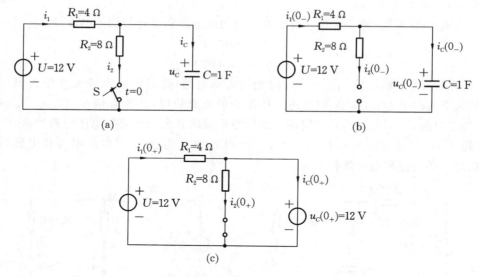

图 4.1.2　例题 4.2 的电路图

解　开关 S 闭合前,电路已处于稳态,电容可视为开路,该电路可转换为图 4.1.2(b)所示的电路,于是有

$$u_C(0_-)=U=12 \text{ V}$$

根据换路定则,在换路的瞬间,有

$$u_C(0_+)=u_C(0_-)=12 \text{ V}$$

因此,在 $t=0_+$ 时刻,可将电容用 12 V 的恒压源等效代替,如图 4.1.2(c)所示。

$$i_1(0_+) = \frac{U - u_C(0_+)}{R_1} = \frac{12 - 12}{4} \text{ A} = 0$$

$$i_2(0_+) = \frac{u_C(0_+)}{R_2} = \frac{12}{8} \text{ A} = 1.5 \text{ A}$$

$$i_C(0_+) = i_1(0_+) - i_2(0_+) = (0 - 1.5) \text{ A} = -1.5 \text{ A}$$

◀ 4.2 一阶电路的暂态分析 ▶

所谓一阶电路,是指只含有一个储能元件或可以等效成一个储能元件的线性电路。电路在电源、信号源或储能元件的作用下所产生的电流、电压,或引起电流、电压的变化,称为电路的响应。根据初始条件的不同,电路的响应可以分为零输入响应、零状态响应及全响应。

零输入响应:换路后的电路中无激励,即输入信号为零时,仅由储能元件所储存的能量产生的响应。

零状态响应:换路初始时,储能元件储能为零,换路后由电源激励所产生的响应。

全响应:电源激励和储能元件的初始状态均不为零时的响应,对应着储能元件从一种储能状态转换到另一种储能状态的过程。

4.2.1 一阶电路的零输入响应

首先,以 RC 一阶电路为例,说明零输入响应的特点。RC 一阶电路的零输入响应实际上就是分析电容的放电过程。

如图 4.2.1 所示,开关 S 在 $t=0$ 时刻由"1"切换至"2",切换前电容 C 已经充电完成,其电压 $u_C = U_0$。开关 S 闭合后,电容储存的能量将通过电阻以热能的形式释放出来。开关 S 闭合后,根据欧姆定律、电容的基本特性和 KVL 定理可得

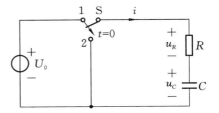

图 4.2.1 RC 一阶电路的零输入响应

$$\begin{cases} u_R = iR \\ i = C \dfrac{\mathrm{d}u_C}{\mathrm{d}t} \\ u_R + u_C = 0 \end{cases} \quad (4.2.1)$$

于是有

$$RC \frac{\mathrm{d}u_C}{\mathrm{d}t} + u_C = 0 \quad (4.2.2)$$

式(4.2.2)是一个常系数一阶线性齐次微分方程,其通解为

$$u_C = Ae^{Pt} \quad (4.2.3)$$

将式(4.2.3)代入式(4.2.2),可得该微分方程的特征方程是

$$RCP + 1 = 0$$

即

$$P = -\frac{1}{RC}$$

再根据初始条件确定常数 A。充电前电容已达到稳定状态，即 $u_C(0_-)=U_0$，根据换路定则，有 $u_C(0_+)=u_C(0_-)=U_0$，代入式（4.2.3），可得 $A=U_0$，所以此微分方程的解为

$$u_C = U_0 e^{-\frac{t}{RC}} \tag{4.2.4}$$

由此可得电路电流为

$$i = C\frac{\mathrm{d}u_C}{\mathrm{d}t} = -\frac{U_0}{R}e^{-\frac{t}{RC}} \tag{4.2.5}$$

式（4.2.5）说明，电容上的电压和电流随时间按指数规律变化，如图4.2.2所示，即电容上的电压 u_C 由初始值 U_0 按指数规律变化到新的稳态值0，变化的速度取决于 RC 的大小。

令 $\tau = RC$，τ 定义为时间常数。当电阻的单位为 Ω（欧姆），电容的单位为 F（法拉）时，τ 的单位是 s（秒）。τ 的大小决定过渡过程的长短，即暂态过程的长短。很显然，τ 越大，变化的速度越慢，暂态过程越长；τ 越小，变化的速度越快，暂态过程越短。这是因为，当电压一定时，C 越大，储存的电荷越多，R 越大，放电电流越小，这些都促使放电速度变慢。所以，改变 R 或 C，都可以改变时间常数的大小，即改变电容的放电速度。

需要注意的是，时间常数中的 R 为电路中除去 C 的二端网络的等效电阻，在求解时如遇到复杂电路，可按照戴维南定理中求解等效电阻的方法求解。

下面我们来讨论一下 τ 值。

（1）当 $t=\tau$ 时，$u_C=U_0 e^{-1}=0.368U_0$。可见，时间常数 τ 在数值上等于电容电压衰减到 $0.368U_0$ 所需要的时间。

（2）不论是改变 R 的大小，还是改变 C 的大小，都会改变 τ 值。图4.2.3所示为不同 τ 值的电容的放电曲线。τ 值不同，电容的放电速度就不一样。时间常数 τ 越大，放电速度就越缓慢，电压或电流从其初始值变化到终值所需时间就越长。

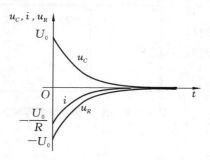

图4.2.2　u_C、i、u_R 随时间变化的曲线

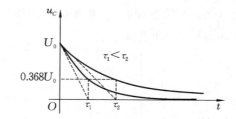

图4.2.3　不同 τ 值的电容的放电曲线

值得注意的是，当电路中的电阻 R 较小时，由式（4.2.5）可知，i 将会很大，这就是电容在进行充电或放电时的过电流现象，该电流称为冲击电流。过大的冲击电流会造成电路中的一些电子器件损坏。为了避免产生冲击电流，可将电路中的电阻 R（称为限流电阻）适当加大。

（3）由 u_C 和 i 的表达式可知，从理论上讲，不论是 i 还是 u_C，从初始值到稳态值所需的时间为无穷大。但在工程中进行分析和计算时，只要经过 $t=(3\sim5)\tau$ 的时间，u_C 和 i 已经衰减到较小的数值，此时可认为 u_C 和 i 已经达到稳态值，即可认为放电过程已经结束。表4.2.1给

出了电容电压 u_C 随时间衰减的情况。

表 4.2.1　电容电压 u_C 随时间衰减的情况

t/s	0	τ	2τ	3τ	4τ	5τ	∞
$u_C = U_0 e^{-\frac{t}{\tau}}$	U_0	$0.368U_0$	$0.135U_0$	$0.05U_0$	$0.018U_0$	$0.007U_0$	0

例题 4.3　电路如图 4.2.4 所示,开关 S 闭合前,电路已处于稳定状态,$t=0$ 时 S 闭合,求 u_C。

解　开关 S 闭合前,电容已处于稳态,则

$$u_C(0_-) = E = 6 \text{ V}$$

$t=0$ 时,开关 S 闭合,根据换路定则,有

$$u_C(0_+) = u_C(0_-) = 6 \text{ V}$$

$t \geqslant 0$ 时,电路的时间常数为

$$\tau = RC = 4 \times 10^3 \times 25 \times 10^{-6} \text{ s} = 0.1 \text{ s}$$

因此电容电压为

$$u_C = U_0 e^{-\frac{t}{\tau}} = 6 e^{-10t}$$

RL 一阶电路的零输入响应与 RC 一阶电路的零输入响应类似。

对于图 4.2.5 所示的电路,在换路前,开关 S 在位置 1 上,电感中通有电流,并达到稳定状态 $i=I_0$。在 $t=0$ 时刻将开关从位置 1 切换到位置 2,使 RL 一阶电路脱离电源,此时电感中已储存有能量,电路电流的初始值 $i(0_+)=I_0$。所以,RL 一阶电路的零输入响应其实就是电感释放磁场能转换成热能的过程。

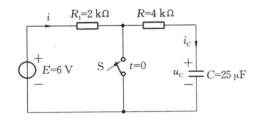

图 4.2.4　例题 4.3 的电路图

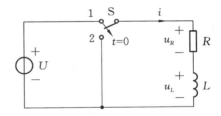

图 4.2.5　RL 一阶电路的零输入响应

与 RC 一阶电路类似,可以求出 RL 一阶电路电流的相应变化为

$$i = I_0 e^{-\frac{t}{\tau}} \tag{4.2.6}$$

式中,$\tau = \dfrac{L}{R}$,它也具有时间的量纲,是 RL 一阶电路的时间常数(与 RC 一阶电路的 τ 具有同样的意义),单位为秒(s)。时间常数 τ 愈小,暂态过程就进行得愈快。因为 L 愈小,阻碍电流变化的作用就愈弱;R 愈大,在同样的电压下电流的稳定值或暂态分量的初始值 $\dfrac{U}{R}$ 愈小。这些都促使暂态过程加快。因此,改变电路参数 L 和 R 的大小,可以影响暂态过程的长短。

当 $t=\tau$ 时,$i=0.368I_0$,即时间常数 τ 的大小等于电感电流从 I_0 衰减到 $0.368I_0$ 所需要的时间。工程中进行分析与计算时,只要经过 $t=(3\sim5)\tau$ 的时间,就可认为电感的电能已经释放完毕。

同时可以求出电阻和电感的电压，即

$$\begin{cases} u_R = Ri = RI_0 \mathrm{e}^{-\frac{t}{\tau}} \\ u_L = L\dfrac{\mathrm{d}i}{\mathrm{d}t} = -RI_0 \mathrm{e}^{-\frac{t}{\tau}} \end{cases} \tag{4.2.7}$$

RL 一阶电路的零输入响应的 i、u_R 和 u_L 的曲线如图 4.2.6 所示。

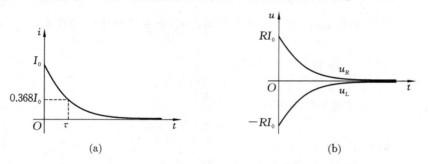

图 4.2.6　RL 一阶电路的零输入响应的 i、u_R 和 u_L 的曲线

值得注意的是，在图 4.2.5 中，当开关 S 将线圈从电源断开而未加以短路时，这时电路电流的变化率 $\dfrac{\mathrm{d}i}{\mathrm{d}t}$ 很大，致使自感电动势 $e_L = -L\dfrac{\mathrm{d}i}{\mathrm{d}t}$ 很大。这个感应电动势可能使开关两触点之间的空气被击穿而产生电弧，从而延缓电流的中断，开关触点因而被烧坏，也可能对操作人员的安全造成威胁。因此，在具有较大电感的 RL 串联电路，如变压器电路、电动机电路中，不能随便拉闸，而应采取一些防止拉闸时产生电弧的措施。通常可在将线圈从电源断开的同时将线圈加以短路，以便使电流（或磁能）逐渐减小。有时为了加快线圈的放电速度，可用一个低值泄放电阻 R' 与线圈连接，如图 4.2.7 所示。泄放电阻不宜过大，否则在线圈两端会出现过电压现象，也可能会带来危害。

4.2.2　一阶电路的零状态响应

以 RC 一阶电路为例，RC 一阶电路的零状态响应实际上就是分析电容的充电过程。

如图 4.2.8 所示，开关 S 在 $t=0$ 时刻闭合，闭合前电容电压 $u_C(0_-)=0$，开关 S 闭合后，电源经电阻 R 向电容 C 充电，由换路定则可知，$u_C(0_+)=u_C(0_-)=0$，电容电压将从 0 开始升高，充电电流初始值 $i(0_+) = \dfrac{U - u_C(0_+)}{R} = \dfrac{U}{R}$。随着 u_C 的增加，充电电流逐渐减小，当电容电压与 U 相等时，电路将达到新的稳态，充电过程结束。下面对此过程进行分析。根据基尔霍夫电压定律，可列出 $t \geqslant 0$ 时电路中电压和电流的方程，即

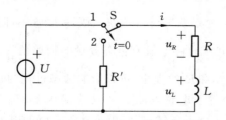

图 4.2.7　RL 串联电路加入泄放电阻 R'

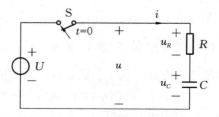

图 4.2.8　RC 一阶电路的零状态响应

$$\begin{cases} u_R = iR \\ i = C\dfrac{\mathrm{d}u_C}{\mathrm{d}t} \\ u_R + u_C = U \end{cases}$$

将上述方程进行化简，可得 u_C 的微分方程为

$$RC\frac{\mathrm{d}u_C}{\mathrm{d}t} + u_C = U \tag{4.2.8}$$

求解此微分方程，得

$$u_C = U(1 - \mathrm{e}^{-\frac{t}{\tau}}) = U - U\mathrm{e}^{-\frac{t}{\tau}} \tag{4.2.9}$$

式中，τ 为时间常数，且 $\tau = RC$。容易求出，当 $t = \tau$ 时，$u_C = 0.632U$。

由式(4.2.9)可以看出，电容电压由两个分量相加而成，于是有

零状态响应＝稳态响应＋暂态响应

即

$$u_C = u_C' + u_C''$$

式中，稳态分量 u_C' 是 U，它不随时间变化，其变化和大小只与电源电压有关；暂态分量 u_C'' 的大小为 $-U\mathrm{e}^{-\frac{t}{\tau}}$，此分量按指数规律衰减，其大小与电源电压有关。

同理可以求得电路中的电流和电阻的电压为

$$\begin{cases} i = C\dfrac{\mathrm{d}u_C}{\mathrm{d}t} = \dfrac{U}{R}\mathrm{e}^{-\frac{t}{\tau}} \\ u_R = iR = U\mathrm{e}^{-\frac{t}{\tau}} \end{cases} \tag{4.2.10}$$

RC 一阶电路的零状态响应的 u_C、u_R 和 i 的曲线如图 4.2.9 所示。

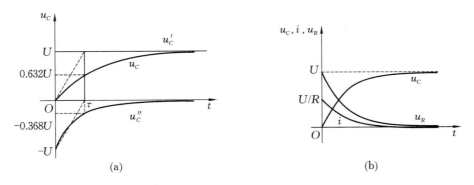

图 4.2.9　RC 一阶电路的零状态响应的 u_C、u_R 和 i 的曲线

例题 4.4　电路如图 4.2.10(a)所示，已知 $U = 9$ V，$R_1 = 6$ kΩ，$R_2 = 3$ kΩ，$C = 1000$ pF，初始状态时电容未充电，试求开关 S 闭合后的电容电压 u_C。

解　电容的初始电压为 0，开关 S 闭合后，电源对电容充电，所求 u_C 实际上是电容的充电响应。

(1) 求电容的稳态值。

根据戴维南定理，可将图 4.2.10(a)转换为图 4.2.10(b)，则有

$$U_0 = \frac{U}{R_1 + R_2}R_2 = \frac{9}{6000 + 3000} \times 3000 \text{ V} = 3 \text{ V}$$

$$R_0 = R_1 // R_2 = (6 // 3) \text{ kΩ} = 2 \text{ kΩ}$$

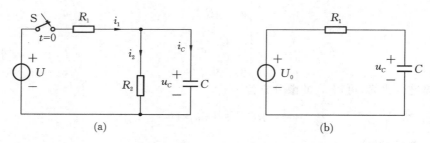

图 4.2.10　例题 4.4 的电路图

（2）求时间常数。

$$\tau = RC = 2000 \times 1000 \times 10^{-12}\ \text{s} = 2 \times 10^{-6}\ \text{s}$$

由式（4.2.9）可得，电容电压为

$$u_C = U_0 - U_0 e^{-\frac{t}{\tau}} = 3 - 3e^{-\frac{t}{2 \times 10^{-6}}} = 3 - 3e^{-5 \times 10^5 t}$$

RL 一阶电路的零状态响应与 RC 一阶电路的零状态响应类似。

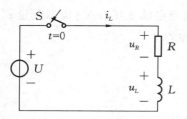

图 4.2.11　RL 一阶电路的零状态响应

在图 4.2.11 所示的电路中，若电感初始电流为 0，则开关 S 闭合后，电感电流为

$$i_L = \frac{U}{R}\left(1 - e^{-\frac{t}{\tau}}\right) \qquad (4.2.11)$$

式中，时间常数 $\tau = \dfrac{L}{R}$，这里电流的变化特点与 RC 一阶电路的零状态响应的电压变化特点相类似，就不再赘述了。

4.2.3　一阶电路的全响应

以 RC 一阶电路为例，全响应是指电源的激励和电容元件的初始状态均不为零时电路的响应，也就是零输入响应和零状态响应两者的叠加。

在图 4.2.12(a) 所示的电路中，阶跃激励的幅值为 U，电容的初始电压 $u_C(0_-) = U_0$。当 $t > 0$ 时，电路的微分方程和式（4.2.8）相同，但初始条件不同，于是有

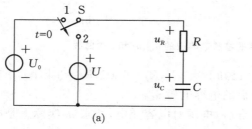

图 4.2.12　RC 一阶电路的全响应

$$\begin{cases} RC\dfrac{\mathrm{d}u_C}{\mathrm{d}t} + u_C = U \\ u_C(0_-) = U_0 \end{cases}$$

则该微分方程的解为

$$u_C = U + Ae^{-\frac{t}{\tau}}$$

式中,$\tau = RC$。

当 $t = 0$ 时,利用换路定则,有 $u_C(0_+) = u_C(0_-) = U_0$,可求出 $A = U_0 - U$,代入上式,可得

$$u_C = U + (U_0 - U)e^{-\frac{t}{\tau}} \tag{4.2.12}$$

或

$$u_C = U_0 e^{-\frac{t}{\tau}} + U(1 - e^{-\frac{t}{\tau}}) \tag{4.2.13}$$

式(4.2.13)中,第一项 $U_0 e^{-\frac{t}{\tau}}$ 是 RC 一阶电路的零输入响应,第二项 $U(1 - e^{-\frac{t}{\tau}})$ 是 RC 一阶电路的零状态响应。可见,RC 一阶电路的全响应可分解为零输入响应和零状态响应两个部分,即

$$全响应 = 零输入响应 + 零状态响应$$

再分析一下式(4.2.12),它的右边也由两项构成:U 为稳态分量,$(U_0 - U)e^{-\frac{t}{\tau}}$ 为暂态分量。于是全响应也可以表示为

$$全响应 = 稳态分量 + 暂态分量$$

电压的变化曲线如图 4.2.12(b)所示。

RL 一阶电路的全响应与 RC 一阶电路的全响应类似,这里不再赘述。

◀ 4.3　一阶电路的三要素法 ▶

只含有一个储能元件或可等效为一个储能元件的线性电路,不论是简单的还是复杂的,其微分方程都是一阶常系数线性微分方程,这种电路称为一阶线性电路。

上述的 RC 电路和 RL 电路都是一阶线性电路,由 4.2 节的分析可知,电路的响应由稳态分量(包括零位)和暂态分量两部分相加而成,如写成一般式,则为

$$f(t) = f(\infty) + [f(0_+) - f(\infty)]e^{-\frac{t}{\tau}} \tag{4.3.1}$$

式中,$f(t)$ 为待求响应(电压或电流),$f(\infty)$ 为稳态分量(即稳态值),$f(0_+)$ 为初始值,τ 为电路的时间常数。

式(4.3.1)就是分析一阶线性电路暂态过程中任意变量的一般公式。只要求得 $f(0_+)$、$f(\infty)$ 和 τ 这三个要素,就能直接写出电路的响应(电流或电压),这种求解方法称为三要素法。

下面讨论一下这三个要素:对于 $f(0_+)$,可利用 4.1 节所述的换路定则和 $t = 0_+$ 时的等效电路计算获得;对于直流激励,$f(\infty)$ 可通过换路后达到稳态时(电容看作断路,电感看作短路)的直流电路计算获得;时间常数 τ 则为 RC 或 L/R,注意,这里的 R 指的是与 C 或 L 相连的二端网络的等效电阻。

这样,暂态过程的分析计算就不必列写和求解电路的微分方程了,只需要求出上述三个要素,再代入式(4.3.1)中即可。因此,三要素法是分析一阶线性电路暂态过程的一个简便、有效的方法。

例题 4.5　如图 4.3.1 所示,开关 S 在 $t = 0$ 时由位置 1 切换到位置 2,切换之前电路处于稳定状态,试求电容电压 u_C 和电流 i_C。已知 $R_1 = 2\ \text{k}\Omega, R_2 = 1\ \text{k}\Omega, C = 3\ \text{pF}, U_1 = 3\ \text{V}, U_2 = 5\ \text{V}$。

解　采用三要素法求解此题。

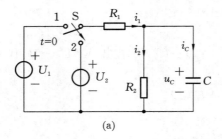 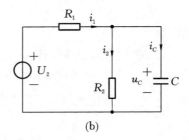

图 4.3.1　例题 4.5 的电路图

（1）求初始值。

$t=0_-$ 时有

$$u_C(0_-)=u_{R_2}=\frac{U_1}{R_1+R_2}R_2=\frac{3\times1}{2+1}\text{ V}=1\text{ V}$$

根据换路定则，有

$$u_C(0_+)=u_C(0_-)=1\text{ V}$$

$t=0_+$ 时，等效电路如图 4.3.1(b)所示，于是有

$$i_C(0_+)=i_1-i_2=\frac{U_2-u_C(0_+)}{R_1}-\frac{u_C(0_+)}{R_2}=\left(\frac{5-1}{2\times10^3}-\frac{1}{1\times10^3}\right)\text{ A}=1\times10^{-3}\text{ A}$$

（2）求终值。

$t=\infty$ 时有

$$u_C(\infty)=u'_{R_2}=\frac{U_2}{R_1+R_2}R_2=\frac{5\times1}{2+1}\text{ V}=1.67\text{ V}$$

$$i_C(\infty)=0$$

（3）求时间常数。

$$\tau=RC=(R_1//R_2)C=\frac{R_1R_2}{R_1+R_2}C=\frac{2\times1}{2+1}\times10^3\times3\times10^{-12}\text{ s}=2\times10^{-9}\text{ s}$$

根据三要素法可得

$$u_C(t)=u_C(\infty)+[u_C(0_+)-u_C(\infty)]e^{-\frac{t}{\tau}}=1.67+(1-1.67)e^{-\frac{t}{2\times10^{-9}}}=1.67-0.67e^{-5\times10^8 t}$$

$$i_C(t)=i_C(\infty)+[i_C(0_+)-i_C(\infty)]e^{-\frac{t}{\tau}}=0+(1\times10^{-3}-0)e^{-\frac{t}{2\times10^{-9}}}=10^{-3}e^{-5\times10^8 t}$$

当然，还可以利用 $i_C=C\dfrac{\mathrm{d}u_C}{\mathrm{d}t}$ 来求电容电流，即

$$i_C=C\frac{\mathrm{d}u_C}{\mathrm{d}t}=3\times10^{-12}\times\frac{\mathrm{d}(1.67-0.67e^{-5\times10^8 t})}{\mathrm{d}t}=3\times10^{-12}\times(-5\times10^8)\times(-0.67e^{-5\times10^8 t})$$

$$=10^{-3}e^{-5\times10^8 t}$$

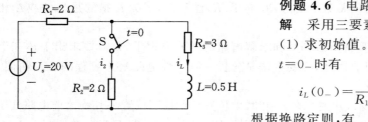

图 4.3.2　例题 4.6 的电路图

例题 4.6　电路如图 4.3.2 所示，求 i_L。

解　采用三要素法求解此题。

（1）求初始值。

$t=0_-$ 时有

$$i_L(0_-)=\frac{U_s}{R_1+R_3}=\frac{20}{2+3}\text{ A}=4\text{ A}$$

根据换路定则，有

$$i_L(0_+)=i_L(0_-)=4\text{ A}$$

（2）求终值。

$t=\infty$ 时有

$$i_L(\infty)=i_{R_3}(\infty)=\frac{U_s}{R_1+R_2//R_3}\frac{R_2}{R_2+R_3}=\frac{20}{2+2//3}\times\frac{2}{2+3}\text{ A}=2.5\text{ A}$$

（3）求时间常数。

$$\tau=\frac{L}{R}=\frac{L}{R_1//R_2+R_3}=\frac{L}{\frac{R_1R_2}{R_1+R_2}+R_3}=\frac{0.5}{\frac{2\times2}{2+2}+3}\text{ s}=0.125\text{ s}$$

根据三要素法可得

$$i_L(t)=i_L(\infty)+[i_L(0_+)-i_L(\infty)]e^{-\frac{t}{\tau}}=2.5+(4-2.5)e^{-\frac{t}{0.125}}=2.5+1.5e^{-8t}$$

◀ 4.4　RC 电路的应用 ▶

在第 3 章中介绍了利用电容和电阻可以实现正弦交流电压的移相功能，同样，移相电路也可以实现输入信号微分和积分的功能。图 4.4.1 所示就是 RC 微分电路和 RC 积分电路。

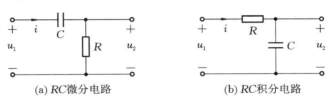

(a) RC 微分电路　　　　　　(b) RC 积分电路

图 4.4.1　RC 微分电路和 RC 积分电路

对于图 4.4.1(a)所示的电路，有

$$u_1=u_C+u_2$$

$$i=C\frac{du_C}{dt}$$

$$u_2=iR$$

当 $\tau=RC$ 非常小，且 $u_1\gg u_2$ 时，输入电压、输出电压满足下列关系

$$u_2=RC\frac{du_1}{dt} \tag{4.4.1}$$

对于图 4.4.1(b)所示的电路，有

$$u_1=u_R+u_2$$

$$i=C\frac{du_2}{dt}$$

$$u_R=iR$$

当 $\tau=RC$ 足够大，且 $u_1\gg u_2$ 时，输入电压、输出电压满足下列关系

$$u_2=\frac{1}{RC}\int u_1 dt \tag{4.4.2}$$

在图 4.4.1 所示的两个电路的输入端分别输入方波，当时间常数 τ 满足各自要求时，可以在输出端获得图 4.4.2 所示的输出波形。在图 4.4.2(a)中，u_2 是 u_1 的微分形式，很显然，RC 微分电路可将输入的方波信号转变成尖脉冲信号；在图 4.4.2(b)中，u_2 是 u_1 的积分形

式,很显然,RC 积分电路将方波信号转变成锯齿波信号。

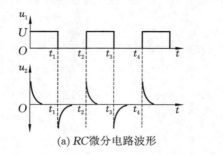
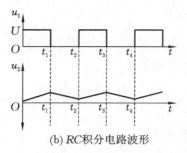

(a) RC微分电路波形   (b) RC积分电路波形

图 4.4.2   RC 微分电路波形与 RC 积分电路波形

习 题

4.1 电路如图 4.01 所示,已知开关 S 闭合前电路处于稳定状态,求 i_L、u_L 的初始值。

4.2 在图 4.02 所示的电路中,当 $t=0$ 时,开关 S 断开,S 断开前电路已稳定,求 i 的初始值。经过多长时间后,可以认为电路再一次处于稳定状态?

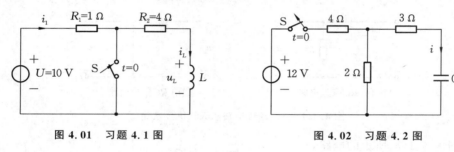

图 4.01   习题 4.1 图   图 4.02   习题 4.2 图

4.3 电路如图 4.03 所示,已知开关 S 动作前电路均处于稳定状态,求:

(1) 开关 S 从 a 切换到 b 时,i_1、i_2、u_L、u_C 的初始值;

(2) 开关 S 从 b 切换到 c 时,u_{R_1}、u_{R_2} 的初始值。

4.4 在图 4.04 所示的电路中,开关 S 在 $t=0$ 时闭合,开关 S 闭合前电路已处于稳态,试求开关 S 闭合后电感和电容的电压和电流的初始值。

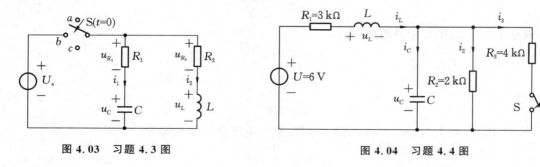

图 4.03   习题 4.3 图   图 4.04   习题 4.4 图

4.5 在图 4.05 所示的电路中,开关 S 在 $t=0$ 时闭合,开关 S 闭合前电路已处于稳态,求 $u_C(t)$。

4.6 在图 4.06 所示的电路中,$U_{s1}=4$ V,$U_{s2}=6$ V,$R_1=2$ Ω,$R_2=1$ Ω,$R_3=1$ Ω,$L=$

10 mH,开关 S 闭合前电路已稳定,求 $i(t)$。

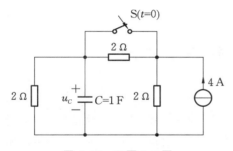

图 4.05 习题 4.5 图

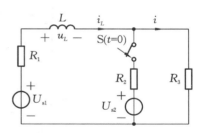

图 4.06 习题 4.6 图

4.7 在图 4.07 所示的电路中,$U_s=6\ V$,$R_1=6\ k\Omega$,$R_2=2\ k\Omega$,$R_3=3\ k\Omega$,$C=10\ \mu F$,开关 S 闭合前电路已稳定,求:(1) $i_1(t)$、$i_2(t)$、$i_3(t)$ 和 $u_C(t)$ 的变化规律;(2)需要多长时间,电容电压可变化至 2 V?

4.8 电路如图 4.08 所示,开关 S 闭合前电路已经稳定,$t=0$ 时合上开关 S,求:(1)电感电流 i_L 的变化规律;(2) 当 $t=1.5\ s$ 时,电感电流为多少?

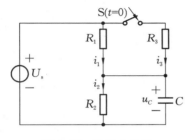

图 4.07 习题 4.7 图

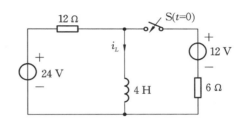

图 4.08 习题 4.8 图

第 5 章
半导体二极管及其应用

◀ **本章指南**

二极管(diode)全名为半导体二极管或晶体二极管，是一种广泛应用的电子元器件，具有两个电极，只允许电流从一个方向流过。本章将以半导体知识为基础，介绍二极管的工作原理、输入输出特性及其应用。

5.1 半导体及 PN 结

5.1.1 半导体

日常生活中的各种各样的物质,按其导电特性(用电阻率 ρ 来衡量),可分为导体、半导体、绝缘体,如图 5.1.1 所示。有些物体,如钢、银、铝、铁等,具有良好的导电性能,我们称其为导体;相反,有些物体,如玻璃、橡皮和塑料等不易导电,我们称其为绝缘体;还有一些物体,如锗、硅、砷化镓及大多数的金属氧化物和金属硫化物,它们既不像导体那样容易导电,也不像绝缘体那样不易导电,而是介于导体和绝缘体之间,我们把它们叫作半导体。绝大多数半导体都是晶体,它们内部的原子都按照一定规律排列。

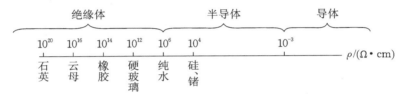

图 5.1.1 物质的导电性能及分类

半导体具有如下特点:

(1)半导体中含有杂质时对其导电能力的影响非常大。

以锗为例,只要含有一千万分之一的杂质,其电阻率就下降到原来的十六分之一。本章中讲述的二极管就是半导体掺杂两种不同类型的杂质构成的。

(2)当受外界热作用时,半导体的导电能力将发生显著变化。

一般的金属导体,温度变化 10 ℃,其电阻只变化 1% 左右(注明:温度越高,金属的电阻越大);而由半导体构成的热敏电阻,温度每上升 10 ℃,其电阻可变化一倍以上。电阻值随温度按正比例变化的热敏电阻称为 PTC 热敏电阻,而电阻值随温度按反比例变化的热敏电阻称为 NTC 热敏电阻。因此,热敏电阻常用来测量温度。

(3)当受外界光照作用时,半导体的导电能力将发生显著变化。

如由硫化镉半导体组成的光敏电阻,当受到外界光照作用时,其电阻值会迅速减小,因此光敏电阻常用来测量外界光照强度。

5.1.2 PN 结

金属能导电的原因在于组成金属分子的原子核外围有自由电子存在,在有电压时,自由电子带电后向电压的正极运动,从而形成电流,即金属中的自由电子为电流载体,称为载流子。载流子有两种类型:一种为带负电的电子,另一种为带正电的空穴。

半导体掺入杂质后,其导电性能会大大增强;半导体掺入不同的杂质,其载流子会不同。如在硅或锗晶体中掺入少量的三价元素硼(或铟),硼原子的最外层只有三个价电子,与相邻的半导体原子形成共价键时会产生一个带正电的空穴,这个空穴很容易吸引周围的束缚电子来填充,而在其他半导体原子处产生一个空穴,这样空穴就会从一个位置移动到另一个位置。在外电场的作用下,空穴导电是主要的,为多数载流子,而存在的少量自由电子为少数载流子,这种半导体称为 P 型半导体。P 是 phosphorus(磷)的首字母,P 型半导体泛指掺入三价元素的半导体,如图 5.1.2 所示。

如果把五价元素砷掺入锗晶体中,砷原子有五个价电子,它和四个锗原子的价电子组成共价键后,留下一个电子,这个剩余电子就在晶体中到处游荡,在外电场的作用下形成定向电子流。掺入少量的砷杂质,就会产生大量的剩余电子,所以称这种半导体为电子型半导体或 N 型半导体。N 是 nitrogen(氮)的首字母,N 型半导体泛指掺入五价元素的半导体,如图 5.1.3 所示。在这种半导体中有剩余电子,这时电子是多数载流子,而空穴是少数载流子。因为砷是施给剩余电子的杂质,所以称其为施主杂质。

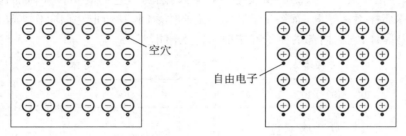

图 5.1.2　P 型半导体　　　　　　图 5.1.3　N 型半导体

1. PN 结的形成

采用不同的掺杂工艺,通过扩散作用,将 P 型半导体与 N 型半导体放在同一块半导体(通常是硅或锗)基片上,在它们的交界面就形成空间电荷区,称为 PN 结。

如果把一块 P 型半导体和一块 N 型半导体紧密连接在一起(实际上只能用化学方法将两块原本独立的锗片或硅片合在一起),就会发现一个奇怪的现象。

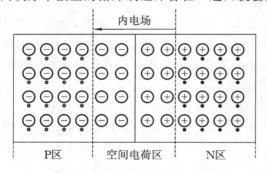

图 5.1.4　PN 结的形成

P 型半导体内的空穴是多数载流子,而 N 型半导体内的电子是多数载流子,二者接触之后,N 区的电子就向 P 区扩散,扩散的结果如图 5.1.4 所示。P 区获得电子后带负电,N 区失去电子后带正电,这样在 P 区和 N 区之间会形成内电场,内电场会阻止 N 区电子向 P 区扩散。当内电场的阻力与扩散运动能量达到平衡后,接触面两侧的空间电荷区也稳定下来,这样一个 PN 结就形成了。

2. PN 结的单向导电性

1) PN 结加正向电压时导通

如果电源的正极接 P 区,负极接 N 区,外加的正向电压有一部分降落在 PN 结区,PN 结处于正向偏置,电流便从 P 区流向 N 区,空穴和电子都向界面运动,使得空间电荷区变窄,电流可以顺利通过,电流方向与 PN 结内电场方向相反,从而削弱了内电场,如图 5.1.5 所示。于是,内电场对多子扩散运动的阻碍作用减弱,扩散电流增大,PN 结呈现低阻性

（导通）。

2）PN 结加反向电压时截止

如果电源的正极接 N 区，负极接 P 区，外加的反向电压有一部分降落在 PN 结区，PN 结处于反向偏置，则空穴和电子都向远离界面的方向运动，使得空间电荷区变宽，电流不能流过，电流方向与 PN 结内电场方向相同，从而加强了内电场，如图 5.1.6 所示。内电场对多子扩散运动的阻碍作用增强，扩散电流大大减小。此时 PN 结区的少子在内电场的作用下形成的漂移电流大于扩散电流，因此可忽略扩散电流，PN 结呈现高阻性（截止）。

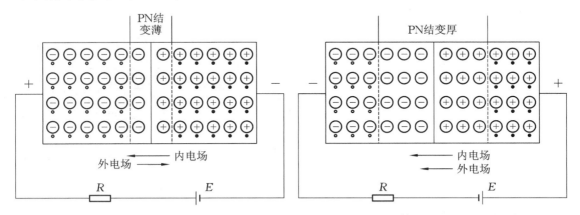

图 5.1.5　PN 结加正向电压时导通　　　　图 5.1.6　PN 结加反向电压时截止

5.2　半导体二极管

5.2.1　二极管的结构

半导体二极管（以下简称二极管）是将一个 PN 结用外壳封装起来，并加上相应的电器引线构成的，它是一个二端元件。PN 结 P 区引出的电极称为正极，N 区引出的电极称为负极。二极管在电路中的符号如图 5.2.1 所示，用字母 D 表示（电阻为 R，电容为 C 等）。

图 5.2.2 所示为二极管的实物图：图 5.2.2(a)所示的二极管的引脚为导线，采用电烙铁手工焊接；图 5.2.2(b)所示的二极管的引脚为焊盘，为贴片封装，采用自动贴片机和回流焊机等自动设备焊接，工业生产中一般都采用该工艺完成焊接。

图 5.2.1　二极管在电路中的符号　　　　图 5.2.2　二极管的实物图

在焊接二极管时，一定要注意其正、负极，如极性接反，电路工作方式将完全不同，通电后二极管也可能损坏。二极管按行业规范标明其正、负极脚，如图 5.2.2 所示，二极管上的灰色标记所对应的脚就是正极。

根据半导体材料的不同,二极管可分为硅二极管和锗二极管(硅二极管和锗二极管的差异见 5.2.2 节)。

二极管的结构有三种类型,即点接触型、面接触型和平面接触型,如图 5.2.3 所示,其中:点接触型的接触面积小,不能通过较大的电流,但结电容小,适用于高频电路;面接触型的接触面积大,能通过较大的电流,但结电容大,只适用于低频大电流电路;而平面接触型采用扩散法制成,并采用二氧化硅作为保护层,质量较好,接触面积大的可作为大功率整流管,接触面积小的可作为高频管或高速开关管。

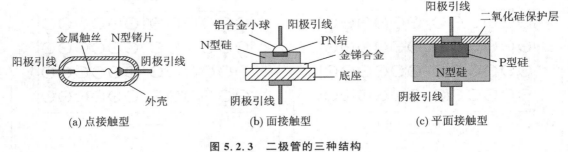

（a）点接触型　　　　　　　　（b）面接触型　　　　　　　　（c）平面接触型

图 5.2.3　二极管的三种结构

5.2.2　二极管的伏安特性及其简化模型

1. 二极管的伏安特性

二极管的伏安特性描述二极管两端电压与流过它的电流之间的关系。图 5.2.4 所示为二极管的伏安特性曲线,其测试电路为图中左上角的电路,并标明了电压和电流的正方向。

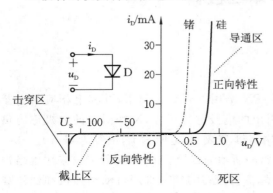

图 5.2.4　二极管的伏安特性曲线

在正向特性区域,当二极管两端电压 u_D 较小时,正向电流很小,这一段称为死区。当 u_D 超过某一电压值后,正向电流开始明显增大,二极管导通,导通电阻在 10 Ω 左右,该电压值称为二极管导通电压 U_D。硅二极管 U_D 为 0.7 V 左右,锗二极管 U_D 为 0.2 V 左右。

在反向特性区域,反向电流基本不变,且接近于零,二极管截止。当反向电压增加到一定数值时,反向电流将急剧增加,二极管反向击穿,此时的电压称为反向击穿电压 U_S。硅二极管的反向击穿电压 U_S 为 -50 V 左右,而锗二极管的反向击穿电压为 -100 V 左右。

在实际应用中,当二极管所加反向电压超过 U_S 时,二极管将会被击穿,可能导致二极管损坏并失去单向导电功能,从而使得二极管完全截止或完全导通。

2. 二极管伏安特性的简化模型

二极管导通区的曲线为非线性曲线,为简化二极管的特性,一般采用简化模型。

如图 5.2.5(a)所示,当二极管正向接入时,二极管两端的压降为 U_D(硅二极管为0.7 V

左右,锗二极管为 0.2 V 左右),其导通电阻为零。当电源电压很大时,如在直流稳压电源电路(见第 8 章)中,供电电源为电压有效值为 220 V 的交流电,二极管的正向导通压降可近似为零,如图 5.2.5(b)所示。

二极管反向接入时,流过的电流为零,可将其等效为一个阻值为无穷大的电阻。

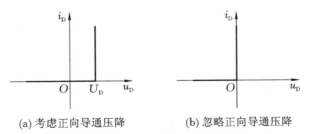

(a) 考虑正向导通压降　　　　(b) 忽略正向导通压降

图 5.2.5　二极管的简化伏安特性曲线

例题 5.1　在图 5.2.6 所示的电路中,二极管为硅二极管,试估算流过该二极管的电流 i_D。

解　二极管加正向电压后导通,且为硅二极管,其导通压降 $U_D=0.7$ V,于是有

$$u_R=U_S-U_D=(12-0.7)\ \text{V}=11.3\ \text{V}$$

$$i_D=u_R/R=\frac{11.3}{1\times 10^3}\ \text{A}=11.3\ \text{mA}$$

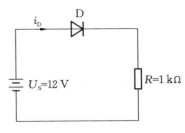

图 5.2.6　例题 5.1 图

5.2.3　二极管的参数及使用注意事项

1．正向电流 I_{FM}

正向电流是指二极管长期工作时,允许通过的最大正向平均电流。如二极管 IN4007 的正向电流 I_{FM} 为 1 A,则二极管实际流过的正向平均电流应不超过此值,否则二极管会因为过热而损坏。

2．正向电压降 U_D

正向电压降是指二极管正向工作时,在两极间所产生的电压降。硅二极管的正向电压降 U_D 近似为 0.7 V,锗二极管的正向电压降 U_D 近似为 0.2 V。当二极管中的电流增大时,其正向电压降 U_D 也会随之增大。

3．最高反向工作电压 U_S

二极管使用时,其实际承受的反向电压不能超过最高反向工作电压 U_S,否则二极管会被击穿,可能会失去单向导电功能。二极管 IN4007 的最高反向工作电压 U_S 为 1000 V。

4．反向电流 I_R

反向电流是指二极管反向截止时,流过二极管的反向电流值。反向电流越小,说明二极管的单向导电性能越好。二极管 IN4007 在 75 ℃时的反向电流 I_R 小于 30 μA。实际应用中,二极管的反向电流可近似为零。

5．结电容 C

电容包括结电容和扩散电容。二极管 IN4007 的结电容为 30 pF。在高频场合下使用二

极管时,要求二极管的结电容越小越好。

5.3 半导体二极管的典型应用

利用二极管的单向导电性,可以构成各种各样的应用电路,用来实现整流、限幅、检波等功能。

5.3.1 整流电路

整流就是将交流电变为单方向脉动的直流电。整流可分为半波整流和全波整流。当输

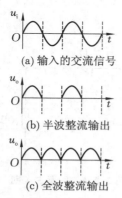

(a) 输入的交流信号

(b) 半波整流输出

(c) 全波整流输出

图 5.3.1 半波整流和全波整流的输出信号

入平均值为零的交流信号时,其半波整流和全波整流的输出信号如图 5.3.1 所示。图 5.3.1(a) 所示为输入的交流信号 $u_i=\sqrt{2}U_M\sin\omega_0 t$,其平均值为零;图 5.3.1(b) 所示为半波整流得到的信号,其电压的平均值为 $0.45U_M$;图 5.3.1(c) 所示为全波整流得到的信号,其电压的平均值为 $0.9U_M$。

图 5.3.2 所示为由二极管构成的半波整流电路。若输入图 5.3.1(a) 所示的交流电压,当输入正半周时,二极管 D 正向导通;当输入负半周时,二极管 D 截止。负载 R_L 两端的电压如图 5.3.1(b) 所示。

图 5.3.3 所示为由四个二极管构成的全波整流电路。若输入图 5.3.1(a) 所示的交流电压,当输入正半周时,二极管 D_1、D_3 导通,二极管 D_2、D_4 截止,电流流向为 $D_1\to R_L\to D_3$;当输入负半周时,二极管 D_2、D_4 导通,二极管 D_1、D_3 截止,电流流向为 $D_2\to R_L\to D_4$。负载 R_L 两端的电压如图 5.3.1(c) 所示。

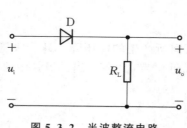

图 5.3.2 半波整流电路

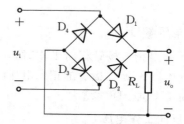

图 5.3.3 全波整流电路

5.3.2 限幅电路

利用二极管正向导通后其两端电压很小且基本不变的特性,可以构成各种限幅电路,使输出电压控制在某一电压值以内,起到保护负载的作用。图 5.3.4 所示为一简单的限幅电路,用于对负载 R_L 进行过压保护,使 R_L 两端的电压小于 U_R。

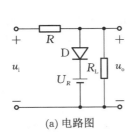
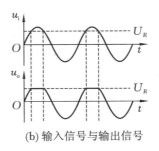

(a) 电路图　　　　　　　　(b) 输入信号与输出信号

图 5.3.4　限幅电路

5.3.3　检波电路

检波电路的作用是从高频电信号中提取出反映信号整幅变化(包络)的低频信号。在图 5.3.5 中，u_i 为高频电压信号，通过检波后，可提取出图中长虚线所对应的包络信号。

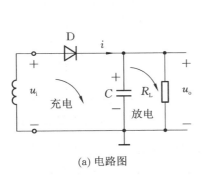
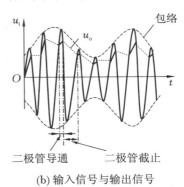

(a) 电路图　　　　　　　　(b) 输入信号与输出信号

图 5.3.5　二极管检波电路

具体的检波电路如图 5.3.5(a)所示，检波二极管 D 具有结电容低、工作频率高和反向电流小等特点，其工作原理为：在图 5.3.5(b)中，在输出信号 u_o 曲线所对应的实线区域，u_i 高于电容电压 u_o，二极管导通，u_i 对负载 R_L 供电，电容 C 充电，u_o 上升；在 u_o 曲线所对应的虚线区域，u_i 低于电容电压 u_o，二极管截止，电容 C 对 R_L 放电，u_o 下降。当 u_i 的频率很高时，u_o 的变化曲线接近包络曲线。

◀ 5.4　稳压二极管 ▶

稳压二极管(zener diode)，又叫齐纳二极管，用字母 D_Z 表示。

5.4.1　稳压二极管的伏安特性

利用 PN 结反向击穿状态的电流可在很大范围内变化而电压基本不变的现象制成的起稳压作用的二极管，称为稳压二极管，其图形符号如图 5.4.1(a)所示。

稳压二极管工作在反向击穿区域，其伏安特性如图 5.4.1(b)所示。在稳压区域，稳压二极管两端的反向电压 U_Z 几乎不变，而反向电流的变化范围为 $[I_Z, I_{ZM}]$，U_Z 称为稳压二极管的稳定电压。

由稳压二极管的伏安特性可知,当稳压二极管加正向压降时,其特性与普通二极管的一样;当反向电压小于 U_Z 时,稳压二极管的电流为零,稳压二极管截止,其反向截止特性也与普通二极管的反向截止特性一样。

5.4.2 典型稳压电路

由稳压二极管构成的典型稳压电路如图 5.4.2 所示,稳压二极管的稳定电压为 U_Z,反向接入电路中,与负载 R_L 并联,串入的电阻 R 为分压电阻,其两端电压为 U_R,于是有

$$U_o = U_i - U_R \tag{5.4.1}$$

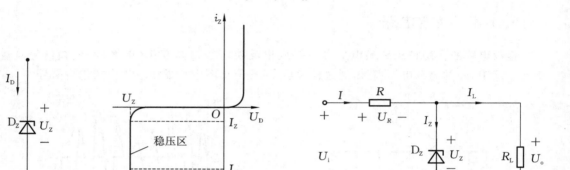

(a) 图形符号　　　　(b)伏安特性

5.4.1　稳压二极管　　　　　　　　　　　图 5.4.2　典型稳压电路

该电路的工作原理为:当供电电压 U_i 在一定范围内波动时,U_i 的变化会导致流过 D_Z 的电流变化,从而导致流过 R 的电流变化,R 两端的电压 U_R 也随之变化,最终 R_L 两端的电压基本不变。

5.4.3 稳压二极管的参数及使用注意事项

1. 稳定电压 U_Z

稳定电压是指稳压二极管通过额定电流时,其两端产生的稳定电压值。稳压二极管的稳定电压会随工作电流和温度的不同而略有改变。由于制造工艺的差别,同一型号的稳压二极管,其稳定电压不会完全一致。例如,2CW51 型稳压二极管的稳定电压 U_Z 的范围为 3.0～3.6 V。

2. 额定电流 I_Z

额定电流 I_Z 是指稳压二极管产生稳定电压时通过该二极管的最小电流值。电流低于此值时,稳压二极管的稳压效果会变差。

3. 最大电流 I_{ZM}、额定功耗 P_Z

稳压二极管稳压时,所允许流过的最大电流称为最大电流 I_{ZM},$U_Z I_{ZM}$ 称为额定功率 P_Z。当稳压二极管的电流超过 I_{ZM} 时,因其功耗过大,会发热而烧毁。

4. 注意事项

(1) 在稳压二极管的使用过程中,不能将稳压二极管直接反向接入电源的两端,这样并

不能起到稳压作用,反而因其两端反向电压过高而烧毁稳压二极管。正确的用法是在稳压二极管的前面串入一个分压电阻(如图5.4.2中的R),分压电阻的电压应保证在整个电压波动范围内。

(2) 流过稳压二极管的电流为$I_Z \sim I_{ZM}$。

(3) 分压电阻要采用大功率电阻,当输入电压变动范围较大时,分压电阻的功耗非常大,因此应采用大功率电阻。

例题 5.2 在图5.4.3所示的电路中,已知稳压二极管的稳定电压$U_Z = 6$ V,最小稳定电流$I_{Zmin} = 5$ mA,最大稳定电流$I_{Zmax} = 25$ mA。

(1) 分别计算U_i为15 V、20 V、35 V时的输出电压U_o;

(2) 若$U_i = 35$ V时负载开路,则会出现什么现象?为什么?

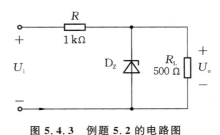

图 5.4.3 例题 5.2 的电路图

解 (1)当$U_i = 15$ V时,设$U_o = U_Z = 6$ V,则

$$I_R = \frac{U_i - U_Z}{R} = \frac{15-6}{1 \times 10^3} \text{ A} = 9 \text{ mA}$$

$$I_{R_L} = \frac{U_Z}{R_L} = \frac{6}{500} \text{ A} = 12 \text{ mA}$$

$$I_{D_Z} = I_R - I_{R_L} = (9-12) \text{ mA} = -3 \text{ mA}$$

故假设不成立,稳压二极管截止,于是有

$$U_o = \frac{R_L}{R + R_L} U_i = \frac{500}{1000+500} \times 15 \text{ V} = 5 \text{ V}$$

当$U_i = 20$ V时,设$U_o = U_Z = 6$ V,则

$$I_R = \frac{U_i - U_Z}{R} = \frac{20-6}{1 \times 10^3} \text{ A} = 14 \text{ mA}$$

$$I_{R_L} = \frac{U_Z}{R_L} = \frac{6}{500} \text{ A} = 12 \text{ mA}$$

$$I_{D_Z} = I_R - I_{R_L} = (14-12) \text{ mA} = 2 \text{ mA}$$

I_{D_Z}小于最小稳定电流,稳压二极管的稳压效果变差,$U_o < 6$ V。

当$U_i = 35$ V时,设$U_o = U_Z = 6$ V,则

$$I_R = \frac{U_i - U_Z}{R} = \frac{35-6}{1 \times 10^3} \text{ A} = 29 \text{ mA}$$

$$I_{R_L} = \frac{U_Z}{R_L} = \frac{6}{500} \text{ A} = 12 \text{ mA}$$

$$I_{D_Z} = I_R - I_{R_L} = (29-12) \text{ mA} = 17 \text{ mA}$$

I_{D_Z}在最小稳定电流与最大稳定电流之间,于是有

$$U_o = U_Z = 6 \text{ V}$$

(2) 当$U_i = 35$ V时负载开路,则

$$I_{D_Z} = \frac{U_i - U_Z}{R} = \frac{35-6}{1 \times 10^3} \text{ A} = 29 \text{ mA} > I_{Zmax} = 25 \text{ mA}$$

故稳压二极管将因功耗过大而损坏。

◀ 5.5 其他类型的二极管 ▶

除了以上章节介绍的普通二极管、稳压二极管外,生活中我们还会用到发光二极管、红外线二极管、光敏二极管、激光二极管等。

5.5.1 发光二极管

发光二极管简称 LED,它由含镓(Ga)、砷(As)、磷(P)、氮(N)等的化合物制成。当正向电流流过发光二极管时,它就会发出可见光。发光二极管的图形符号、应用电路及实物图如图 5.5.1 所示。

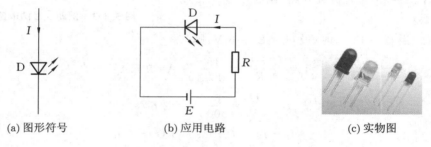

| (a) 图形符号 | (b) 应用电路 | (c) 实物图 |

图 5.5.1　发光二极管

红外线发光二极管(infrared LED,也称为红外线二极管),由红外辐射效率高的砷化镓制成 PN 结,外加正向电压激发红外光。红外光的波长为 $830\sim950$ nm,因此红外光是不可见光,但普通 CCD 黑白摄像机可以看到。电视、空调等的遥控器的信号就是由小功率的红外线二极管产生的。大功率的红外线二极管可用来制作红外探测仪(如红外温度探测仪),其信号的接收由光敏二极管实现。

发光二极管具有如下特点:

(1) 发光二极管工作在二极管的正向导通状态。

(2) 由不同材料制成的发光二极管会产生不同颜色的光和红外光,如砷化镓二极管发红光,磷化镓二极管发绿光,碳化硅二极管发黄光,砷铝化镓二极管发红外光等。

(3) 发光二极管的电光转化效率高(60%左右,而普通白炽灯只有 10%),寿命长(可达 10 万个小时),工作电压低(3 V 左右),反复开关不影响使用寿命等。

随着半导体技术的发展,发光二极管现已广泛应用到日常生活中,如 LED 显示屏、LED 数码管、交通信号灯、汽车用灯、液晶屏背光源、照明、红外控制等。

5.5.2 光电二极管

光电二极管又称为光敏二极管,它也是由 PN 结构成的半导体器件,它是把光信号转换成电信号的光电传感器件。光电二极管在反向电压的作用下工作,没有光照时光电二极管反向电流极其微弱,有光照时光电二极管反向电流迅速增大。光的强度越大,反向电流就越大。光电二极管的图形符号和应用电路如图 5.5.2 所示。

光电二极管可以用来检测光的强度,可输出随光照强度变化的模拟电流信号;光电二极管还可以用来做光电开关,可输出有、无光照的开关数字信号。

5.5.3 光电耦合器件

将发光二极管和光电二极管组合起来就可以构成二极管型的光电耦合器件,如图 5.5.3 所示。在输入端加电信号,则发光二极管的光照强度随电压而变,光电二极管接收光信号,转换为与输入信号变化一致的输出信号。由于发光器件和光电器件处在不同回路,互相隔离,因此光电耦合器件常用于信号间需要隔离的场合。

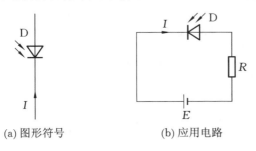

图 5.5.2 光电二极管

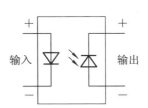

图 5.5.3 光电耦合器件

习 题

5.1 写出图 5.01 所示的各电路的输出电压,设二极管导通电压 $U_D = 0.7$ V。

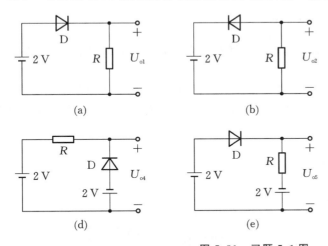

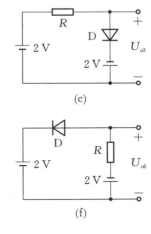

图 5.01 习题 5.1 图

5.2 二极管双向限幅电路如图 5.02 所示,设 $u_i = 10\sin\omega t$,二极管为理想器件,试画出 u_i 和 u_o 的波形。

5.3 电路如图 5.03(a)所示,其输入电压 u_{i1} 和 u_{i2} 的波形如图 5.03(b)所示,设二极管导通电压可忽略,试画出输出电压 u_o 的波形,并标出幅值。

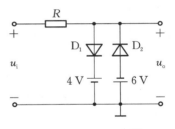

图 5.02 习题 5.2 图

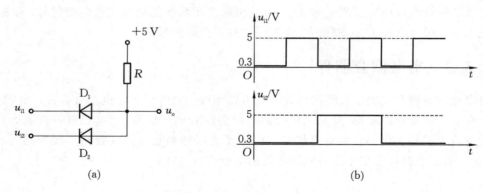

图 5.03　习题 5.3 图

5.4　电路如图 5.04 所示,判断图中二极管是导通的还是截止的,并确定各电路的输出电压 U_o。设二极管的导通压降为 0.7 V。

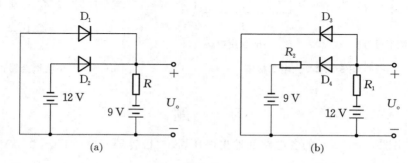

图 5.04　习题 5.4 图

5.5　电路如图 5.05 所示,试估算流过二极管的电流和 R_2 上端的电位。设二极管的正向压降为 0.7 V。

5.6　图 5.06 所示为 220 V 交流电变压整流电路,变压器的副边为电压有效值为 20 V 的交流信号,试画出输入、输出波形,并指出二极管 D_1、D_2 的工作状态(导通或截止),求出输出信号的平均值。

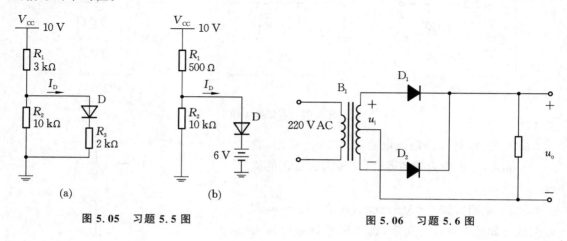

图 5.05　习题 5.5 图　　　　　图 5.06　习题 5.6 图

5.7　如图 5.07 所示,已知稳压二极管的稳定电压 $U_Z = 6$ V,稳定电流的最小值 $I_{Zmin} =$

5 mA,最大功耗 $P_{ZM}=150$ mW,试求稳压二极管正常工作时电阻 R 的取值范围。

5.8　已知稳压二极管的稳定电压 $U_Z=6$ V,稳定电流的最小值 $I_{Zmin}=3$ mA,最大值 $I_{ZM}=20$ mA,试问图 5.08 中的稳压二极管能否正常稳压工作? U_{o1} 和 U_{o2} 各为多少伏?

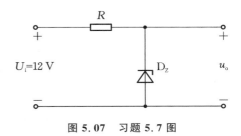

图 5.07　习题 5.7 图

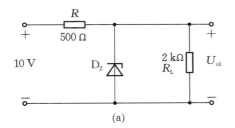 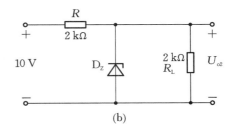

图 5.08　习题 5.8 图

5.9　在图 5.09 所示的电路中,发光二极管导通电压 $U_D=1$ V,正常工作时要求正向电流为 $5\sim15$ mA,试问:

(1) 开关 S 在什么位置时发光二极管才能发光?

(2) R 的取值范围是多少?

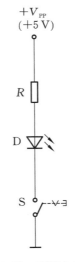

图 5.09　习题 5.9 图

第6章
三极管及其放大电路

◀ **本章指南**

　　三极管全称为半导体三极管,也称双极型晶体管、晶体三极管,它有三个引脚,是一种控制电流的半导体器件,可把微弱电信号放大,也用作无触点开关,是电子电路的核心元件。本章将以三极管为研究对象,介绍其工作原理、输入输出特性及基本应用。

6.1 三极管的结构及其电流放大特性

6.1.1 三极管的结构

三极管是在一块半导体基片上制作两个相距很近的 PN 结,两个 PN 结把整块半导体分成三部分,并引出三个电极。按两个 PN 结的组合方式,三极管有 PNP 和 NPN 两种类型。对于 NPN 型三极管(见图 6.1.1(a)),它由两块 N 型半导体中间夹着一块 P 型半导体所组成;三块半导体构成了三个区域——发射区、基区和集电区,如图 6.1.1(b)所示,发射区与基区之间形成的 PN 结称为发射结,而集电区与基区之间形成的 PN 结称为集电结;三个区域的三条引出线分别称为发射极 E(emitter)、基极 B(base)和集电极 C(collector),其电路符号如图 6.1.1(c)所示。

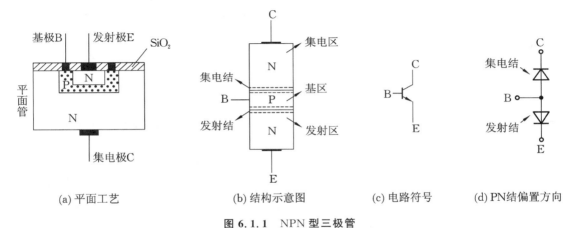

(a) 平面工艺　　　　　(b) 结构示意图　　　(c) 电路符号　　　(d) PN结偏置方向

图 6.1.1　NPN 型三极管

NPN 型三极管的结构类似于两个面对面连接的二极管(见图 6.1.1(d)),B、E 间的二极管称为发射结,B、C 间的二极管称为集电结。当 B 极电压高于 E 极电压,即 $u_B > u_E$ 时,称为发射结正偏;当 C 极电压高于 B 极电压,即 $u_C > u_B$ 时,称为发射结反偏。

三极管的结构还具有某些特殊性,即发射区高掺杂且载流子浓度高,基区低掺杂且很薄,集电区结面积大。正是由于三极管的这些结构特点,在一定的外部电压条件下,三极管表现出了二极管所不具有的电流放大特性。

6.1.2 三极管的电流放大特性

1. NPN 型三极管电流放大

图 6.1.2 所示为 NPN 型三极管电流放大电路。在该电路中,B 极电压高于 E 极电压,即 $u_B > u_E$,发射结(图 6.1.1(d)中 B 极与 E 极间的二极管)处于正偏状态,由于 NPN 型三极管一般采用硅材料制成,所以有

$$U_{BE} \approx 0.7 \text{ V} \tag{6.1.1}$$

同时 C 极电压高于 B 极电压,即 $u_C > u_B$,集电结处于反偏状态,三个电极的实际电流方向如图 6.1.2 所示。

这时改变 R_B 的大小,即可改变流过基极 B 的电流 i_B,实验发现流过集电极的电流 i_C 近似随 i_B 成比例变化,即

$$i_C = \beta i_B \tag{6.1.2}$$

式中,β 为三极管的静态电流放大倍数,常用的小功率晶体管的 β 值为 $20 \sim 150$。

结论:当 NPN 型三极管发射结正偏,集电结反偏,即 $u_C > u_B > u_E$ 时,三极管能实现对基极电流放大的功能,i_C 与 i_B 成正比例变化。三个电极的电流满足下列关系

$$i_E = i_C + i_B \approx i_C \tag{6.1.3}$$

2. PNP 型三极管电流放大

PNP 型三极管一般采用锗材料制成,其电路符号和 PN 结偏置方向如图 6.1.3 所示。

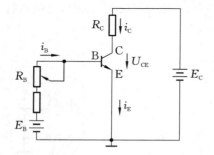

图 6.1.2　NPN 型三极管电流放大电路

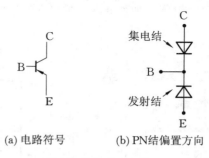

(a) 电路符号　　　(b) PN结偏置方向

图 6.1.3　PNP 型三极管的电路符号和 PN 结偏置方向

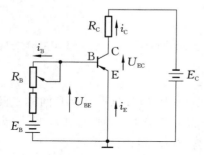

图 6.1.4　PNP 型三极管电流放大电路

图 6.1.4 所示为 PNP 型三极管电流放大电路。与 NPN 型三极管一样,当 PNP 型三极管发射结正偏,集电结反偏,即 $u_E > u_B > u_C$ 时,三极管能实现电流放大功能,其三个电极的电流方向如图 6.1.4 所示,电流大小关系满足式(6.1.2)和式(6.1.3)。

6.1.3　三极管的特性曲线

对于 NPN 型三极管,可采用图 6.1.5 所示的电路测量其特性,其中:接入三极管基极-发射极的回路,称为输入回路;接入集电极-发射极的回路,称为输出回路。三极管的特性曲线分为输入特性曲线和输出特性曲线。

1. 输入特性曲线

输入特性曲线描述了在管压降 u_{CE} 一定的情况下,基极电流 i_B 与发射结压降 u_{BE} 之间的函数关系,即

$$i_B = f(u_{BE}) \big|_{u_{CE} = 常数} \tag{6.1.4}$$

NPN 型三极管的输入特性曲线如图 6.1.6 所示。

(1) 当 $u_{CE} = 0$ 时,C 极与 E 极短路,发射结与集电结均正偏,实际上是两个二极管并联的正向特性曲线。

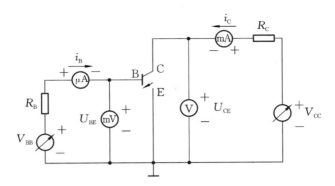

图 6.1.5　NPN 型三极管特性曲线的测量电路

（2）当 $u_{CE} \geqslant 1$ V，即 $u_C > u_B$ 时，集电结反偏，i_B 与 u_{BE} 之间的变化曲线基本重合，即当 $u_{CE} \geqslant 1$ V 时，i_B 与 u_{BE} 之间的变化曲线与 u_{CE} 无关。

2. 输出特性曲线

输出特性曲线描述的是基极电流 i_B 为一常量时，集电极电流 i_C 与管压降 u_{CE} 之间的函数关系，即

$$i_C = f(u_{CE})\big|_{i_B = 常数} \tag{6.1.5}$$

三极管的输出特性曲线可以分为三个工作区域，如图 6.1.7 所示。

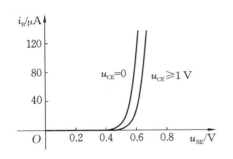

图 6.1.6　NPN 型三极管的输入特性曲线

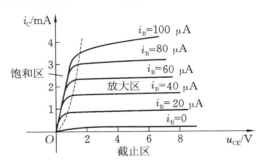

图 6.1.7　三极管输出特性曲线

（1）放大区。此时 $u_B > u_E$，发射结正向偏置，$i_B > 0$，$u_C > u_B$，集电结反偏，u_{CE} 较大；各输出特性曲线近似为水平的直线，当 i_B 一定时，i_C 的值基本上不随 u_{CE} 而变化，此时表现出 i_B 对 i_C 的控制作用，二者满足下列关系，即

$$i_C = \beta i_B \tag{6.1.6}$$

三极管在放大电路中主要工作在这个区域中。

（2）饱和区。此时 $u_B > u_E$，发射结正向偏置，$i_B > 0$；u_{CE} 很小，i_C 和 i_B 间的关系不满足式（6.1.2），即 $i_C \neq \beta i_B$，三极管不具有对 i_B 的放大作用，i_C 主要随 u_{CE} 的增大而增大。

三极管有一个性能参数——过饱和压降 U_{CES}，当 $0 < u_{CE} < U_{CES}$ 时，三极管处于饱和区，如小功率硅管的 $U_{CES} \approx 0.3$ V。

（3）截止区。此时 $i_B = 0$，发射结反偏，$u_B < u_E$，i_C 的值接近零，三极管截止。

3. 结论

（1）当发射结正向偏置（$u_B > u_E$），集电结反向偏置（$u_C > u_B$）时，三极管处于放大区，i_B

对 i_C 有控制作用，且 $i_C=\beta i_B$。

（2）当发射结正向偏置（$u_B>u_E$），且 $0<u_{CE}<U_{CES}$ 时，三极管处于饱和区，i_C 主要随 u_{CE} 的增大而增大，对 i_B 的影响不明显。

（3）当发射结反向偏置（$u_B<u_E$）时，三极管处于截止区，i_B 为零，i_C 也为零。

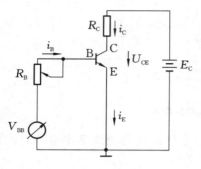

图 6.1.8　例题 6.1 图

例题 6.1　在图 6.1.8 所示的电路中，$E_C=12$ V，$R_C=2$ kΩ，三极管电流放大倍数 $\beta=50$，过饱和压降 $U_{CES}=0.3$ V，集电极的正向压降 $u_{BE}=0.7$ V，求下面三种情况下三极管的工作状态和 i_B、i_C、u_{CE}。

（1）当 $V_{BB}=0$，$R_B=86$ kΩ 时；（2）当 $V_{BB}=5$ V，$R_B=86$ kΩ 时；（3）当 $V_{BB}=5$ V，$R_B=21.5$ kΩ 时。

解　（1）当 $V_{BB}=0$ 时，$u_{BE}=0$，三极管处于截止状态，于是有

$$i_B=0，\quad i_C=0，\quad u_{CE}=12 \text{ V}$$

（2）当 $V_{BB}=5$ V 时，发射极正偏，设三极管处于放大状态，则有

$$i_B=\frac{V_{BB}-u_{BE}}{R_B}=\frac{5-0.7}{86\times10^3}\text{ A}=50\ \mu\text{A}$$

于是有

$$i_C=\beta i_B=50\times50\ \mu\text{A}=2.5\text{ mA}$$

$$u_{CE}=E_C-i_C R_C=(12-2.5\times10^{-3}\times2\times10^3)\text{ V}=7\text{ V}$$

故 $u_{CE}>U_{CES}$，即三极管处于放大状态，$i_C=2.5$ mA，$u_{CE}=7$ V。

（3）当 $V_{BB}=5$ V 时，发射极正偏，设三极管处于放大状态，则有

$$i_B=\frac{V_{BB}-u_{BE}}{R_B}=\frac{5-0.7}{21.5\times10^3}\text{ A}=200\ \mu\text{A}$$

于是有

$$i_C=\beta i_B=50\times200\ \mu\text{A}=10\text{ mA}$$

$$u_{CE}=E_C-i_C R_C=(12-10\times10^{-3}\times2\times10^3)\text{ V}=-8\text{ V}$$

故 $u_{CE}<U_{CES}$，三极管处于饱和状态，此时

$$u_{CE}\approx U_{CES}=0.3\text{ V}$$

则有

$$i_C=\frac{E_C-u_{CE}}{R_C}=\frac{12-0.3}{2\times10^3}\text{ A}\approx6\text{ mA}$$

即三极管处于饱和状态，$i_B=200\ \mu\text{A}$，$i_C\approx6$ mA，$u_{CE}\approx0.3$ V。

6.1.4　三极管三个工作状态的实际应用

1. 放大状态

完成小信号的放大（包括电压放大和电流放大），本教材中的 6.2 至 6.5 节都是讲述三极管在放大状态的应用。

2. 饱和状态和截止状态

饱和状态和截止状态一般应用于数字信号（信号幅值只有两个值，如 0 和 5 V）对三极管

的开关等控制功能。

例题 6.2 灯泡 L 的电阻 $R_L = 1\ \text{k}\Omega$，其控制电路如图 6.1.9 所示，控制信号 U_i 来自单片机，其值为 0 或者 5 V，三极管为硅管，电流放大倍数 $\beta = 40$；在放大区域，$U_{BE} = 0.7\ \text{V}$，E 极与 C 极间的最小电压 $U_{CES} = 0.3\ \text{V}$，$R_B = 13\ \text{k}\Omega$，求灯泡在两种输入状态下的电压。

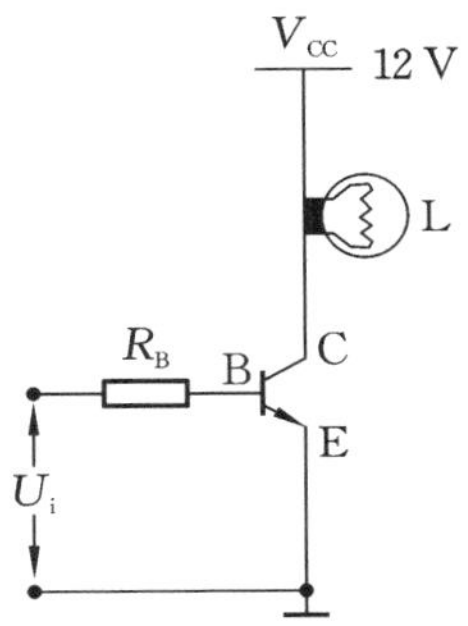

解 (1)当输入为 0 时，$u_{BE} = 0$，$i_B = 0$，$i_C = 0$，即灯泡两端的电压为零，灯泡熄灭。

(2)当输入为 5 V 时，设三极管处于放大状态，则有

$$i_B = \frac{U_i - U_{BE}}{R_B} = \frac{5 - 0.7}{13 \times 10^3}\ \text{A} = 331\ \mu\text{A}$$

$$i_C = \beta i_B = 40 \times 331\ \mu\text{A} = 13\ \text{mA}$$

$$u_{CE} = V_{CC} - i_C R_L = 12 - 13 \times 10^{-3} \times 1 \times 10^3\ \text{V} = -1\ \text{V} < U_{CES}$$

即假设不成立，三极管处于饱和状态，u_{CE} 近似为零，则灯泡两端的电压为

$$u_L = V_{CC} - u_{CE} \approx V_{CC}$$

当输入为 5 V 时，灯泡两端的电压为 V_{CC}，灯泡点亮。

本例题中的电路为典型的无触点开关电路，通过数字设备(如单片机等)产生的高低电平来控制灯泡的开关。

图 6.1.9　例题 6.2 图

◀ 6.2　由三极管构成的基本放大电路及其分析方法 ▶

在电子设备中，信号的放大无处不在，如手机天线接收的无线信号幅值在 μV 数量级，这个信号非常小，必须放大后手机才能识别。

本章所涉及的放大是对交流信号的放大，而交流信号是指信号的幅值随时间不停地变化，信号的平均值为零的信号。现实中的语言、图像、无线电信号都是交流信号。

6.2.1　直流通路和交流通路

三极管处于放大状态时，必须由直流电压给其提供发射结正向偏置电压和集电结反向偏置电压，这样三极管的放大电路就存在两个不同的电路，即直流通路和交流通路。

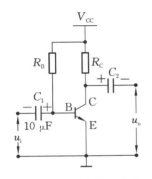

图 6.2.1　基本放大电路

1. 直流通路

分析放大电路的直流通路时，电容视为开路。图 6.2.1 所示为基本放大电路，其直流通路如图 6.2.2(a)所示。

2. 交流通路

分析交流通路时，电容视为短路，电源接地。图 6.2.1 所示的基本放大电路的交流通路如图 6.2.2(b)所示。

6.2.2　三种基本放大电路

三极管的放大电路有三种类型，分别是共发射极放大电路、共

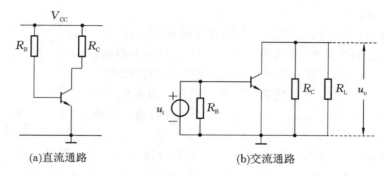

(a)直流通路　　　　　　　　　　　(b)交流通路

图 6.2.2　图 6.2.1 所示的基本放大电路的直流通路和交流通路

集电极放大电路和共基极放大电路,如图 6.2.3 所示,其判断方法为:三极管的哪个引脚交流接地,就对应哪种类型的放大。

在图 6.2.3(a)中,发射极 E 交流接地,该电路称为共发射极放大电路;

在图 6.2.3(b)中,集电极 C 交流接地,该电路称为共集电极放大电路;

在图 6.2.3(c)中,基极 B 交流接地,该电路称为共基极放大电路。

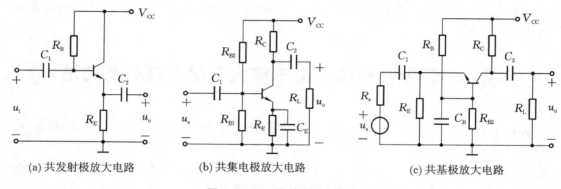

(a) 共发射极放大电路　　　(b) 共集电极放大电路　　　(c) 共基极放大电路

图 6.2.3　三种基本放大电路

6.2.3　三极管放大电路的分析方法

1. 静态工作点分析

静态工作点是指放大电路对应的直流通路中三极管的工作状态,即输入信号为零时三极管的工作状态,包括:

(1) 基极静态电流 I_{BQ};

(2) 集电极静态电流 I_{CQ};

(3) C 极和 E 极间的静态电压 U_{CEQ}。

在分析三极管放大电路时,首先要进行静态工作点的分析,确定三极管是否处于放大状态和输出信号的放大范围等基本参数。

2. 交流输入电流和输入电阻的分析

1) 输入电流 i_B

三极管的输入信号一般为电压信号,而三极管实现的是电流放大,因此要将输入电压的变化转化为输入电流的变化。

在三极管放大电路中输入电压信号会导致基极电流发生改变。三极管基极动态电流的分析方法为：

动态分析时，B 极、E 极间可等效为一动态电阻 r_{be}，其电阻值为

$$r_{be} = 200(\Omega) + \beta \frac{26(mV)}{I_{CQ}} \tag{6.2.1}$$

式中，I_{CQ} 为集电极静态电流，单位为 mA。功率三极管的动态电阻 r_{be} 小于 1 kΩ。

流过动态电阻的动态电流等于流入 B 极的动态电流，即

$$i_{r_{be}} = i_B \tag{6.2.2}$$

B 极、E 极间的动态压降为

$$u_{BE} = r_{be} i_B \tag{6.2.3}$$

三极管三个引脚的动态电流满足式(6.1.2)和式(6.1.3)，即

$$i_C = \beta i_B$$

$$i_E = i_C + i_B \approx i_C$$

2）输入电阻 R_i

输入电阻 R_i 为输入的交流电压与输入的交流电流的比值，即

$$R_i = \frac{u_i}{i_i} \tag{6.2.4}$$

输入电阻的大小会影响输入信号的失真。图 6.2.4 所示为输入电阻模型，输入信号可看成电压源 u_s，其内阻为 r_0，三极管的输入内阻为 R_i，则实际的输入信号 u_i 满足

$$u_i = \frac{u_s}{r_0 + R_i} R_i$$

输入电阻 R_i 越大，输入信号失真越小，u_i 近似为实际输入信号 u_s。

3. 输出信号与输出电阻分析

1）输出信号 u_o

输入电流（一般为基极电流）的变化将会导致集电极电流的变化，从而导致三极管 C 极、E 极间电压的变化，最终导致输出信号的变化，从而实现对输入信号的线性放大。

在图 6.2.5 中，u_o 满足

$$u_o = -\beta i_B (R_C // R_L) \tag{6.2.5}$$

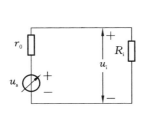

图 6.2.4　输入电阻模型

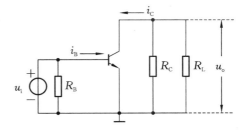

图 6.2.5　交流通路

2）输出电阻 R_o

输出电阻 R_o 描述了输出带负载的能力，输出电阻越小，负载上的电压变化就越小，输出

带负载能力就越强。可将放大器的输出当成一个含有内阻的电源,输出无负载(输出开路)时的电压为电源电压,加入负载后,如负载电压发生明显下降,则输出电阻大;如负载电压基本不变,则输出电阻小。

在三极管的放大电路中,一般只做输出电阻的定性分析,即输出电阻较小,带负载能力强;或输出电阻较大,带负载能力差。

在图 6.2.5 中,R_L 为负载,根据式(6.2.5)可得,若输出电阻的变化导致输出电压发生很大变化,则该放大电路的输出电阻大。

4. 电压放大倍数 A

电压放大倍数描述了放大器的放大能力,其在数值上等于输出信号与输入信号的比值,即

$$A = u_o/u_i \tag{6.2.6}$$

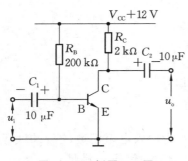

图 6.2.6 例题 6.3 图

例题 6.3 在图 6.2.6 所示的三极管放大电路中,$V_{CC} = 12$ V,$R_B = 200$ kΩ,$R_C = 2$ kΩ,三极管导通时的发射结电压 $U_{BEQ} = 0.7$ V,电流放大倍数 $\beta = 50$。若输入 u_i 为 $-10 \sim 10$ mV 的正弦信号,求:(1)静态工作点;(2)输入电流和输入电阻;(3)输出信号 u_o 和输出电阻;(4)电压放大倍数。

解 (1)求静态工作点。

$$I_{BQ} = \frac{V_{CC} - U_{BEQ}}{R_B} = \frac{12 - 0.7}{200 \times 10^3} \text{ A} = 56.5 \text{ } \mu\text{A}$$

$$I_{CQ} = \beta I_{BQ} = 50 \times 56.5 \text{ } \mu\text{A} = 2.825 \text{ mA}$$

$$U_{CEQ} = V_{CC} - I_{CQ} R_C = (12 - 2.825 \times 10^{-3} \times 2 \times 10^3) \text{ V} = 6.35 \text{ V}$$

共射极放大电路在实际中应用时,在静态工作点的设计上,I_{BQ} 一般为几十微安,I_{CQ} 为几毫安,而 U_{CEQ} 为供电电压的一半左右,这样在交流输入信号的作用下,u_{CE} 可以从零变化到 V_{CC},输出信号最大可达到 $\pm \frac{1}{2} V_{CC}$。

(2)求输入电流和输入电阻。

$$r_{be} = 200(\Omega) + \beta \frac{26(\text{mV})}{I_{CQ}} = \left(200 + 50 \times \frac{26}{2.825}\right) \Omega = 660 \text{ } \Omega$$

流过动态电阻的动态电流等于流入 B 极的动态电流,即

$$i_{r_{be}} = i_B = \frac{u_i}{r_{be}}$$

当 u_i 为 $-10 \sim 10$ mV 的正弦信号时,i_B 的变化范围为 $-15 \sim 15$ μA,输入电阻为

$$R_i = r_{be} // R_B \approx r_{be} = 660 \text{ } \Omega$$

(3)求输出信号与输出电阻。

① 求输出信号 u_o。

$$u_{CE} = V_{CC} - R_C i_C$$

则输出信号 u_o 为

$$u_o = -R_C i_C = -R_C \beta i_B$$

输入信号增加 10 mV,i_B 增加 15 μA,则输出信号 u_{CE} 减小 $R_C \beta \Delta i_B = 1.5$ V,即输入信号

为 $-10\sim10$ mV 的交流信号时，输出 $-1.5\sim1.5$ V 的交流信号，极性与输入信号的相反。

② 求输出电阻 R_o。

如果输出接负载电阻 R_L，根据其交流通路分析，有

$$u_o = -(R_C//R_L)i_C$$

当 R_L 为 2 kΩ 时，输出电压只有无负载时的一半，该放大电路的输出电阻很大，带负载能力不强。

（4）求电压放大倍数 A。

$$A = \frac{u_o}{u_i} = -\beta\frac{R_C}{r_{be}} = -50\times\frac{2\times10^3}{660} = -152$$

◀ 6.3　共发射极放大电路的分析　▶

共发射极放大电路简称为共射极放大电路，它主要用于实现信号的电压放大。

图 6.2.6 所示为典型的共射极放大电路，该电路实现对输入信号 u_i 的放大，输出信号为 u_o，设三极管导通时的发射结电压 $U_{BEQ} = 0.7$ V，电流放大倍数 $\beta = 50$，u_i 为 $-10\sim10$ mV 的正弦信号。

根据上节的静态工作点的分析方法，该电路的静态工作点为

$$I_{BQ} = \frac{V_{CC}-U_{BEQ}}{R_B} = \frac{12-0.7}{200\times10^3}\ A = 56.5\ \mu A$$

$$I_{CQ} = \beta I_{BQ} = 50\times56.5\ \mu A = 2.825\ mA$$

$$U_{CEQ} = V_{CC}-I_{CQ}R_C = (12-2.825\times10^{-3}\times2\times10^3)\ V = 6.35\ V$$

6.3.1　输出无负载分析

当输出 u_o 两端开路时，输出无负载。

1. 输入电流分析

根据式（6.2.1），三极管 B 极、E 极间等效为一个动态电阻 r_{be}，其阻值为

$$r_{be} = 200(\Omega)+\beta\frac{26(mV)}{I_{CQ}} = \left(200+50\times\frac{26}{2.825}\right)\Omega = 660\ \Omega$$

$$u_{BE} = u_i$$

基极电流等于流过 r_{be} 的电流，u_i 为 $-10\sim10$ mV 的正弦信号，则 i_B 为

$$i_B = \frac{u_i}{r_{be}}$$

即 i_B 为 $-15\sim15$ μA 的正弦信号。

2. 输出信号 u_o 分析

交流通路中，电容 C_1 可视为短路，输出 u_o 为 u_{CE} 的动态变化，即

$$u_{CE} = V_{CC}-i_CR_C \tag{6.3.1}$$

又因为 $i_C = \beta i_B$，故

$$u_o = u_{CE} = -i_CR_C = -\beta i_BR_C \tag{6.3.2}$$

3. 电压放大倍数

$$A = \frac{u_o}{u_i} = -\frac{\beta R_C}{r_{be}} = -152$$

图 6.3.1 描述了 u_o 与 i_B 之间的关系，i_B 增大，i_C 成比例增大，u_{CE} 成比例减小，u_o 成比例减小；同理，i_B 减小，u_o 成比例增大。

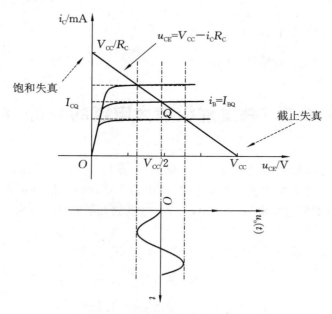

图 6.3.1　输出信号变化曲线

4. 输入、输出信号的范围

当 i_C 为零时，u_{CE} 接近于 V_{CC}，对应于图 6.3.1 中 u_{CE} 曲线与 u_{CE} 轴的交点，三极管处于截止状态。

当 u_{CE} 小于 U_{CEQ} 时，对应于图 6.3.1 中 u_{CE} 曲线与 i_C 轴的交点，三极管处于饱和状态，三极管的放大功能丢失，即输出信号应在 0 到 V_{CC} 间变化（U_{CEQ} 近似为零）。

静态工作点会影响输入、输出信号的范围。当输出无负载时：

（1）若 $u_{CEQ} = \dfrac{V_{CC}}{2}$，输出信号可达到最大范围 $\left(-\dfrac{V_{CC}}{2}, \dfrac{V_{CC}}{2}\right)$；

（2）若 $u_{CEQ} < \dfrac{V_{CC}}{2}$，随着输入信号幅值的增大，首先会出现饱和失真（三极管达到饱和状态，输出信号负半周先失真），输出信号的范围为 $(-u_{CEQ}, u_{CEQ})$；

（3）若 $u_{CEQ} > \dfrac{V_{CC}}{2}$，随着输入信号幅值的增大，首先会出现截止失真（三极管达到截止状态，输出信号正半周先失真），输出信号的范围为 $\left[-(V_{CC}-u_{CEQ}), (V_{CC}-u_{CEQ})\right]$。

6.3.2　输出带负载分析

如图 6.3.2 所示，当输出 u_o 两端接负载时，与无负载放大电路相比，带负载时，电压放大倍数将会减小，输出信号的范围也会减小。

该电路的静态工作点和交流电流 i_B 不变,但 C 极、E 极间的电压发生了变化。C 极、E 极间的电阻为 $R_C//R_L$(小于 R_C),则 u_{CE} 为

$$u_{CE}=U_{CEQ}-(i_C-I_{CQ})(R_C//R_L) \tag{6.3.3}$$

输出信号变化曲线如图 6.3.3 中的虚线所示,与输出无负载时的变化曲线(见图 6.3.3 中的实线)相比,u_{CE} 的变化范围减小,输出信号的变化范围也减小。

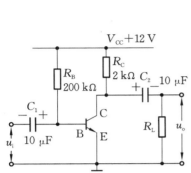

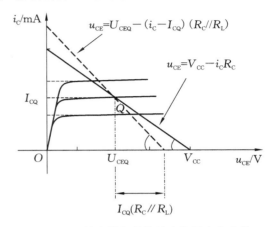

图 6.3.2 输出带负载时的共发射极放大电路　　　　图 6.3.3 输出带负载的输出信号变化曲线

电压放大倍数 A 也减小了,为

$$A=\frac{u_o}{u_i}=-\frac{\beta(R_C//R_L)}{r_{be}} \tag{6.3.4}$$

同时,为达到最大的输出范围,应调整静态工作点,减小 I_{BQ},使 U_{CEQ} 减小,使其接近虚线的中间值。

◀ 6.4　共集电极放大电路和共基极放大电路 ▶

6.4.1　共集电极放大电路

三极管共发射极放大电路能完成电压信号的放大,但不能带功率大的负载(电阻很小的负载,如喇叭电阻只有几欧)。若要带功率大的负载,则需要采用共集电极放大电路(见图 6.4.1)。

1. 静态分析

电容 C_1、C_2 可视为断开,于是有

$$I_{BQ}=\frac{V_{CC}-U_{BEQ}}{R_B+(1+\beta)R_E}$$

$$U_{CEQ}\approx V_{CC}-I_{CQ}R_E$$

$$I_{CQ}\approx I_{EQ}=\beta I_{BQ}$$

同共发射极放大电路一样,为达到最大的输出信号范

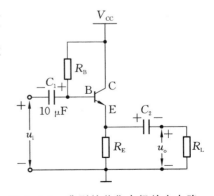

图 6.4.1　典型的共集电极放大电路

围,U_{CEQ} 应为 V_{CC} 的一半左右。

2. 动态分析

由式(6.2.3)、式(6.2.4)和放大电路的交流通路可得

$$u_i = r_{be} i_B + i_C(R_E // R_L) = r_{be} i_B + (1+\beta) i_B(R_E // R_L) \tag{6.4.1}$$

于是有

$$i_B = \frac{u_i}{r_{be} + (1+\beta)(R_E // R_L)}$$

$$u_o = \frac{(1+\beta)(R_E // R_L)}{r_{be} + (1+\beta)(R_E // R_L)} u_i$$

$$A = \frac{u_o}{u_i} = \frac{(1+\beta)(R_E // R_L)}{r_{be} + (1+\beta)(R_E // R_L)} \tag{6.4.2}$$

因为 $0 < A < 1$,且 $(1+\beta)(R_E // R_L) \gg r_{be}$,所以有

$$A \approx 1 \tag{6.4.3}$$

3. 性能

1) 输入电阻

$$R_i = \frac{u_i}{i_B} = [r_{be} + (1+\beta)(R_E // R_L)] // R_B \tag{6.4.4}$$

即输入电阻越大,输入失真越小。

2) 输出电阻

当负载 R_L 发生变化(如从 1 kΩ 变化到 2 kΩ)时,负载两端的电压几乎不变,所以输出电阻越小,带负载能力越强。

3) 功能

输出 u_o 与输入 u_i 几乎相等且同向,输入电阻大,输出电阻小,可作为电压跟随器。

共集电极放大电路无电压放大功能,但输出电流远大于输入电流,具有电流放大功能,可用于放大功率,驱动大功率负载(即电阻小的负载)。

6.4.2 共基极放大电路

共基极放大电路如图 6.4.2 所示,基极交流接地。

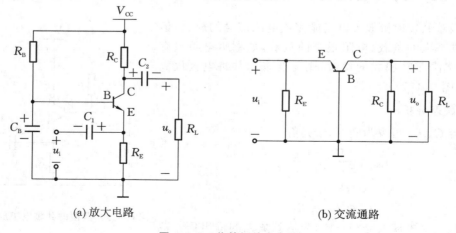

(a) 放大电路　　　　　　　　　　　　(b) 交流通路

图 6.4.2　共基极放大电路

1. 静态分析

电容 C_1、C_2、C_B 可视为断开，于是有

$$I_{BQ} = \frac{V_{CC} - U_{BEQ}}{R_B + (1+\beta)R_E}$$

$$I_{CQ} \approx I_{EQ} = \beta I_{BQ}$$

$$U_{CEQ} \approx V_{CC} - I_{CQ}(R_C + R_E)$$

为达到最大的输出信号范围，U_{CEQ} 应为 V_{CC} 的一半左右。

2. 动态分析

如图 6.4.2(b) 所示，B 极、E 极间的交流电压为 $-u_i$，则有

$$i_B = \frac{-u_i}{r_{be}} \tag{6.4.5}$$

当 u_i 为正时，i_B 为负，i_C 为负，输出 u_o 为

$$u_o = -i_C(R_C//R_L) = \beta \frac{u_i}{r_{be}}(R_C//R_L)$$

与输入信号同相。电压放大倍数为

$$A = \frac{u_o}{u_i} = \frac{\beta(R_C//R_L)}{r_{be}} \tag{6.4.6}$$

3. 性能

1）输入电阻

$$R_i = \frac{u_i}{i_E} = [r_{be}/(1+\beta)]//R_E \tag{6.4.7}$$

即输入电阻非常小，只有几十欧。

2）输出电阻

当负载 R_L 发生变化时，负载两端的电压也会发生很大变化，其输出电阻非常大，带负载能力差。

3）功能

输出 u_o 与输入 u_i 同向，输入电阻非常小，输出电阻大，对于信号频率的变化，电压放大倍数几乎不变，即其可用于放大高频信号或宽频信号。

◀ 6.5　功率放大电路 ▶

在很多电子设备中，要求放大电路的输出级能够带动某种负载，例如驱动仪表、扬声器、电机等大功率设备，总之要求放大电路有足够大的输出功率（工作电流可达到几安）。这样进行电流放大的电路统称为功率放大电路，常采用共集电极放大电路来实现。

功率放大电路根据工作状态的不同，分为甲类、乙类和甲乙类三种。

6.5.1　甲类功率放大电路

甲类功率放大电路的静态工作点设置在放大区的中间，一般用其来带动小功率负载。

图 6.5.1 所示为甲类功率放大电路及其静态工作点位置。甲类功率放大电路的主要特征是在输入信号的整个周期内,晶体管均导通,有电流流过。

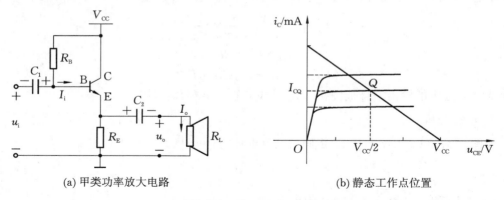

(a) 甲类功率放大电路　　　　　　　　　　(b) 静态工作点位置

图 6.5.1　甲类功率放大电路及其静态工作点位置

在该电路中,u_o 近似等于 u_i,但 I_o 是 I_i 的 β 倍。该电路用直流电源来驱动负载 R_L 工作。三极管的静态功耗为 $\dfrac{V_{CC}I_{CQ}}{2}$,该能量全部消耗在三极管上,因而其效率不高。

效率是用来衡量功率放大电路性能的指标,用 η 表示,为负载的最大功率与电源最大功率之比,即

$$\eta = \frac{P_{om}}{P_{VM}} \tag{6.5.1}$$

式中,P_{om} 为负载功率,P_{VM} 为电源功率,则对于甲类功率放大电路,有

$$P_{om} = \frac{U_{om}}{\sqrt{2}}\frac{I_{om}}{\sqrt{2}} \approx \frac{1}{2}\frac{V_{CC}}{2}\frac{V_{CC}}{2R_E} = \frac{V_{CC}^2}{8R_E} \tag{6.5.2}$$

$$P_{VM} = V_{CC}I_{CQ} \approx V_{CC}\frac{V_{CC}}{2R_E} = \frac{V_{CC}^2}{2R_E} \tag{6.5.3}$$

$$\eta = \frac{P_{om}}{P_{VM}} \approx \left(\frac{V_{CC}^2}{8R_E} \bigg/ \frac{V_{CC}^2}{2R_E} \right) \times 100\% = 25\% \tag{6.5.4}$$

甲类功率放大电路的效率只有 25% 左右,可见其效率非常低,只能用于小功率放大。

η 越大,功率放大电路越好,不仅是能量转换高,更重要的是,三极管上消耗的能量少,其发热量也小,这样三极管的使用寿命会更长,因此在功率放大电路中都会有散热片。

6.5.2　乙类功率放大电路

为减小三极管的静态功耗,将静态工作点设置在截止区。乙类功率放大电路的特点为:只有在输入信号为正半周时,三极管才导通,有电流通过。

为了在整个周期内都能使电流放大,采用乙类互补对称电路,如图 6.5.2 所示,其工作原理为:

(1) 当 u_i 为零时,T_1、T_2 的 B 极、E 极间的电压都为零,两个三极管都处于截止状态;

(2) 当 u_i 大于零(大于 T_1 的开启电压)时,T_1 导通(T_2 截止),流过负载的电流为 I_{C1};

(3) 当 u_i 小于零时,T_2 导通(T_1 截止),流过负载的电流为 I_{C2},最终 u_o 等于 u_i。

结论:乙类功率放大电路的效率高,但三极管 B 极、E 极间无直流偏置电压,输入信号幅

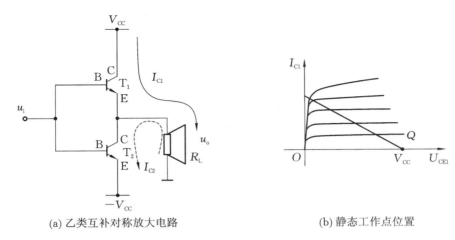

(a) 乙类互补对称放大电路　　　　　　(b) 静态工作点位置

图 6.5.2　乙类互补对称放大电路及其静态工作点位置

值小时,两只三极管都处于截止状态,输出为零,产生交越失真。

6.5.3　甲乙类功率放大电路

甲乙类功率放大电路消除了乙类功率放大电路交越失真的缺陷。图 6.5.3 所示为甲乙类功率放大电路及其静态工作点位置,T_1 和 D_1 为硅管(NPN 型二极管一般为硅管),T_2 和 D_2 为锗管(PNP 型三极管一般为锗管)。当输入 u_i 断开时,电阻 R_1、R_2 使 A 点电压为零,T_1 的 B 极、E 极间的电压等于 D_1 两端的电压,T_2 的 B 极、E 极间的电压等于 D_2 两端的电压,T_1、T_2 处于微导通状态,输出 u_o 为零。

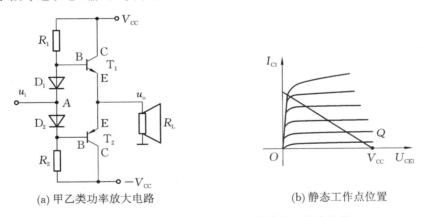

(a) 甲乙类功率放大电路　　　　　　(b) 静态工作点位置

图 6.5.3　甲乙类功率放大电路及其静态工作点位置

u_i 接入后,当 u_i 大于零时,T_1 导通;当 u_i 小于零时,T_2 导通,最终 u_o 等于 u_i。

1. 效率 η 的计算

设 u_i 为正弦信号,当 u_i 大于零时,T_1 导通,V_{CC} 供电,R_L 两端的最大电压可达到 $V_{CC} - U_{CES}$,近似为 V_{CC},通过 R_L 的电流为交流信号的正半周,最大电流为 $\dfrac{V_{CC}}{R_L}$,平均电流 $\bar{I}_L$ 为

$$\overline{I}_L = \frac{\int_0^\pi \frac{V_{CC}}{R_L}\sin\omega t\, d(\omega t)}{\pi} = \frac{2}{\pi}\frac{V_{CC}}{R_L} \tag{6.5.5}$$

当 u_i 小于零时，T_2 导通，$-V_{CC}$ 供电，计算方法与上述一致，最终有

$$P_{om} = \frac{V_{CC}}{\sqrt{2}}\frac{V_{CC}}{\sqrt{2}R_L} = \frac{V_{CC}^2}{2R_L} \tag{6.5.6}$$

$$P_{VM} = V_{CC}\overline{I}_L = V_{CC}\frac{2V_{CC}}{\pi R_L} = \frac{2V_{CC}^2}{\pi R_L} \tag{6.5.7}$$

$$\eta = \frac{P_{om}}{P_{VM}} = \left(\frac{V_{CC}^2}{2R_L}\Big/\frac{2V_{CC}^2}{\pi R_L}\right)\times 100\% = \frac{\pi}{4}\times 100\% = 78.5\% \tag{6.5.8}$$

2. 功放管的参数选择

与用于放大信号的三极管不同，功率放大使用的三极管的工作电流大，功耗高，需用特殊的功放管。

由式(6.5.8)可知，当效率最大时两只功放管的功耗为 $0.215P_{om}$，则每只功放管的功耗为 $0.11P_{om}$，取经验值，故每只功放管的最大功耗 P_{CM} 为

$$P_{CM} > 0.2P_{om} \tag{6.5.9}$$

最大电流为

$$I_{CM} > \frac{V_{CC}}{R_L} \tag{6.5.10}$$

集电极-发射极反向击穿电压为

$$U_{(BR)CEQ} > 2V_{CC} \tag{6.5.11}$$

结论：甲乙类功率放大电路为常用的功率放大电路，它具有效率高、静态工作电流小等特点。

6.5.4 常见的功率放大电路

1. OTL 功率放大电路

OTL 是英文 output transformerless 的缩写，意为无输出变压器电路。OTL 采用一组电源供电，末级输出端对地直流电位约为 $0.5V_{CC}$，故末级输出与负载（如扬声器电路）之间必须有一个大容量的隔直耦合电容，这个电容会使功率放大电路的频率特性变差。

乙类 OTL 功率放大原理性电路如图 6.5.4 所示，该电路没有输入和输出变压器，T_1 为 NPN 型三极管，T_2 为 PNP 型三极管，T_1 和 T_2 组成推挽功率放大电路，T_3 组成激励放大电路（偏置电阻未画出）。静态时，T_1 和 T_2 的偏置电压为零，故 T_1 和 T_2 管的静态电流为零。T_1 和 T_2 的基极静态电压就是 T_3 的集电极静态电压，设其为 $0.5V_{CC}$，因此 T_1 和 T_2 的发射极电压也为 $0.5V_{CC}$，于是有 $U_{CEQ1}=U_{CEQ2}=0.5V_{CC}$，这样就确保了 T_1 和 T_2 的管压降相同，这一点非常重要。C 为耦合电容，其两端的直流电压也为 $0.5V_{CC}$。

输入信号 u_i 经 T_3 激励放大后，输出 u_{C3} 信号。当 u_i 为正弦波的正半周时，T_1 导通，T_2 截止，通过负载 R_L 的电流如图 6.5.4 中的实线所示，即 U_{CC} 经 T_1 给 C 充电的电流就是通过 R_L 的电流。当 u_{C3} 为正弦波的负半周时，T_1 截止，T_2 导通，通过负载 R_L 的电流如图 6.5.4 中的虚线所示，即 C 经 T_2 放电的电流就是通过 R_L 的电流。由此可见，T_1 和 T_2 交替导通，即以推挽方式进行工作，使负载获得完整的正弦波信号。

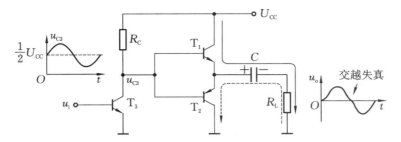

图 6.5.4 乙类 OTL 功率放大原理性电路

由于 T_1 为 NPN 型三极管, T_2 为 PNP 型三极管, 基极为同一个正弦波信号时, T_1 仅对信号的正半周导通, T_2 仅对信号的负半周导通, 两只三极管互补对方的不足, 因此, 此电路又称为互补功率放大电路。

OTL 电路的缺点是耦合电容 C 的容量很大, 因而其体积大, 低频特性差。

2. OCL 功率放大电路

OCL 是英文 output capacitorless 的缩写, 意为无输出电容电路。OCL 电路针对 OTL 电路的缺点, 采用正、负双电源供电, 末级输出端可直接连接负载, 省掉了耦合电容。因此, OCL 电路频率响应范围宽, 保真度高, 应用最为广泛。

乙类 OCL 功率放大原理性电路如图 6.5.5 所示。与 OTL 电路相比, 该电路仍由 T_1、T_2 和 T_3 三只放大三极管组成, 但采用 $+U_{CC}$ 和 $-U_{CC}$ 正、负双电源供电。由于 T_1 和 T_2 基极静态电压为零, 因而 T_1 和 T_2 的发射极静态电压也为零, 故负载可直接接到两三极管的发射极与地之间, 即省去了容量很大的耦合电容 C。

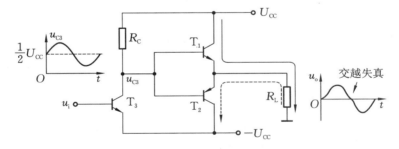

图 6.5.5 乙类 OCL 功率放大原理性电路

OCL 电路的推挽工作过程与 OTL 电路的相同。T_3 是激励放大管(偏置电阻未画出), 要求将 T_3 的集电极静态电压设计成零, 这一点非常重要。

OCL 电路虽然省去了耦合电容, 且其低频特性好, 但如果推挽管发射极静态电压不为零, 则负载中有静态电流产生。另外, 要采用正、负双电源供电, 即对电源要求高。

3. BTL 功率放大电路

BTL 是英文 balanced transformerless 的缩写, 意为平衡式无输出变压器电路。BTL 功率放大电路由两组 OTL(或 OCL)功率放大电路组成, 负载接在两组功率放大电路的输出端之间, 在同样的电源电压下, 其输出功率为 OTL(或 OCL)电路的 2～3 倍, 电路保真度好。图 6.5.6 所示为乙类 BTL 功率放大原理性电路。

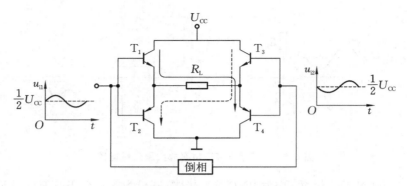

图 6.5.6 乙类 BTL 功率放大原理性电路

◀ 6.6 MOS 管 ▶

场效应晶体管（field effect transistor，简称 FET），简称场效应管，它属于电压控制型半导体器件，具有输入电阻高、噪声小、功耗低、动态范围大、易于集成等优点，现已成为三极管和功放管的强大竞争者。

场效应管分为两类：一类是结型场效应管，简称 JFET；另一类是绝缘栅型场效应管，简称 IGFET。目前广泛应用的绝缘栅型场效应管是金属-氧化物-半导体场效应管，简称 MOSFET 或 MOS 管。本节将主要介绍 MOS 管。

场效应管的外形与三极管的一样，有三个引脚，即有三个电极——栅极（gate）、源级（source）、漏极（drain），简称 G、S 和 D，如图 6.6.1 所示。

MOS 管有增强型和耗尽型两种，每一种可分为 N 沟道和 P 沟道两类，因此 MOS 管有四种类型。

6.6.1 增强型 MOS 管

增强型 MOS 管有 N 沟道和 P 沟道两种类型，其电路符号如图 6.6.2 所示，图中电极 B 为衬底引线，一般与 S 相连，所以实际应用中只接 G、S、D 引脚。

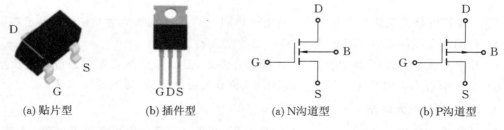

| (a) 贴片型 | (b) 插件型 | (a) N沟道型 | (b) P沟道型 |

图 6.6.1 场效应管的外形   图 6.6.2 增强型 MOS 管的电路符号

1. N 沟道增强型 MOS 管的电压控制特性

图 6.6.3 所示为增强型 MOS 管的电压控制特性测试电路，其中图 6.6.3(a)所示为 N

沟道增强型 MOS 管的电压控制特性测试电路,工作时 G、S 之间加正向电压 U_{GS},D、S 之间加正向电源电压 U_{DS}。输入信号为 G、S 间的电压 u_{GS},输出信号为流入 D 极的电流 I_D。电压控制特性函数可描述为

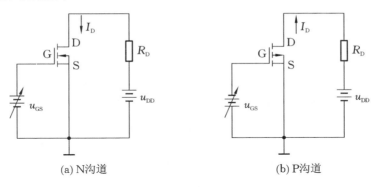

(a) N沟道　　　　　　　　　　(b) P沟道

图 6.6.3　增强型 MOS 管的电压控制特性测试电路

$$I_D = f(u_{GS}) \mid u_{DS} = 常数 \quad (6.6.1)$$

实验表明:当 u_{GS} 较小时,I_D 为零;当 u_{GS} 大于一个特定值时,D 极就会有电流,该值称为 MOS 管的开启电压,记作 $U_{GS(th)}$。N 沟道增强型 MOS 管的 $U_{GS(th)}$ 为 2 V 左右。

N 沟道增强型 MOS 管的电压控制特性曲线如图 6.6.4 所示,其工作区域可分为四个区域,各个区域的工作条件和性能如表 6.6.1 所示。

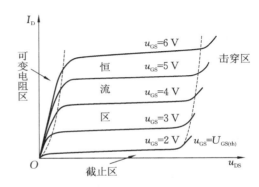

图 6.6.4　N 沟道增强型 MOS 管的电压控制特性曲线

表 6.6.1　N 沟道增强型 MOS 管的工作区域

工 作 区 域	工 作 条 件	特 点
截止区	$u_{GS} < U_{GS(th)}$	$I_D = 0$,MOS 管截止
可变电阻区	$u_{GS} > U_{GS(th)}$,且 $u_{DS} <$ $u_{GS} - U_{GS(th)}$	u_{DS} 随 I_D 的变化而变化,D、S 间可看成一个可变电阻,其阻值由 u_{GS} 控制,MOS 管完全导通
恒流区(放大区)	$u_{GS} > U_{GS(th)}$,且 $u_{DS} >$ $u_{GS} - U_{GS(th)}$	I_D 的值取决于 u_{GS},且基本不随 u_{DS} 变化
击穿区	u_{DS} 很大	MOS 管被击穿,可能会烧毁

在恒流区,I_D 与 u_{GS} 之间的关系满足

$$I_D = I_{DD} \left(\frac{u_{GS}}{U_{GS(th)}} - 1 \right)^2 \quad (6.6.2)$$

式中,I_{DD} 为 $u_{GS} = 2U_{GS(th)}$ 时测得的 I_D 值。注意:这里 I_D 与 u_{GS} 并不成线性比例变化。

2. P 沟道增强型 MOS 管的电压控制特性

P 沟道增强型 MOS 管的功能测试电路如图 6.6.3(b)所示,工作时 G、S 之间加负向电

压,D、S 之间也加负向电压。P 沟道增强型 MOS 管的电压控制特性与 N 沟道增强型 MOS 管的一致,只需将表 6.6.1 中的工作条件的电压方向进行改变(u_{GS} 变为 u_{SG},u_{DS} 变为 u_{SD},$U_{GS(th)}$ 变为 $U_{SG(th)}$,$U_{SG(th)}$ 还是大于零)即可。

6.6.2 耗尽型 MOS 管

耗尽型 MOS 管也有 N 沟道和 P 沟道两种类型,其电路符号如图 6.6.5 所示,图中电极 B 为衬底引线,一般与 S 相连,所以实际应用中只接 G、S、D 引脚。

1. N 沟道耗尽型 MOS 管的电压控制特性

N 沟道耗尽型 MOS 管的电压控制特性测试电路与图 6.6.3(a)所示的 N 沟道增强型 MOS 管的电压控制特性测试电路一致,只是将增强型 MOS 管换成耗尽型 MOS 管,其电压控制特性与 N 沟道增强型 MOS 管的基本一致,其工作区域符合表 6.6.1,唯一的区别是:N 沟道耗尽型 MOS 管的 $U_{GS(th)}$ 是小于零的。G、S 间接负向电压时,D 极也可能有电流。N 沟道耗尽型 MOS 管的电压控制特性曲线如图 6.6.6 所示,在恒流区,I_D 与 u_{GS} 之间的关系满足

$$I_D = I_{DD}\left(1 - \frac{u_{GS}}{U_{GS(th)}}\right)^2 \tag{6.6.3}$$

式(6.6.3)与式(6.6.2)基本一致,唯一的区别是系数 I_{DD} 对应于 u_{GS} 为零时流过 D 极的电流。

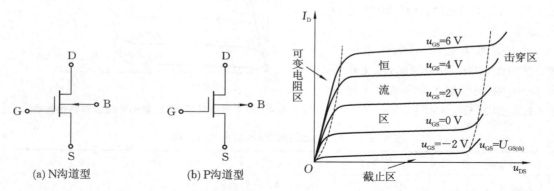

(a) N沟道型   (b) P沟道型

图 6.6.5　耗尽型 MOS 管的电路符号　　**图 6.6.6　N 沟道耗尽型 MOS 管的电压控制特性曲线**

2. P 沟道耗尽型 MOS 管的电压控制特性

P 沟道耗尽型 MOS 管的电压控制特性与 N 沟道耗尽型 MOS 管的一致,只需将表 6.6.1 中的工作条件的电压方向进行改变(u_{GS} 变为 u_{SG},u_{DS} 变为 u_{SD},$U_{GS(th)}$ 变为 $U_{SG(th)}$,$U_{SG(th)}$ 还是小于零)即可。

6.6.3 MOS 管三个工作区域的实际应用

1. 恒流区

恒流区主要用于完成小信号的放大(包括电压放大和电流放大)。

2. 可变电阻区和截止区

可变电阻区和截止区一般用于数字信号(信号幅值只有两个值,如 0 和 5 V)对 MOS

的控制,实现开关等功能。

例题 6.4 在图 6.6.3(a)所示的电路中,MOS 管的开启电压 $U_{GS(th)}=2$ V,$U_{DD}=10$ V,$R_D=2$ kΩ,$I_{DD}=2$ mA,求当 u_{GS} 为以下值时,MOS 管的工作区域和流过 D 极的电流 I_D:(1)0;(2)3 V;(3)5 V。

解 MOS 管为 N 沟道增强型。

(1)当 $u_{GS}=0$ 时,小于 MOS 管的开启电压 $U_{GS(th)}$,MOS 管工作在截止区,I_D 为零。

(2)当 $u_{GS}=3$ V 时,大于 MOS 管的开启电压 $U_{GS(th)}$,设 MOS 管工作在恒流区,则有

$$I_D=I_{DD}\left(\frac{u_{GS}}{U_{GS(th)}}-1\right)^2=2\times\left(\frac{3}{2}-1\right)^2 \text{ mA}=0.5 \text{ mA}$$

$$u_{DS}=u_{DD}-R_D I_D=(10-2\times10^3\times0.5\times10^{-3})\text{ V}=9\text{ V}>[u_{GS}-U_{GS(th)}=(3-2)\text{ V}=1\text{ V}]$$

故 $I_D=0.5$ mA,MOS 管工作在恒流区。

(3)当 $u_{GS}=5$ V 时,大于 MOS 管的开启电压 $U_{GS(th)}$,设 MOS 管工作在恒流区,则有

$$I_D=I_{DD}\left(\frac{u_{GS}}{U_{GS(th)}}-1\right)^2=2\times\left(\frac{5}{2}-1\right)^2 \text{ mA}=4.5 \text{ mA}$$

$$u_{DS}=u_{DD}-R_D I_D=(10-2\times10^3\times4.5\times10^{-3})\text{ V}=1\text{ V}<[u_{GS}-U_{GS(th)}=(5-2)\text{ V}=3\text{ V}]$$

故 MOS 管工作在可变电阻区。

习　　题

6.1　判断图 6.01 所示的电路中三极管的工作状态。

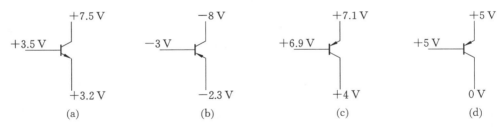

(a)　　　　　　　(b)　　　　　　　(c)　　　　　　　(d)

图 6.01　习题 6.1 图

6.2　用万用表测得放大电路中某个三极管的两个电极的电流如图 6.02 所示。

(1)判断该三极管是 PNP 型三极管还是 NPN 型三极管?

(2)求另一个电极的电流,并在图中标出电流的实际方向。

(3)在图中标出三极管的 E、B、C 极。

(4)估算三极管的电流放大倍数 β。

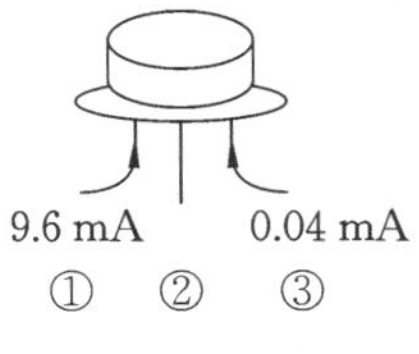

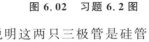

9.6 mA　　0.04 mA

①　②　③

图 6.02　习题 6.2 图

6.3　两只三极管的引脚电压测试值如图 6.03 所示,请分别说明这两只三极管是硅管还是锗管,并画出电路符号,标出各个电极。

6.4　如图 6.04 所示,为使电路中的硅管工作在临界饱和状态($U_{CES}=0.3$ V),$U_{BE}=0.7$ V,则 R_B 应为多大? 为了增大饱和深度,R_B 应增大还是减小?

6.5　试分析图 6.05 所示的各电路是否能够放大正弦交流信号,并简述理由。设图中所有电容对交流信号均可视为短路。

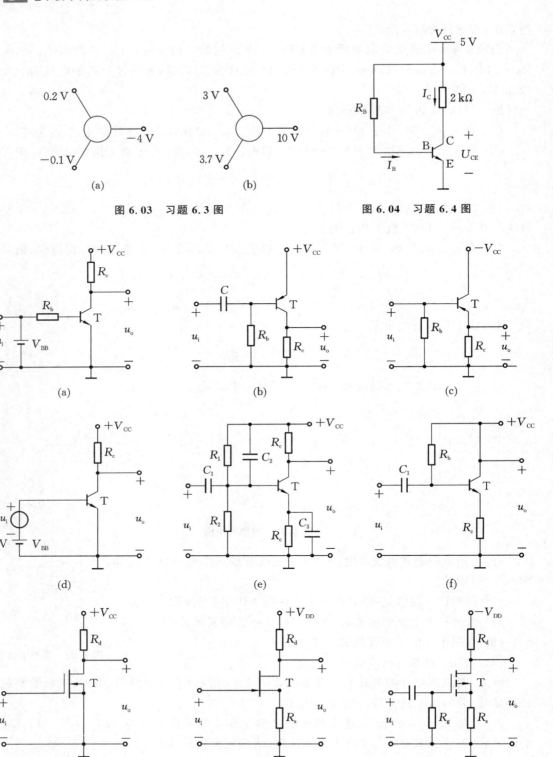

图 6.03 习题 6.3 图

图 6.04 习题 6.4 图

图 6.05 习题 6.5 图

6.6 分别改正图 6.06 所示的各电路中的错误,使它们可以放大正弦波信号。要求保留电路原来的共射接法和耦合方式。

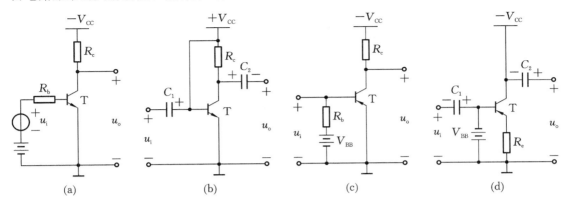

图 6.06 习题 6.6 图

6.7 图 6.07 中的三极管为硅管,$\beta = 100$,试求电路中的 I_B、I_C、U_{CE},并判断三极管工作在什么状态。

6.8 电路如图 6.08(a)所示,图 6.08(b)所示为晶体管的输出特性,静态时 $U_{BEQ} = 0.3$ V。利用图解法分别求出 $R_L = \infty$ 和 $R_L = 3$ kΩ 时的静态工作点和最大不失真输出电压 U_{om}(有效值)。

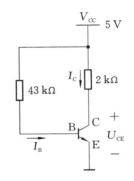

图 6.07 习题 6.7 图

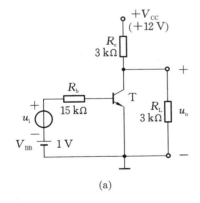

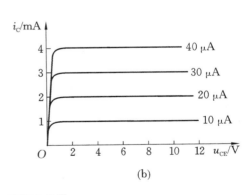

图 6.08 习题 6.8 图

6.9 三极管电路如图 6.09 所示,已知 $\beta = 80$,$U_{BE} = 0.7$ V,输入信号 $u_s = 20\sin\omega t$ (mV),电容 C 对交流信号的容抗近似为零,试:(1)计算电路的静态工作点参数 I_{BQ}、I_{CQ}、U_{CEQ};(2)求 u_{BE}、i_B、i_C 和 u_{CE} 的变化范围。

6.10 在图 6.3.1 所示的电路中,因电路参数不同,示波器测得的放大电路(输入为单频正弦信号)的输出电压 u_o 的波形如图 6.10 所示,试问这三种波形对应的是饱和失真还是截止失真？为消除失真,应调整电路的哪些参数？

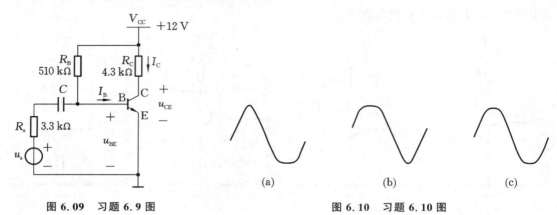

图 6.09　习题 6.9 图

图 6.10　习题 6.10 图

6.11　三极管放大电路如图 6.11 所示,已知 $V_{CC}=12$ V,$R_B=120$ kΩ,$R_C=0.5$ kΩ,$R_E=1$ kΩ,$R_L=3$ kΩ,$U_{BEQ}=0.7$ V,$\beta=50$,各电容的容抗可略去。试:(1)说明放大电路的类型,并求静态工作点(I_{BQ}、I_{CQ}、U_{CEQ});(2)求输入电阻 R_i、电压放大倍数 A。

6.12　三极管放大电路如图 6.12 所示,已知 $V_{CC}=12$ V,$R_B=80$ kΩ,$R_E=1.2$ kΩ,$R_L=1$ kΩ,$U_{BEQ}=0.7$ V,$\beta=50$,各电容的容抗可略去。试:(1)说明该放大电路的类型,并求静态工作点(I_{BQ}、I_{CQ}、U_{CEQ});(2)求输入电阻 R_i、电压放大倍数 A。

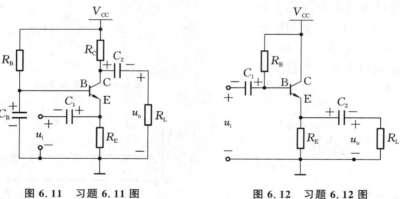

图 6.11　习题 6.11 图

图 6.12　习题 6.12 图

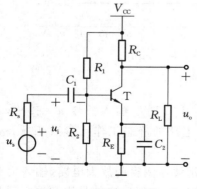

图 6.13　习题 6.13 图

6.13　三极管放大电路如图 6.13 所示,已知 $V_{CC}=12$ V,$R_{B1}=15$ kΩ,$R_{B2}=6.2$ kΩ,$R_C=3$ kΩ,$R_E=2$ kΩ,$R_L=3$ kΩ,$R_s=1$ kΩ,$U_{BEQ}=0.7$ V,$\beta=100$,各电容的容抗可略去。试:(1)说明该放大电路的类型,并求静态工作点(I_{BQ}、I_{CQ}、U_{CEQ});(2)求输入电阻 R_i、电压放大倍数 $A_u(A_u=u_o/u_i)$、源电压放大倍数 $A_{us}(A_{us}=u_o/u_s)$。

6.14　在图 6.14 所示的两个电路中,已知 V_{CC} 均为 6 V,R_L 均为 8 Ω,且图 6.14(a)中的电容足够大,假设三极管饱和压降可忽略,试:(1)分别估算两个电路的最大输出功率 P_{om};(2)分别估算两个电路的直流电源消耗的

功率 P_V；(3)分别说明两个电路的名称。

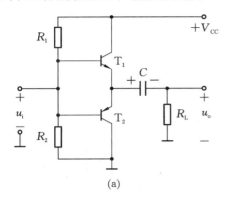 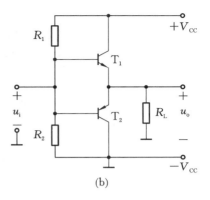

图 6.14 习题 6.14 图

6.15 MOS 管的转移特性曲线如图 6.15 所示，试指出各场效应管的类型，画出电路符号，并求出 $U_{GS(th)}$。

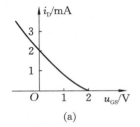 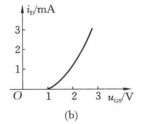 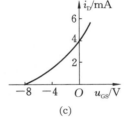 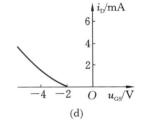

图 6.15 习题 6.15 图

6.16 电路如图 6.16 所示，设 $R_{GD}=90$ kΩ，$R_{GS}=60$ kΩ，$R_D=30$ kΩ，$V_{DD}=5$ V，$U_{GS(th)}=1$ V，$I_{DD}=0.2$ mA，试计算电路的漏极电流 I_D 和漏源电压 U_{DS}。

6.17 MOS 管组成的电路如图 6.17 所示，MOS 管的参数为 $U_{GS(th)}=-2$ V，$I_{DD}=2$ mA，$V_{CC}=5$ V，$R_D=2$ kΩ，试判断 MOS 管的工作区域，如在恒流区，计算其 G 极电流和 D、G 间的电压。

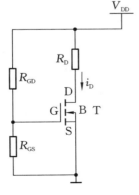 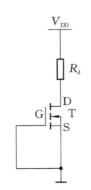

图 6.16 习题 6.16 图　　图 6.17 习题 6.17 图

第7章
集成运算放大器

◀ **本章指南**

  第 6 章讲述的三极管虽然可以实现信号的放大功能，但其性能受到温度、信号频率等因素（如对于三极管放大电路，不同频率的输入信号，其放大倍数会不同；在不同温度下，同一信号的放大倍数也会不同）的影响，且三极管放大电路较复杂，实现成本高。随着集成电路设计技术和加工工艺的发展，集成运算放大器已成为信号放大、信号处理的主要元器件。

  集成运算放大器是信号产生、放大、分析、处理电路中的主要元器件，一般由一块厚 0.2～0.25 mm 的 P 型硅片制成，这种硅片是集成电路的基片，基片上有由数十个或更多的 BJT 或 FET、电阻和连接导线组成的多级电压放大电路。

  本章首先介绍集成运算放大器的基本构造和性能参数，然后介绍集成运算放大器的线性应用（电压信号放大）和非线性应用（比较器、信号产生），最后分析集成运算放大器在信号测量中的应用。

7.1　集成运算放大器的基本特性

7.1.1　集成运算放大器的结构

集成运算放大器是一种具有高电压放大倍数的直接耦合放大元件,主要由输入部分、中间部分、输出部分和偏置电路四个部分组成,如图 7.1.1 所示。输入部分是差动放大电路,有同相和反相两个输入端,前者的电压变化和输出端的电压变化方向一致,后者则相反;中间部分提供高电压放大倍数,经输出部分传到负载;偏置电路为各级放大电路提供稳定的偏置电流,使各三极管设置合适的静态工作点。

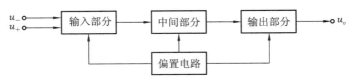

图 7.1.1　集成运算放大器的结构框图

实际应用中的集成运算放大器采用标准封装,常用的有 DIP、SOP 两种封装,其中 DIP 封装的引脚为插件方式,而 SOP 封装的引脚为贴片方式。常用的 LM741 运算放大器,采用 DIP8 封装的外形,如图 7.1.2(a)所示,各引脚定义如图 7.1.2(b)所示:1 和 5 为偏置(调零端),2 为正向输入端,3 为反向输入端,4 接电源负极,6 为输出,7 接电源正极,8 为空脚。

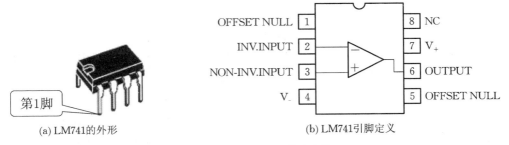

(a) LM741的外形　　　　　　(b) LM741引脚定义

图 7.1.2　LM741 运算放大器

集成运算放大器可采用双电源或单电源供电,在没有特殊说明时为双电源供电,本章的运算放大器应用都是双电源供电;在工业应用中,一般为单电源供电(实现成本低)。

LM741 的典型放大电路如图 7.1.3 所示。1、5 脚的偏置调整使输入为零时的输出为 V_+ 与 V_- 的中间值。即当采用双电源供电时,如 V_+ 为 5 V,V_- 为 -5 V,则零输出 u_o 为 0;当采用单电源供电时,如 V_+ 为 5 V,V_- 为 0,则零输出 u_o 为 2.5 V。

新型集成运算放大器偏置调整已在内部完成,其实际使用时的引脚只需要 5 个(V_+、V_-、$INPUT_+$、$INPUT_-$、$OUTPUT$)。

7.1.2　集成运算放大器的特性

1. 集成运算放大器的电路符号

集成运算放大器的电路符号可简化为图 7.1.4 所示的简化电路符号。图 7.1.4(a)中只画出了 3 个引脚，u_- 和 u_+ 为输入信号，u_o 为输出信号。如加上电源的引脚，其电路符号如图 7.1.4(b)所示。集成运算放大器用字母 A 表示。

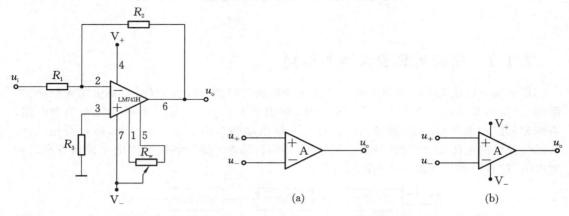

图 7.1.3　LM741 的典型放大电路　　　　图 7.1.4　集成运算放大器的简化电路符号

2. 集成运算放大器的输入输出特性

如图 7.1.4 所示，输入信号满足

$$u_i = u_+ - u_- \tag{7.1.1}$$

则输出 u_o 与输入 u_i 的函数关系为

$$u_o = f(u_i) \tag{7.1.2}$$

输出 u_o 与输入 u_i 间的关系如图 7.1.5 所示。集成运算放大器的输入输出特性可分为两个区域：

1）线性区

当输入信号 $|u_i| < U_{ik}$ 时，$u_o = A_{od} u_i$，其中 A_{od} 为运算放大器的开环差模电压增益。

2）饱和区（也叫非线性区）

当输入信号 $u_i < -U_{ik}$ 时，$u_o = -U_{om}$；当输入信号 $u_i > U_{ik}$ 时，$u_o = U_{om}$。其中，U_{om} 为供电电源正极电压，$-U_{om}$ 为供电电源负极电压。

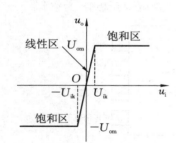

图 7.1.5　集成运算放大器的输入输出特性

线性区的范围很小，如运算放大器 F007，其 $U_{om} = 14\ \mathrm{V}$，$A_{od} = 2 \times 10^5$。在线性区内，$|u_i| < U_{om}/A_{od} = 70\ \mu\mathrm{V}$。

要想有稳定的线性区，运算放大器必须采取一定的负反馈措施。

7.1.3　集成运算放大器的主要参数

在分析集成运算放大器的参数前，先要了解两个基本概念：差模信号和共模信号。差模信号是指两信号大小相等、极性相反，而共模信号是指两信号大小相等、极性相同。集成运算放大器包含如下几个重要参数：

1. 开环差模电压增益 A_{od}

集成运算放大器工作于线性区时，差模电压输入后，其输出电压变化 Δu_o 与输入电压变

化 Δu_i 的比值,称为开环差模电压增益。

2. 共模抑制比 CMRR

集成运算放大器工作于线性区时,其开环差模电压增益与共模电压增益之比称为共模抑制比。

3. 最大共模输入电压 U_{icm}

集成运算放大器的共模抑制比特性显著变坏时的共模输入电压即为最大共模输入电压。

4. 最大差模输入电压 U_{idm}

最大差模输入电压是集成运算放大器两输入端所允许加的最大电压差。

5. 输入阻抗 Z_{id}

差模输入阻抗也称输入阻抗,是指集成运算放大器工作在线性区时两输入端的电压变化量与对应的输入电流变化量的比值,此值越大越好。

6. 输出阻抗 Z_o

输出阻抗是指当集成运算放大器工作于线性区时,在其输出端加上信号电压后,此电压变化量与对应的电流变化量之比,此值越小越好。

如 LM741 的主要参数为:A_{od} 为 2×10^5 左右,CMRR 为 10^9 左右,Z_{id} 为 30 MΩ 左右,Z_o 为 70 Ω 左右。

7.1.4　应用中集成运算放大器的简化

实际应用中集成运算放大器的开环差模电压增益非常大,可以近似认为

$$A_{od} = \infty \tag{7.1.3}$$

此时,集成运算放大器的处理模型和输入输出特性如图 7.1.6 所示,其具有如下几个性质:

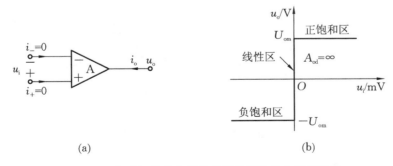

(a)　　　　　　　　　　(b)

图 7.1.6　集成运算放大器的处理模型和输入输出特性

(1) 虚断。

$$Z_{id} = \infty \tag{7.1.4}$$

因输入电阻无穷大,不管集成运算放大器工作在线性区还是非线性区,都有

$$i_+ = i_- = 0 \tag{7.1.5}$$

式(7.1.5)称为"虚断",适用于集成运算放大器的饱和区和线性放大区。

(2) 虚短。

在线性区,因输出 $u_o = A_{od}u_i$,而 $A_{od} = \infty$,则有 $u_i \to 0$,即

$$u_+ = u_- \tag{7.1.6}$$

式(7.1.6)称为"虚短",只适用于集成运算放大器的线性放大区。

(3) 输出电阻为零。

$$Z_o = 0 \tag{7.1.7}$$

(4) 线性区为一垂直线。

如要实现线性放大,集成运算放大器的输入中需引入负反馈信号,具体分析见下节。

(5) 在非线性区,满足

$$u_o = \begin{cases} U_{om} & (u_+ > u_-) \\ -U_{om} & (u_+ < u_-) \end{cases} \tag{7.1.8}$$

◀ **7.2 集成运算放大器的线性应用** ▶

7.2.1 集成运算放大器中的负反馈

集成运算放大器的电压放大倍数可以近似为无穷大,如要实现信号的放大,需采用反馈电路。

1. 反馈的基本概念

将一个系统的输出信号的一部分或全部以一定方式和路径送回到系统的输入端作为输入信号的一部分,这个作用过程叫作反馈。

图 7.2.1 所示为由集成运算放大器构成的基本电路,图中 u_i 为输入信号,u_o 为输出信号。图 7.2.1(a)中,输出信号没有引入输入回路中,无反馈;图 7.2.1(b)中,输出信号通过电阻 R_f 引入输入回路中,有反馈。

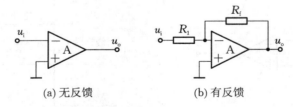

(a) 无反馈 (b) 有反馈

图 7.2.1 由集成运算放大器构成的基本电路

2. 正反馈与负反馈

按反馈信号的极性分类,反馈可分为正反馈和负反馈。

1) 正反馈

若反馈信号与输入信号的极性相同或变化方向同相,则两种信号混合的结果将使集成运算放大器的净输入信号大于输出信号,这种反馈叫作正反馈。正反馈主要用于信号产生电路。

2）负反馈

反馈信号与输入信号的极性相反或变化方向相反（反相），则叠加的结果将使集成运算放大器的净输入信号减弱，这种反馈叫作负反馈。

3）正、负反馈的判断

正、负反馈的判断使用瞬时极性法。瞬时极性是一种假设的状态，它规定电路输入信号在某一时刻对地的极性，然后由基本放大电路逐级分析出输出信号的极性，再根据输出信号的极性判断出反馈信号的极性。若反馈信号使净输入信号增大，说明引入的是正反馈；若反馈信号使净输入信号减小，说明引入的是负反馈。

如图 7.2.2 所示，u_+ 为零，设 u_i 为负，$u_o = A_{od}(u_+ - u_-)$ 为正。图 7.2.2(a)中，输出通过反馈电阻映入 u_+ 端，则净输入信号 $u_i = u_+ - u_-$ 的值增大，为正反馈；图 7.2.2(b)中，输出通过反馈电阻映入 u_- 端，使输入信号 u_- 变小，u_+ 不变，净输入信号变小，为负反馈。

图 7.2.2(b)中的集成运算放大器的放大倍数虽然为无穷大，但 R_f 将输出反馈到输入端，使输入信号接近于零，实现了输入信号的放大，因而放大倍数由 R_1 和 R_f 决定。

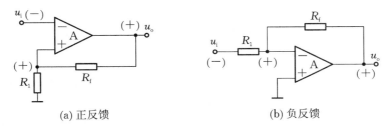

(a) 正反馈   (b) 负反馈

图 7.2.2 正、负反馈的判断

3. 结论

（1）集成运算放大器工作在线性放大区时，需引入负反馈；

（2）在线性放大区，集成运算放大器具有"虚断"和"虚短"两个特点，即

$$i_+ = i_- = 0（虚断）, \quad u_+ = u_-（虚短）$$

（3）集成运算放大器工作在线性区时，可实现对直流信号和交流信号的放大。

7.2.2 比例运算电路

比例运算电路是运算电路中最简单的放大电路，其输出电压与输入电压成比例关系。

1. 反相比例运算电路

反相比例运算电路如图 7.2.3 所示，其中电阻 R_1 引入反相输入信号 u_i，电阻 R_f 将输出 u_o 引入输入端，构成负反馈电路，使集成运算放大器工作于线性区，其放大倍数的分析方法如下。

根据虚断条件 $i_+ = i_- = 0$，有

$$(u_i - u_-)/R_1 = (u_- - u_o)/R_f$$

根据虚短条件 $u_+ = u_-$，有

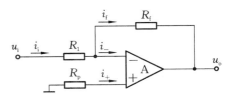

图 7.2.3 反相比例运算电路

$$u_o = -\frac{R_f}{R_1}u_i \qquad\qquad (7.2.1)$$

故放大倍数为

$$A_{od} = \frac{u_o}{u_i} = -\frac{R_f}{R_1} \qquad\qquad (7.2.2)$$

输入电阻为

$$R_i = \frac{u_i}{i_i} = R_1 \qquad\qquad (7.2.3)$$

图 7.2.3 中，R_p 为平衡电阻，集成运算放大器输入端所接电阻要平衡，目的是使集成运算放大器两输入端的对地直流电阻相等，使集成运算放大器的偏置电流不会产生附加的失调电压。

设置平衡电阻的原则是：集成运算放大器的两输入端对地的外部直流等效电阻相等。在图 7.2.3 中，当 $u_- = 0$ 时，$u_o = 0$，反相端对地的直流等效电阻为 $R_1 // R_f$，所以

$$R_p = R_1 // R_f \qquad\qquad (7.2.4)$$

上述平衡条件对于由双极性集成运算放大器构成的运算电路普遍适用，但对于由高输入电阻型集成运算放大器构成的运算电路，并不严格要求此电阻的存在。

2. T 形网络反相比例运算电路

在图 7.2.3 所示的电路中，欲使输入电阻大，必须增大 R_1，当比例系数较大时，反馈电阻 R_f 要很大。电路外围电阻一般不超过兆欧量级，否则不满足集成运算放大器理想化条件。在要求大输入电阻和高增益时，可采用 T 形网络反相比例运算电路，如图 7.2.4 所示，该电路的放大倍数的分析方法如下。

$$\frac{R_{f1} // R_{f3}}{R_{f2} + R_{f1} // R_{f3}} \frac{u_o}{R_{f1}} = -\frac{u_i}{R_1}$$

$$A_{od} = \frac{u_o}{u_i} = -\frac{R_{f1} + R_{f2} + R_{f1}R_{f2}/R_{f3}}{R_1}$$

令 $R_{f1} = R_{f2} = R_1 = 100\ \text{k}\Omega$，$R_{f3} = 1\ \text{k}\Omega$，代入上式，可得

$$A_{od} = -\frac{100 + 100 + \dfrac{100 \times 100}{1}}{100} = -102$$

3. 同相比例运算电路

同相比例运算电路如图 7.2.5 所示，电阻 R_f 将 u_o 引入输入端，构成负反馈，R_p 为平衡电阻，且 $R_p = R_1 // R_f$。

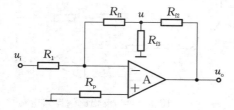

图 7.2.4　T 形网络反相比例运算电路

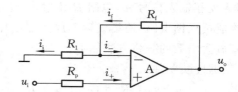

图 7.2.5　同相比例运算电路

因集成运算放大器输入端"虚短"和"虚断"，故有

$$u_o = \frac{R_1 + R_f}{R_1} u_- = \left(1 + \frac{R_f}{R_1}\right) u_i$$

$$A_{od} = \frac{u_o}{u_i} = 1 + \frac{R_f}{R_1} \qquad (7.2.5)$$

即输出电压与输入电压成正比,并且相位相同。

由于 i_+ 为零,故输入电阻 R_i 为无穷大,该电路经常用于小信号的放大。

4. 电压跟随器

电压跟随器如图 7.2.6 所示,其输出满足

$$u_o = u_i \qquad (7.2.6)$$

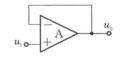

电压跟随器的输入电阻为无穷大,输出电阻为无穷小,常用其来隔离电源和输出电路,使电源电压、输出电压不随输出负载变化。

图 7.2.6 电压跟随器

7.2.3 加减运算电路

若多个输入电压信号同时作用于集成运算放大器的"+"端或"−"端,则可实现电压信号相加运算;若多个输入电压信号有的作用于"+"端,而有的作用于"−"端,则可实现电压信号加减运算。

1. 反相加法运算电路

图 7.2.7 所示为反相加法运算电路,其中 R_p 为

$$R_p = R_1 // R_2 // R_3 // R_f$$

根据"虚短"和"虚断"特性,a 点电压为零,i_- 为零,则有

$$i_f = i_{i1} + i_{i2} + i_{i3} = \frac{u_{i1}}{R_1} + \frac{u_{i2}}{R_2} + \frac{u_{i3}}{R_3}$$

$$u_o = -i_f R_f = -R_f \left(\frac{u_{i1}}{R_1} + \frac{u_{i2}}{R_2} + \frac{u_{i3}}{R_3}\right) \qquad (7.2.7)$$

2. 同相加法运算电路

图 7.2.8 所示为同相加法运算电路,对于该电路,有

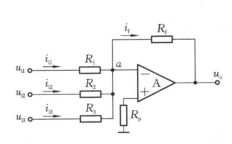

图 7.2.7 反相加法运算电路

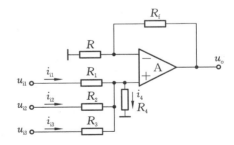

图 7.2.8 同相加法运算电路

$$\frac{u_+}{R} = \frac{u_o - u_+}{R_f}$$

即

$$u_o = \left(1 + \frac{R_f}{R}\right) u_+$$

且有

$$R//R_f=R_1//R_2//R_3//R_4=R_p$$

根据叠加原理,当只考虑 u_{i1}(u_{i2}、u_{i3} 为零,接地)时,有

$$u_+=\frac{R_4//R_3//R_2}{R_4//R_3//R_2+R_1}u_{i1}=\frac{R_p}{R_1}u_{i1}$$

当同时考虑 u_{i1}、u_{i2}、u_{i3} 时,有

$$u_o=\left(1+\frac{R_f}{R}\right)\left(\frac{R_p}{R_1}u_{i1}+\frac{R_p}{R_2}u_{i2}+\frac{R_p}{R_3}u_{i3}\right) \tag{7.2.8}$$

3. 减法运算电路

1) 差分比例减法运算电路

图 7.2.9 所示为差分比例减法运算电路,外接电阻满足平衡条件。根据叠加原理和式(7.2.1)、式(7.2.5),有

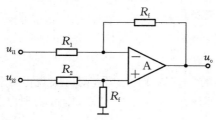

图 7.2.9　差分比例减法运算电路

$$u_o=\frac{R_f}{R_1}(u_2-u_1) \tag{7.2.9}$$

在该电路中,u_{i1} 和 u_{i2} 的输入电阻都为 $R_1//R_f$,不是无穷大,因此精密仪表中一般不会采用这种电路。

2) 仪表差分放大电路

图 7.2.10 所示为常用的仪表差分放大电路。该电路由两级差分放大电路组成:集成运算放大电路 A_1 和 A_2 的特性一致,负反馈相同,组成第一级差分放大电路;集成运算放大电路 A_3 组成第二级参数对称的差分放大电路。

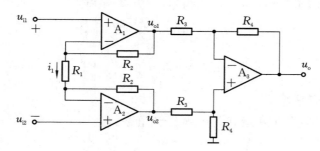

图 7.2.10　仪表差分放大电路

第一级差分放大电路的输出为

$$u_i'=u_{o1}-u_{o2}=(R_1+2R_2)i_1=(R_1+2R_2)\frac{u_{i1}-u_{i2}}{R_1}$$

第二级差分放大电路的输出为

$$u_o=-\frac{R_4}{R_3}u_i'=-\frac{R_4}{R_3}\left(1+\frac{2R_2}{R_1}\right)(u_{i1}-u_{i2}) \tag{7.2.10}$$

此电路实现了两个信号的差分放大,并且两个输入端的输入电阻无穷大。

4. 加减运算电路

集成运算放大器也可以实现多个信号同时加减运算。图 7.2.11 所示为加减运算电路,外接电阻满足平衡条件,即

$$R_1//R_2//R_f=R_3//R_4//R_5$$

应用叠加原理,先只考虑 u_{i1}、u_{i2},令 u_{i3}、u_{i4} 为零,设输出为 u_{o1},则有

$$u_{o1} = -R_f \left(\frac{u_{i1}}{R_1} + \frac{u_{i2}}{R_2} \right)$$

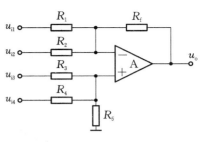

再只考虑 u_{i3}、u_{i4},令 u_{i1}、u_{i2} 为零,设输出为 u_{o2},则有

$$u_{o2} = R_5 \left(\frac{u_{i3}}{R_3} + \frac{u_{i4}}{R_4} \right)$$

于是可得

图 7.2.11 加减运算电路

$$u_o = u_{o1} + u_{o2} = \left(\frac{R_5}{R_3} u_{i3} + \frac{R_5}{R_4} u_{i4} \right) - \left(\frac{R_f}{R_1} u_{i1} + \frac{R_f}{R_2} u_{i2} \right) \tag{7.2.11}$$

该电路实现了四个信号的放大和加减运算。

例题 7.1 图 7.2.12 所示为一典型的压强检测电路,R_4 与被测物体黏接在一起,$R_1 = R_2 = R_3 = 1 \text{ k}\Omega$,其检测原理为:当被测物体在压强的作用下发生形变时,R_4 被拉长,电阻值随之改变,最终导致输出 u_o 发生变化,通过检测 u_o 的值,就可以测出压强的大小。设 R_4 的变化范围为 $0.9 \sim 1.1 \text{ k}\Omega$,$R_f = 5 \text{ k}\Omega$,$R' = 5 \text{ k}\Omega$,求输出电压 u_o 的变化范围。

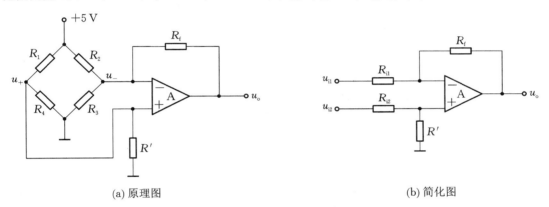

(a) 原理图   (b) 简化图

图 7.2.12 例题 7.1 图

解 将图 7.2.12(a)所示的电路图简化为图 7.2.12(b)所示的电路图,于是有

$$u_{i1} = \frac{R_3}{R_2 + R_3} \times 5 = \frac{1}{1+1} \times 5 \text{ V} = 2.5 \text{ V}$$

$$R_{i1} = R_2 /\!/ R_3 = \frac{1 \times 1}{1+1} \text{ k}\Omega = 0.5 \text{ k}\Omega$$

$$u_{i2} = \frac{R_4}{R_1 + R_4} \times 5$$

$$R_{i2} = R_4 /\!/ R_1$$

(1) 当 $R_4 = 0.9 \text{ k}\Omega$ 时,有

$$u_{i2} = \frac{0.9}{1+0.9} \times 5 \text{ V} = \frac{45}{19} \text{ V}$$

$$R_{i2} = \frac{0.9 \times 1}{0.9+1} \text{ k}\Omega = \frac{9}{19} \text{ k}\Omega$$

利用叠加原理,先只考虑 u_{i1} 所产生的输出 u_{o1},此时 $u_{i2} = 0$,于是有

$$u_- = u_+ = 0$$

$$\frac{u_{o1}}{R_f} = -\frac{u_{i1}}{R_{i1}}$$

代入数据可得

$$u_{o1} = -10u_{i1} = -10 \times 2.5 \text{ V} = -25 \text{ V}$$

再只考虑 u_{i2} 所产生的输出 u_{o2}，此时 $u_{i1} = 0$，于是有

$$u_- = u_+ = \frac{R'}{R' + R_{i2}} u_{i2}$$

$$\frac{u_{o2} - u_-}{R_f} = \frac{u_-}{R_{i1}}$$

代入数据可得

$$u_- = u_+ = \frac{225}{104} \text{ V}$$

$$u_{o2} = 11u_- = 11 \times \frac{225}{104} \text{ V} = 23.8 \text{ V}$$

故有

$$u_o = u_{o1} + u_{o2} = (-25 + 23.8) \text{ V} = -1.2 \text{ V}$$

（2）当 $R_4 = 1.1 \text{ k}\Omega$ 时，有

$$u_{i2} = \frac{1.1}{1 + 1.1} \times 5 \text{ V} = \frac{55}{21} \text{ V}$$

$$R_{i2} = \frac{1.1 \times 1}{1.1 + 1} \text{ k}\Omega = \frac{11}{21} \text{ k}\Omega$$

利用叠加原理，先只考虑 u_{i1} 所产生的输出 u_{o1}，根据（1）中求解可得

$$u_{o1} = -25 \text{ V}$$

再只考虑 u_{i2} 所产生的输出 u_{o2}，此时 $u_{i1} = 0$，于是有

$$u_- = u_+ = \frac{R'}{R' + R_{i2}} u_{i2}$$

$$\frac{u_{o2} - u_-}{R_f} = \frac{u_-}{R_{i1}}$$

代入数据可得

$$u_- = u_+ = \frac{275}{116} \text{ V}$$

$$u_{o2} = 11u_- = 11 \times \frac{275}{116} \text{ V} = 26.08 \text{ V}$$

故有 $\qquad u_o = u_{o1} + u_{o2} = (-25 + 26.08) \text{ V} = 1.08 \text{ V}$

即 u_o 的变化范围为 $-1.2 \sim 1.08$ V。

7.2.4　积分运算电路和微分运算电路

输出信号与输入信号的积分成正比的电路称为积分运算电路，输出信号与输入信号的微分成正比的电路称为微分运算电路。积分运算电路、微分运算电路在电子技术中得到了广泛应用，除了在电路中做积分与微分运算外，还常在脉冲电路中用作波形变换，如将矩形波变换为三角波、将矩形波变换为脉冲波等。

积分运算电路和微分运算电路最基本的元件为电容，如图 7.2.13 所示，电容元件的电流与电压的关系为

$$i_C = C\frac{\mathrm{d}u_C}{\mathrm{d}t} \tag{7.2.12}$$

1. 积分运算电路

图 7.2.14 所示为积分运算电路,其中 $R_p = R$。根据"虚短"和"虚断"的性质可知,$u_- = u_+ = 0$,电容两端的电压为 $-u_o$,于是有

$$\frac{u_i}{R} = -C\frac{\mathrm{d}u_o}{\mathrm{d}t}$$

即

$$u_o = -\frac{1}{RC}\int u_i\,\mathrm{d}t \tag{7.2.13}$$

可见,该电路完成了对输入信号的积分运算。式(7.2.13)中,RC 称为积分时间常数,表示为 $\tau = RC$。

积分运算电路常用来进行波形变换,如将矩形波变换为三角波,如图 7.2.15 所示,设电容初始值为零。

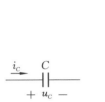

图 7.2.13 电容元件

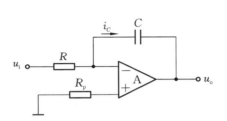

图 7.2.14 积分运算电路

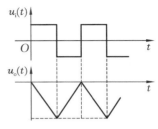

图 7.2.15 积分运算电路输入为方波时的输出波形

2. 微分运算电路

微分是积分的逆运算,将积分运算电路中的 R 和 C 的位置互换,就可得到微分运算电路,如图 7.2.16 所示,其中 $R_p = R$,于是有

$$u_o = -RC\frac{\mathrm{d}u_i}{\mathrm{d}t} \tag{7.2.14}$$

微分运算电路也可用来进行波形变换,如将矩形波变换为脉冲波,如图 7.2.17 所示。

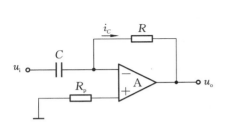

图 7.2.16 微分运算电路

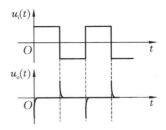

图 7.2.17 微分运算电路输入为矩形波时的输出波形

在图 7.2.17 中,若输入矩形波的上升沿和下降沿足够陡,理论上尖脉冲的幅值会趋于无穷大,但实际上由于集成运算放大器工作在非线性区,集成运算放大器内部的放大管进入饱和区或截止区,尖脉冲的幅值被限制。但即使输入信号消失,放大管也不能脱离饱和状态或截止状态,从而出现阻塞现象,电路不能正常工作。

实际的微分运算电路如图 7.2.18 所示,在输入回路中串联一个小电阻 R,在反馈回路中并联电容 C_f,用以降低高频信号的闭环放大倍数,从而抑制高频噪声。

在集成运算放大器的线性应用中,需保证输出信号的理论值不能超过集成运算放大器的最大输出值,如超过该值,输出值将会保持不变,集成运算放大器也会工作在饱和区或截止区,从而影响集成运算放大器的线性放大功能。

例题 7.2 由集成运算放大器组成的电压表电路如图 7.2.19 所示,当转换开关 S 切换至位置"1"时,电压表量程为 100 mV;当转换开关 S 切换至位置"2"时,电压表量程为 1 V;当转换开关 S 切换至位置"3"时,电压表量程为 10 V。微安表的最大量程为 50 μA,电压表的内阻为 10 MΩ,试求 R_1、R_2、R_3、R_4。

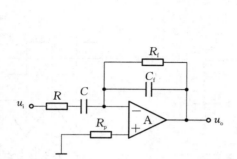

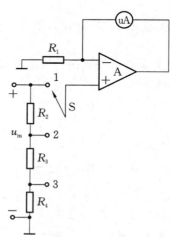

图 7.2.18　实际的微分运算电路　　　　图 7.2.19　例题 7.2 图

解 (1)当开关 S 在位置"1"时,电压表量程为 100 mV,即 $u_+ = 100$ mV,于是有

$$u_- = u_+ = 100 \text{ mV}$$

即

$$R_1 \times 50 \times 10^{-6} = 100 \times 10^{-3}$$

解得

$$R_1 = 2 \text{ k}\Omega$$

(2) 当开关 S 在位置"2"时,有

$$\frac{R_3 + R_4}{R_2 + R_3 + R_4} \times 1 = u_+ = u_- = 100 \times 10^{-3}$$

又因为 $R_2 + R_3 + R_4 = 10$ MΩ,代入上式,解得

$$R_3 + R_4 = 1 \text{ M}\Omega$$

由此可得

$$R_2 = 9 \text{ M}\Omega$$

(3) 当开关 S 在位置"3"时,有

$$\frac{R_4}{R_2 + R_3 + R_4} \times 10 = u_+ = u_- = 100 \times 10^{-3}$$

解得

$$R_4 = 0.1 \text{ M}\Omega$$

$$R_3 = (1-0.1)\ \text{M}\Omega = 0.9\ \text{M}\Omega$$

◀ **7.3 集成运算放大器的非线性应用** ▶

集成运算放大器处于开环或正反馈状态时,将会工作在非线性区,其输出电压只有两种状态——高电平或低电平。集成运算放大器的非线性电路有着广泛的应用,如电压比较电路、模拟信号转换为数字信号的电路,以及产生各种非正弦周期信号的电路。

7.3.1 电压比较器

在电压比较器中,集成运算放大器处于开环或正反馈状态,由于集成运算放大器的输入电阻很大,因而"虚断"的特点依然存在,输入电流为零,但不具备"虚短"的特点,净输入电压 $u_+ - u_-$ 决定了输出电压。电压比较器的输入输出特性为

$$i_+ = i_- = 0$$
$$u_o = \begin{cases} \text{高电平} & (u_+ - u_- > 0) \\ \text{低电平} & (u_+ - u_- < 0) \end{cases} \tag{7.3.1}$$

电压比较器的输入信号为模拟信号,输出信号只有高、低电平两种情况的数字信号,它是最基本的将模拟信号转换为数字信号的电路。

1. 过零比较器

将集成运算放大器的一个输入端接地,另一个输入端接输入信号,这样就构成了过零比较器,其电路图和输入输出特性如图 7.3.1(a)和图 7.3.1(b)所示。

当输入信号为正弦波时,过零比较器的输出信号为方波,如图 7.3.1(c)所示。

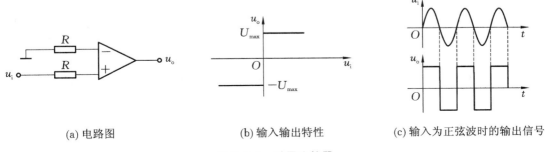

(a) 电路图　　　　　　(b) 输入输出特性　　　　(c) 输入为正弦波时的输出信号

图 7.3.1　过零比较器

2. 单门限比较器

将集成运算放大器的一个输入端接参考电压 U_{REF},另一个输入端接输入信号,这样就构成了单门限比较器,其电路图和输入输出特性如图 7.3.2 所示。当 $u_i > U_{\text{REF}}$ 时,输出高电平信号;当 $u_i < U_{\text{REF}}$ 时,输出低电平信号。

在限幅电路中常采用输出限幅比较器,如图 7.3.3 所示,其中 R_1 为分压电阻,双向稳压管使输出的电平在 $-(U_Z + U_D)$ 与 $+(U_Z + U_D)$ 间跳变,其中 U_Z 为双向稳压管的反向稳定电压,U_D 为双向稳压管的正向导通压降。

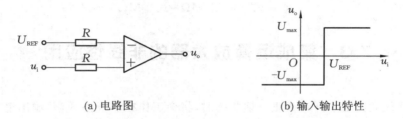

(a) 电路图   (b) 输入输出特性

图 7.3.2　单门限比较器

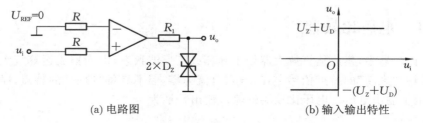

(a) 电路图   (b) 输入输出特性

图 7.3.3　输出限幅比较器

7.3.2　滞回比较器

虽然单门限比较器具有电路简单、灵敏度高等优点,但其抗干扰能力差,当输入电压在阈值附近上下波动时,不管这种变换是干扰或噪声作用的结果,还是输入信号自身的变化,都将使输出电压在高、低电平之间反复跳变。在工程中,这种过度灵敏会对执行机构产生不利影响。

关于滞回比较器的讨论,需要从"滞回"的定义开始。与许多其他技术术语一样,"滞回"源于希腊语,其含义是"延迟"或"滞后",或阻碍前一种状态的变化。工程中,常用"滞回"描述非对称。绝大多数比较器中都设计有滞回电路,通常滞回电压为 $5\sim10$ mV。滞回比较器又称为施密特触发器。

反向输入滞回比较器如图 7.3.4 所示,R_f 和 R_1 构成正反馈回路,输入信号接入集成运算放大器的负极端,所以称其为反向输入滞回比较器,其参考电压为 U_{REF}。因该电路中无负反馈回路,故其输出只有两个状态,即 $\pm U_{max}$。集成运算放大器同相输入端的电压为

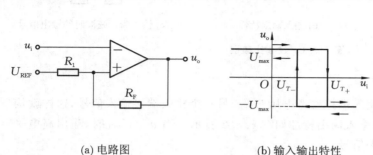

(a) 电路图   (b) 输入输出特性   (c) 输入为正弦波时的输出信号

图 7.3.4　反向输入滞回比较器

$$u_{+}=\frac{R_1}{R_1+R_F}u_{o}+\frac{R_F}{R_1+R_F}U_{REF} \qquad (7.3.2)$$

当输出电压为高电平时,同相输入端的电压为

$$U_{T_+} = \frac{R_F}{R_1 + R_F}U_{REF} + \frac{R_1}{R_1 + R_F}U_{max} \tag{7.3.3}$$

当输出电压为低电平时,同相输入端的电压为

$$U_{T_-} = \frac{R_F}{R_1 + R_F}U_{REF} - \frac{R_1}{R_1 + R_F}U_{max} \tag{7.3.4}$$

当 u_i 由小逐渐增大时,初始输出电压为高电平,跳变电压为 U_{T_+};而当 u_i 由大逐渐减小时,初始输出电压为低电平,跳变电压为 U_{T_-}。当输入为正弦波时,设参考电压 U_{REF} 为零,$U_{T_+} = 0.2$ V,则反向输入滞回比较器的输出特性如图 7.3.4(c)所示。

7.3.3 窗口比较器

窗口比较器又叫双限比较器,它能检测输入电压是否在两个规定的电平之间。图 7.3.5 所示为窗口比较器,设 $U_{REF1} > U_{REF2}$,其工作原理为:

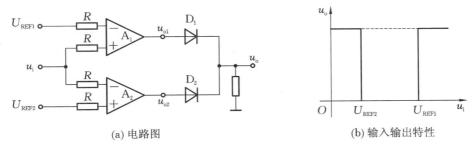

(a) 电路图   (b) 输入输出特性

图 7.3.5 窗口比较器

(1) 当 $u_i < U_{REF2} < U_{REF1}$ 时,u_{o1} 为低电平,u_{o2} 为高电平,D_1 截止,D_2 导通,u_o 为高电平;

(2) 当 $U_{REF2} < u_i < U_{REF1}$ 时,u_{o1} 为低电平,u_{o2} 为低电平,D_1 截止,D_2 截止,u_o 为低电平;

(3) 当 $u_i > U_{REF1} > U_{REF2}$ 时,u_{o1} 为高电平,u_{o2} 为低电平,D_1 导通,D_2 截止,u_o 为高电平。

窗口比较器的输入输出特性如图 7.3.5(b)所示,从图中可以看出:当输入电压在两个规定的电平 U_{REF1}、U_{REF2} 之间时,输出为低电平;当输入电压为其他值时,输出电压为高电平。

7.3.4 波形产生电路

在电子技术中,需要产生矩形波、三角波、锯齿波等周期信号。在前面介绍的电压比较器的基础上,通过增加反馈回路和延时电路,可构成矩形波发生电路;通过增加积分电路,便可构成三角波和锯齿波产生电路。

1. 方波产生电路

方波是占空比为 50% 的矩形波。图 7.3.6 所示为方波产生电路,图中集成运算放大器 A 和电阻 R_1、R_2 组成了反相滞回比较器,其门限电压为

$$\pm U_T = \frac{R_1}{R_1 + R_2}(U_Z + U_D) \tag{7.3.5}$$

比较器的输入信号由输出端通过电阻 R 和电容 C 反馈而来,同时 RC 又构成延迟环节,决定输出方波的频率。

电路刚通电时,设电容两端电压 $u_C = 0$,运算放大器两端的电压 $u_+ > u_-$:

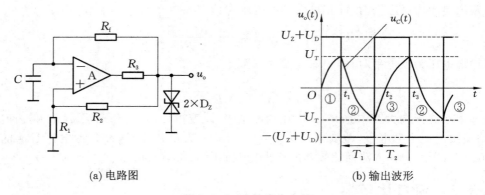

(a) 电路图   (b) 输出波形

图 7.3.6　方波产生电路

(1) 当输出电压 u_o 为 U_Z+U_D(滞回比较器门限电压为 U_T)时,u_o 通过电阻 R 对电容 C 充电,u_C 逐渐增大,如图 7.3.6(b)中的线段①所示。

(2) 当 u_C 升高到门限电压 U_T 时,输出跳变为 $-(U_Z+U_D)$(滞回比较器门限电压为 $-U_T$),电容 C 的电压高于 u_o,电容 C 通过电阻 R 放电,如图 7.3.6(b)中的线段②所示。

(3) 当 u_C 下降到 $-U_T$ 时,u_o 跳变为 U_Z+U_D,此时 u_o 通过电阻 R 对电容 C 充电,u_C 逐渐增大,如图 7.3.6(b)中的线段③所示。

(4) 当 u_C 升高到门限电压 U_T 时,重复(2)、(3)。

充、放电时间为

$$T_1=T_2=RC\ln\left(1+\frac{2R_1}{R_2}\right) \tag{7.3.6}$$

则方波的周期为

$$T=RC\ln\left(1+\frac{2R_1}{R_2}\right) \tag{7.3.7}$$

可见,调整双向稳压管的稳压参数,即可改变输出方波的幅值;调整 R_1、R_2、R、C,即可改变电路的振动频率。

2. 矩形波产生电路

在方波产生电路中,将电容的充、放电电路分开,改变充、放电电阻,从而改变充、放电时间,形成所需的矩形波信号,具体电路如图 7.3.7 所示。电容 C 充电时,D_2 导通,D_1 截止,充电电阻为 $R+R_{w2}$;电容 C 放电时,D_1 导通,D_2 截止,放电电阻为 $R+R_{w1}$。因此,低电平持续时间 T_1 为

$$T_1=(R+R_{W2})C\ln\left(1+\frac{2R_1}{R_2}\right) \tag{7.3.8}$$

高电平持续时间 T_2 为

$$T_2=(R+R_{W1})C\ln\left(1+\frac{2R_1}{R_2}\right) \tag{7.3.9}$$

振荡周期为

$$T=T_1+T_2=(2R+R_W)C\ln\left(1+\frac{2R_1}{R_2}\right) \tag{7.3.10}$$

3. 正弦波产生电路

可从方波中得到同频率的正弦波信号。

周期为 T 的方波信号,其频率为 $f_0=1/T$,则该信号可由频率为 $nf_0(n=0,1,2,\cdots\cdots)$ 的单频正弦信号叠加而成。

图 7.3.8 所示为某一方波信号,其频率 $f_0=1/T$,则有

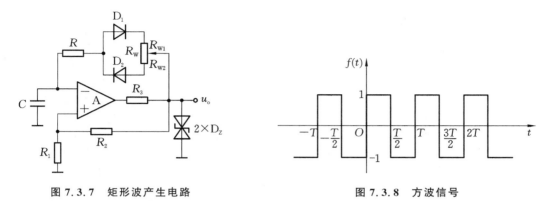

图 7.3.7　矩形波产生电路　　　　　图 7.3.8　方波信号

$$f(t)=\frac{4}{\pi}\left[\sin 2\pi f_0 t+\frac{1}{3}\sin 6\pi f_0 t+\frac{1}{5}\sin 10\pi f_0 t+\cdots+\frac{1}{2n+1}\sin 2\pi(2n+1)f_0 t+\cdots\right]\quad(7.3.11)$$

将方波信号通过低通滤波器,滤掉其他频率的信号,只留下 $\sin 2\pi f_0 t$ 信号,这样就实现了将方波信号变成正弦波信号,具体实现电路如图 7.3.9 所示。

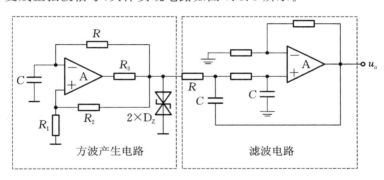

图 7.3.9　正弦波产生电路

习　　题

7.1　判断图 7.01 所示的电路中的集成运算放大器引入了哪些反馈(正反馈或负反馈),电路工作在线性放大区还是非线性区。

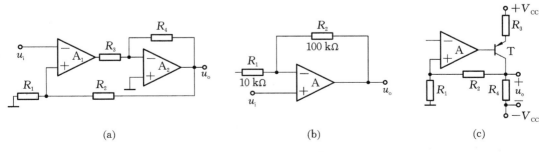

(a)　　　　　　　　　　　(b)　　　　　　　　　　　(c)

图 7.01　习题 7.1 图

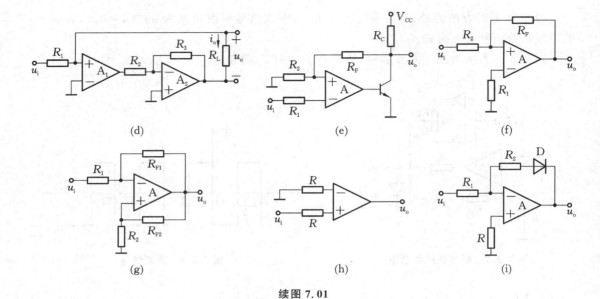

续图 7.01

7.2 图 7.02 所示为理想二极管(导通压降为零),$R_1=1\ \text{k}\Omega$,$R_2=R_3=10\ \text{k}\Omega$。

(1) 若输入电压 $u_i=0.5\ \text{V}$,求输出电压 u_o。

(2) 若输入电压 $u_i=-0.5\ \text{V}$,求输出电压 u_o。

7.3 电路如图 7.03 所示,若输入电压 $u_i=0.5\ \text{V}$,求输出电压 u_o。

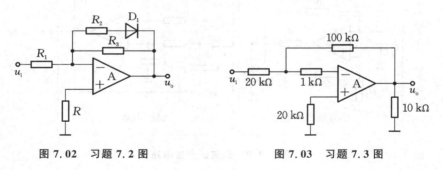

图 7.02 习题 7.2 图   图 7.03 习题 7.3 图

7.4 电路如图 7.04 所示,若输入电压为 u_i,求输出电压 u_o。

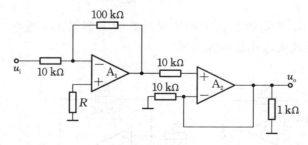

图 7.04 习题 7.4 图

7.5 图 7.05 所示为两级运算放大电路,求:

(1) u_{i1} 与 u_{i2} 的关系式,并分析该电路的作用;

(2) 信号源 u_{i1}、u_{i2} 的输出电流;

（3）与单级运算放大电路实现的信号加减运算相比较,该电路有什么优点?

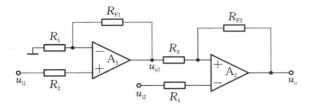

图 7.05 习题 7.5 图

7.6 由集成运算放大器组成的直流电流表电路如图 7.06 所示,根据电压表的数值能检测出输入端电流,电压表量程为 5 V,$R_2 = 1$ kΩ,$R_3 = 100$ Ω,$R_4 = 1$ Ω,求开关 S 分别切换至位置"1""2""3"时,测试电流的范围。

7.7 由集成运算放大器组成的测量电阻的电路如图 7.07 所示,输出端所接的电压表的量程为 5 V,电阻 $R_1 = 1$ MΩ。当电压表的数值为 2.5 V 时,被测电阻 R_x 的阻值为多少?

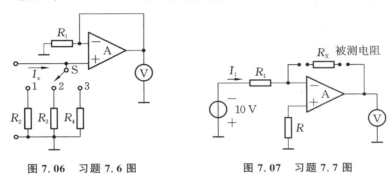

图 7.06 习题 7.6 图　　　　图 7.07 习题 7.7 图

7.8 电路如图 7.08(a)所示,稳压管的稳定电压 $U_Z = 3$ V,输入电压 u_i 的波形如图 7.08(b)所示,试画出输出电压 u_o 的波形。

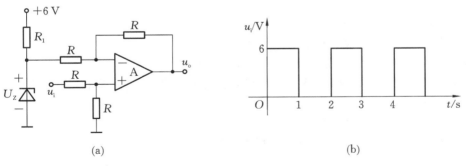

(a)　　　　　　　　　　　　　(b)

图 7.08 习题 7.8 图

7.9 电路如图 7.09 所示,已知 $R_1 = 10$ kΩ,$R_f = 100$ kΩ,输入电压 $u_{i1} = u_{i2} = 0.5$ V,试求开关 S 打开和闭合时输出电压 u_o 分别为多少。

7.10 已知数学运算关系 $u_o = -2u_{i1} + u_{i2}$,试画出用一个集成运算放大器实现此运算关系的电路,且反馈电阻 $R_F = 20$ kΩ,要求静态时两输入端的电阻保持平衡,并确定其余电阻。

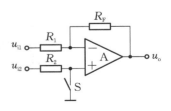

图 7.09 习题 7.9 图

7.11 电路如图 7.10(a)所示，输入电压 u_i 的波形如图 7.10(b)所示，当 $t=0$ 时，$u_o=0$。试画出输出电压 u_o 的波形，并标出其幅值。

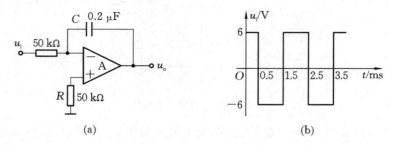

图 7.10 习题 7.11 图

7.12 比较器电路如图 7.11 所示，已知 $U_R=3$ V，集成运算放大器输出的饱和电压为 $\pm U_{om}$，试：

(1) 画出输入输出特性；

(2) 若 $u_i=6\sin\omega t$，画出输出电压 u_o 的波形。

7.13 电路如图 7.12 所示，稳压管的稳定电压 $U_{Z1}=U_{Z2}=6$ V，正向压降忽略不计，输入电压 $u_i=5\sin\omega t$，参考电压 $U_R=1$ V，试画出输出电压 u_o 的波形。

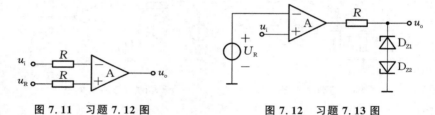

图 7.11 习题 7.12 图   图 7.12 习题 7.13 图

7.14 电路如图 7.13 所示，稳压管 D_Z 的稳定电压 $U_Z=6$ V，正向压降忽略不计，输入电压 $u_i=6\sin\omega t$，试：

(1) 画出输入输出特性；

(2) 画出 $R_1=R_2$ 时输出电压 u_o 的波形；

(3) 若 $R_2=2R_1$，输出电压 u_o 的波形将如何变化？

7.15 图 7.14 所示为稳压管接在反馈通路中的一般滞回比较器，稳压管的稳定电压 $U_Z=\pm6$ V，求：

(1) 该电路的输入输出特性；

(2) 若输入电压 $u_i=6\sin\omega t$，试画出输出电压 u_o 的波形。

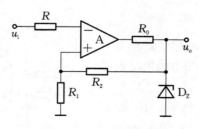   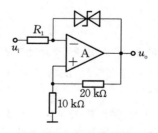

图 7.13 习题 7.14 图   图 7.14 习题 7.15 图

第 8 章
直流稳压电源

◀ **本章指南**

　　日常生活中的电源为交流电压(220 V 或 380 V),而很多元器件需要直流电源供电,如前面章节介绍的晶体管、集成运算放大器以及功率放大器等,因此这需要将交流电压转变为直流电压。

　　直流稳压电源是指能为负载提供稳定直流电压的电子装置,其供电电源大都是交流电源,当交流供电电源的电压和负载电阻变化时,输出的直流电压仍保持不变。

　　本章首先介绍常用的整流电路、滤波电路和稳压电路,然后着重介绍线性稳压电源和开关稳压电源。

◀ 8.1 直流稳压电源的组成 ▶

这里所讨论的直流稳压电源是一种线性小功率电源(输出电流很小,一般在几安范围内),它将频率为 50 Hz、有效值为 220 V 的单相交流电压转换为幅值稳定的直流电压。

8.1.1 直流稳压电源的基本组成

单相小功率直流稳压电源由四部分组成:电源变压器、整流电路、滤波电路和稳压电路。图 8.1.1 所示为直流稳压电源的组成框图。

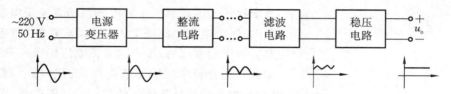

图 8.1.1 直流稳压电源的组成框图

1. 电源变压器

大多数电子设备所需的直流电压一般为 3.3 V、5 V 或 12 V 等,而交流电网提供的 220 V 电压相对较大,因此电源变压器的作用是将电网提供的有效值为 220 V、频率为 50 Hz 的交流电压(欧美国家的电网电压为 110 V,频率为 60 Hz),转变为直流稳压电源所需要的电压。同时,电源变压器还可以起到将直流电源与电网隔离的作用。

电源变压器的实物示意图和符号如图 8.1.2 所示,图 8.1.3 所示为其电路图。

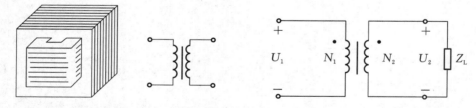

图 8.1.2 电源变压器的实物示意图和符号　　**图 8.1.3 电源变压器的电路图**

设初级匝数为 N_1,次级匝数为 N_2,则理想电源变压器满足

$$U_2/U_1 = N_2/N_1 \tag{8.1.1}$$

2. 整流电路

整流电路的原理是利用二极管的单向导电性,把正、负交变的电压转变成单方向脉动的直流电压。整流电路可分为半波整流电路和全波整流电路。

1) 半波整流电路

半波整流电路如图 8.1.4 所示。为方便分析,假设二极管为理想二极管,即其导通压降为零,其工作原理见 5.3.1 节。

设电源变压器输出的交流电压的有效值为 U_2,即 $u_2 = \sqrt{2}U_2\sin\omega t$,则整流输出电压 u_o 的

平均值,即直流分量为

$$\overline{U}_\circ = \frac{\int_0^\pi \sqrt{2}U_2 \sin\omega \mathrm{d}\omega}{2\pi} = \frac{\sqrt{2}U_2}{\pi} \approx 0.45U_2 \tag{8.1.2}$$

半波整流电路的波形如图 8.1.5 所示。

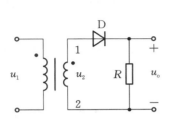

图 8.1.4 半波整流电路

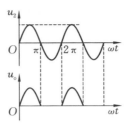

图 8.1.5 半波整流电路的波形

半波整流电路的优点是结构简单,所用元器件数量少;其缺点是输出的直流成分比较少,效率不高。

2)全波桥式整流电路

全波桥式整流电路如图 8.1.6 所示,电路中的四只二极管接成电桥的形式,故有全波桥式整流电路之称。图 8.1.7 所示为该电路的简化画法。

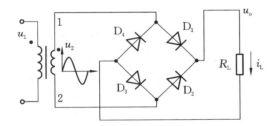

图 8.1.6 全波桥式整流电路

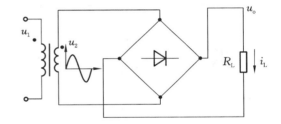

图 8.1.7 全波桥式整流电路的简化画法

该电路的工作原理为:在电压 u_2 的正半周期时,二极管 D_1、D_3 因受正向偏压而导通,D_2、D_4 因受反向电压而截止;在电压 u_2 的负半周期时,二极管 D_2、D_4 因受正向偏压而导通,D_1、D_3 因受反向电压而截止。u_2 和 $u_\circ$ 的波形如图 8.1.8 所示,输出电压与输入电压的幅值基本相等。

设电源变压器输出的交流电压的有效值为 U_2,即 $u_2 = \sqrt{2}U_2 \sin\omega t$,则整流输出电压 $u_\circ$ 的平均值,即直流分量为

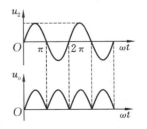

图 8.1.8 全波整流电路的波形

$$\overline{U}_\circ = \frac{\int_0^\pi \sqrt{2}U_2 \sin\omega \mathrm{d}\omega}{\pi} = \frac{2\sqrt{2}U_2}{\pi} \approx 0.9U_2 \tag{8.1.3}$$

全波桥式整流电路中的二极管安全工作条件如下:

(1)二极管的最大整流电流 I_F 必须大于实际流过二极管的平均电流。由于四只二极管是两两轮流导通的,因此有

$$I_F > 0.5 \frac{U_o}{R_L}$$

一般取

$$I_F > (2 \sim 3) \frac{U_o}{R_L} \qquad (8.1.4)$$

（2）二极管的最大反向工作电压 U_{DF} 必须大于二极管实际所能承受的最大反向峰值电压,即

$$U_{DF} > 1.1 \sqrt{2} U_2 \qquad (8.1.5)$$

全波桥式整流电路与半波整流电路相比,具有输出电压高、电源变压器利用率高和脉动小等优点,因此得到了广泛的应用。

3. 滤波电路

全波整流电路输出电压的纹波比半波整流电路小得多,但仍然较大,故需用滤波电路来滤除纹波电压。滤波通常是利用电容或电感的能量存储作用来实现的。

1）电容滤波电路

利用电容的充、放电特性,可以构成滤波电路。电容滤波电路如图 8.1.9 所示,滤波电容一般容量较大,约为 $100~\mu F$ 以上,常用电解电容。电容滤波电路输出电压的波形如图 8.1.10所示,图中虚线为无电容的输出波形,而实线为实际的滤波输出波形。电容滤波电路可划分为四个工作区域,即图 8.1.10 所示的 a、b、c、d 四个区域。

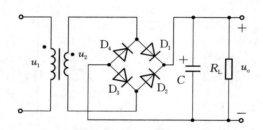

图 8.1.9　电容滤波电路

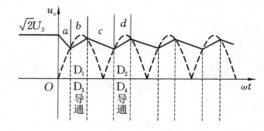

图 8.1.10　电容滤波电路输出电压的波形

a 区域：u_2 为正半周,且 $u_2 < u_C$,二极管截止,电容 C 对电阻 R_L 放电,u_C 下降,u_2 上升。

b 区域：$u_2 > u_C$,二极管 D_1、D_3 导通,交流电源对电阻 R_L 供电,对电容 C 充电,u_C 上升。

c 区域：$|u_2| < u_C$,二极管截止,电容 C 对电阻 R_L 放电,u_C 下降。

d 区域：u_2 为负半周,且 $|u_2| > u_C$,二极管 D_2、D_4 导通,交流电源对电阻 R_L 供电,对电容 C 充电,u_C 上升。

最终输出的波形为图 8.1.10 中的实线段。该信号较全波整流电路的输出信号变化更加缓慢,即全波整流电路输出信号的高频部分被去掉了,所以该电路叫作电容滤波电路。

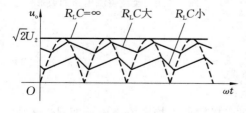

图 8.1.11　电容放电时间常数与输出电压之间的关系

电容滤波电路有如下特点：

（1）输出电压 u_o 的脉动减小,直流分量增大。

（2）u_o 的平滑程度主要取决于电容 C 的放电速度,也就是放电时间常数 $R_L C$。C 与 R_L 愈大,放电速度就愈慢,u_o 的波形就愈平滑,如图 8.1.11 所示。

（3）当输出端开路,即 $R_L \to \infty$,空载时,输出电

压 $u_o = \sqrt{2}U_2$，几乎是一条直线。

一般电容放电时间常数的取值可参考下式，即

$$R_L C \geqslant (3 \sim 5)\frac{T}{2} \qquad (8.1.6)$$

式中，T 为交流电源电压的周期。此时输出电压的平均值 U_o 为

$$U_o \approx 1.2 U_2 \qquad (8.1.7)$$

电容 C 的耐压为

$$U_{CR} > 1.1\sqrt{2}U_2 \qquad (8.1.8)$$

由式(8.1.6)可以看出，负载功率越大(电阻越小)，滤波电容就越大。

这种简单的全波整流滤波电路的输出电压高，滤波效能高，但带负载能力差，适用于电压变化范围不大、负载电流小的设备。

2) 电感滤波电路

电感滤波电路如图 8.1.12 所示，由于市电交流电频率较低(50 Hz)，因此电路中的电感 L 较大，为几亨以上。

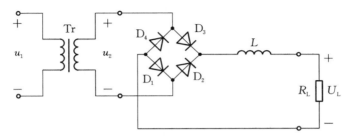

图 8.1.12　电感滤波电路

电感滤波电路利用电感的储能来减小输出电压的纹波。当电感中的电流增大时，自感电动势的方向与原电流的方向相反，自感电动势阻碍了电位的增加，同时也将能量储存起来，使电流的变化减小；反之，当电感中的电流减小时，自感电动势的作用是阻碍电流的减小，同时释放能量，使电流变化减小。因此，电流的变化小，电压的纹波得到抑制。

电感滤波电路有如下特点：

(1) 电感滤波电路中 L 越大，R_L 越小，则输出电压的纹波越小。忽略电感内阻，$U_L = 0.9U_2$(理论值)。

(2) 电感滤波电路适用于低电压、大电流的场合，但其工频电感体积大、重量重、价格高、损耗大、电磁辐射强，因此一般很少用。

4. 稳压电路

稳压电路利用电压自动调整的原理，使输出电压在电网电压波动或负载变化时保持稳定，即输出直流电压几乎不变。一个稳压管 D_Z 和一个与之匹配的分压电阻 R 就构成最简单的稳压电路，如图 8.1.13 所示。选择合适的降压电阻 R，可使稳压管 D_Z 始终工作在反向击穿区域。输出电压 u_o 始终等于 U_Z，且保持不变。

稳压管稳压(其工作原理见 5.4 节)实际上是利用稳压管在反向击穿时电流可在较大范围内变动而击穿电压却基本不变的特点来实现的。

在设计稳压电路时，需考虑输入电压变化范围和输出负载变化范围，从而合理地选择降

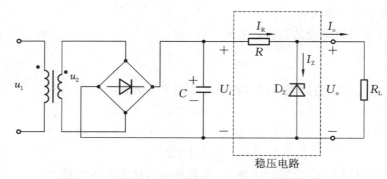

图 8.1.13　由稳压管和分压电阻构成的稳压电路

压电阻和稳压管的参数。如稳压电路的输出电压为 U_Z，输入电压 U_i 的变化范围为 $[U_{imin}, U_{imax}]$，负载 R_L 的电流变化范围为 $[I_{omin}, I_{omax}]$，稳压管 D_Z 工作在反向击穿区域时的电流范围为 $[I_{Zmin}, I_{Zmax}]$，则降压电阻 R 需满足

$$\frac{U_{imax}-U_Z}{I_{Zmax}+I_{omin}} \ll R \ll \frac{U_{imin}-U_Z}{I_{Zmin}+I_{omax}} \tag{8.1.9}$$

实际设计稳压电路时，U_i 的波动范围一般为 $\pm 10\%$ 左右，U_i 与 U_o 间的关系为

$$U_i = (2\sim 3)U_o \tag{8.1.10}$$

当稳压电路的工作条件确定后，选择稳压管时还要满足以下几个要求，即

$$I_{Zmax} > (2\sim 3)I_{omax} \tag{8.1.11}$$

$$I_{Zmax} - I_{Zmin} > I_{omax} - I_{omin} \tag{8.1.12}$$

式(8.1.11)和式(8.1.12)中，I_{omax} 为负载的最大电流。

8.1.2　直流稳压电源的性能指标

1. 最大输出电流 I_{omax}

对于简单的由稳压管组成的稳压电路，I_{omax} 取决于稳压管的最大工作电流。由前面的讨论可知，$I_{omax} \approx \dfrac{U_i-U_Z}{R}$，当 R 取所允许的最小值时，$I_{omax} \approx I_{Zmax}$，其值为几百毫安。由此可见，简单的由稳压管组成的稳压电路的最大输出电流较小，因此该电路应用较少。

串联式稳压电路和开关式稳压电路的 I_{omax} 取决于调整管的最大耗散功率和最大工作电流。

2. 输出电压 U_o 和电压调节范围

对于简单的由稳压管组成的稳压电路，U_o 是不可调节的，且 $U_o = U_Z$。

有些场合需要使用输出电压固定的电源，而有些场合则需要使用输出电压可调整的电源，视具体情况而定。一般通用的直流稳压电源的输出电压可以从零开始起调，且连续可调。

3. 保护特性

直流稳压电源必须设有过流保护电路和电压保护电路，以防止负载过载或短路以及电压过高时，对电源本身或负载产生危害。

4. 效率 η

这里的效率 η 是指直流稳压电源将交流能量转换为直流能量的效率。在图 8.1.13 所示的稳压电路中,因降压电阻和稳压管的功耗,其效率非常低,一般为 25% 左右。

例题 8.1 在图 8.1.13 所示的稳压电路中,已知 $U_o=6$ V,输入 u_1 为市电交流电,其有效值为 220 V,频率为 50 Hz,电压波动为 $\pm 10\%$,负载 R_L 的电阻范围为 $500\sim 900$ Ω,试确定该电路中各元件的参数,并计算整流电路的效率。

解 (1)确定稳压电路的参数。

$$U_i=(2\sim 3)U_o=(12\sim 18)\ \text{V}$$

取

$$U_i=15\ \text{V}$$

$$I_{omax}=\frac{U_o}{R_{Lmin}}=\frac{6}{500}\ \text{A}=12\ \text{mA}$$

$$I_{omin}=\frac{U_o}{R_{Lmax}}=\frac{6}{900}\ \text{A}=6.7\ \text{mA}$$

稳压管 D_Z 的参数应满足

$$U_Z=U_o=6\ \text{V}$$

$$I_{Zmax}-I_{Zmin}>I_{omax}-I_{omin}=(12-6.7)\ \text{mA}=5.3\ \text{mA}$$

$$I_{Zmax}>(2\sim 3)I_{omax}=(24\sim 36)\ \text{mA}$$

选择稳压管 2CW14,查手册可得

$$I_{Zmax}=33\ \text{mA}, \quad I_{Zmin}=5.3\ \text{mA}$$

满足要求。

根据式(8.1.9),分压电阻 R 应满足

$$302.3\ \Omega<R<346.8\ \Omega$$

取标称电阻值为

$$R=330\ \Omega$$

(2)确定滤波电容的参数。

$$I_R=\frac{U_i-U_o}{R}=\frac{15-6}{330}\ \text{A}=27\ \text{mA}$$

则滤波电路负载的等效电阻为

$$R'_L=\frac{U_i}{I_R}=\frac{15}{27\times 10^{-3}}\ \Omega=556\ \Omega$$

根据式(8.1.6)可得

$$R'_L C\geqslant(3\sim 5)\frac{T}{2}$$

即

$$C\approx\frac{2T}{R'_L}=\frac{2\times 0.02}{556}\ \text{F}=72\ \mu\text{F}$$

根据式(8.1.7)可得,变压器副边电压的有效值 U_2 满足

$$U_i\approx 1.2U_2$$

即

$$U_2 \approx \frac{U_i}{1.2} = \frac{15}{1.2} \text{ V} = 12.5 \text{ V}$$

根据式(8.1.8),二极管承受的最大电压为

$$U_{DC} > 1.1\sqrt{2}U_2 = 1.1\sqrt{2} \times 12.5 \text{ V} = 19.4 \text{ V}$$

（3）确定整流电路的参数。

根据式(8.1.4),二极管的最大整流电流为

$$I_F > (2 \sim 3)\frac{U_i}{R_L'} = (54 \sim 81) \text{ mA}$$

根据式(8.1.5),二极管的最大反向工作电压为

$$U_{DF} > 1.1\sqrt{2}U_2 = 1.1\sqrt{2} \times 12.5 \text{ V} = 19.4 \text{ V}$$

（4）确定电源变压器的参数。

u_1 的有效值为 220 V,u_2 的有效值为 12.5 V,则边匝数 N_1 与副边匝数 N_2 之比为

$$\frac{N_1}{N_2} = \frac{220}{12.5} = 17.6$$

（5）确定整流电路的效率。

整流电路输出的功率为

$$P_i = U_i I_R = 15 \times 27 \times 10^{-3} \text{ W} = 0.405 \text{ W}$$

负载 R_L 的功率为

$$P_o = \frac{U_o^2}{R_L} = \left(\frac{6^2}{900} \sim \frac{6^2}{500}\right) \text{ W} = (0.04 \sim 0.072) \text{ W}$$

故整流电路的效率为

$$\eta = \frac{P_o}{P_i} = \frac{0.04}{0.405} \sim \frac{0.072}{0.405} = 9.9\% \sim 17.8\%$$

◀ 8.2 串联反馈式稳压电路 ▶

直流稳压电源在使用时存在两个方面的问题:一是电网电压和负载电流变化较大时,电路将失去稳压作用,适用范围小;二是稳压值只能由稳压管的型号决定,不能连续可调,稳压精度不高,输出电流也不大,很难满足对电压精度要求高的负载的需要。

若要求直流稳压电源的稳定性好、输出电流大、输出电压连续可调,常采用串联反馈式稳压电路。

8.2.1 工作原理

图 8.2.1 所示为串联反馈式稳压电路,这是一个由负反馈电路组成的自动调节电路。当输出电压或者负载电流有一定变化时,通过负反馈的自动调节,输出直流电压基本保持稳定不变。

串联反馈式稳压电路由取样电路、比较

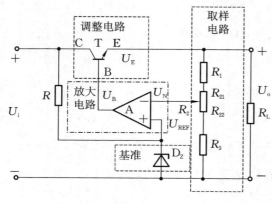

图 8.2.1 串联反馈式稳压电路

放大电路、基准电压和调整电路四个部分组成。其中:U_i 是整流滤波电路的输出电压;T 为调整管;A 为比较放大电路;U_{REF} 为基准电压,它由稳压管 D_Z 与限流电阻 R 串联所构成的简单稳压电路获得;R_1、R_2 与 T 组成集成放大器 A 的反馈网络。这种稳压电路的主回路是起调整作用的三极管 T 与负载串联,故称为串联反馈式稳压电路。

串联反馈式稳压电路的基本工作原理为:当输入 U_i 增大时,输出电压 U_o 增大,则 U_N 增大,从而使放大电路的输出电压 U_B 减小,而 $U_E \approx U_B + 0.2\,V$(硅管),故 U_E 减小,即 U_o 减小,最终使 U_o 基本保持不变。这个稳压过程可简化为

$$U_i \uparrow \rightarrow U_o \uparrow \rightarrow U_N \uparrow \rightarrow U_B \downarrow \rightarrow U_E \downarrow \rightarrow U_o \downarrow$$

同理,当输入电压 U_i 减小(或负载电流 I_o 增大)时,各物理量的变化与上述过程相反。从反馈放大电路的角度来看,这种电路属于电压串联负反馈电路。调整管 T 连接成电压跟随器($U_B \approx U_o$)。

$$U_N = (R_3 + R_{22})U_o / (R_1 + R_2 + R_3) = F_u U_o$$
$$F_u = (R_3 + R_{22}) / (R_1 + R_2 + R_3) \tag{8.2.1}$$

式中,F_u 称为反馈电路的反馈系数。

由此可得

$$U_B = A_u(U_{REF} - F_u U_o) \approx U_o$$

或

$$U_o = U_{REF} \frac{A_u}{1 + A_u F_u} \tag{8.2.2}$$

式中,A_u 是比较放大电路的电压增益,可近似为无穷大,从而可得

$$U_o \approx \frac{U_{REF}}{F_u} = U_{REF}\left(\frac{R_1 + R_2 + R_3}{R_3 + R_{22}}\right) \tag{8.2.3}$$

改变电位器 R_2 滑动端的位置,即可调节输出电压 U_o 的大小。U_o 的取值范围为

$$U_{REF}\left(\frac{R_1 + R_2 + R_3}{R_2 + R_3}\right) \leqslant U_o \leqslant U_{REF}\left(\frac{R_1 + R_2 + R_3}{R_3}\right) \tag{8.2.4}$$

8.2.2 调整管参数的选择

由于调整管与负载串联,流过它的电流近似等于负载电流,而且它是该电路中最容易损坏的元件,因此调整管允许的最大集电极电流应大于负载的最大电流,即

$$I_{CM} > I_{omax} \tag{8.2.5}$$

调整管的集电极-发射极压降在输入电压 U_i 最大、输出电压 U_o 最小时达到最大,因此集电极-发射级反向击穿电压 $U_{(BR)CEO}$ 应满足

$$U_{(BR)CEO} > U_{imax} - U_{omin} \tag{8.2.6}$$

当调整管压降最大且负载电流最大时,调整管的功耗最大,因此调整管的最大集电极耗散功率应满足

$$P_{CM} > (U_{imax} - U_{omin})I_{Lmax} \tag{8.2.7}$$

8.2.3 过流保护电路

在实际的稳压电路中,如果输出端过载或者短路,则调整管的电流会急剧增大,为使调

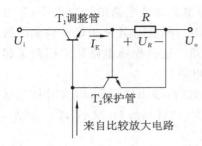

图 8.2.2　限流型过流保护电路

整管安全工作,还必须加过流保护电路。图 8.2.2 所示为限流型过流保护电路,图中 T_2 为保护管,R_0 为电流取样电阻(阻值很小)。当 I_E 很小,RI_E 小于 T_2 的导通电压 U_{BE2} 时,T_2 截止,保护电路不起作用;当 I_E 增大到 $RI_E > U_{BE2}$ 时,T_2 导通,将 T_1 的基极电流分流,从而限制 T_1 中电流的增大,保护调整管。

当过流保护电路起作用时,最大负载电流为

$$I_{omax} \approx \frac{U_{BE2}}{R} \tag{8.2.8}$$

具有过流保护作用的串联反馈式稳压电路如图 8.2.3 所示,图中 T_1 为调整管,T_2 的作用是减小集成运算放大器的输出电流,T_3 为限流管。

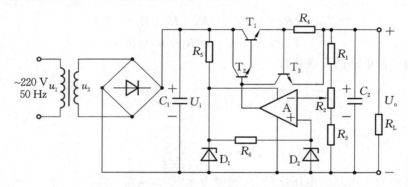

图 8.2.3　具有过流保护作用的串联反馈稳压电路

例题 8.2　在图 8.2.3 所示的串联反馈式稳压电路中,已知输入电压 U_i 的波动范围为 $\pm 10\%$,调整管 T_1 的饱和压降 $U_{CES}=3$ V,T_1 的电流放大倍数 $\beta_1=30$,T_2 的电流放大倍数 $\beta_2=50$,T_3 导通时 U_{BE} 约为 0.7 V,$R_1=1$ kΩ,$R_3=500$ Ω。当输出电压的调节范围为 $5\sim15$ V 时,试问:

(1) 电位器的阻值和稳压管 D_1、D_2 的稳定电压分别为多少?

(2) 输入电压 U_i 至少为多少?

(3) 若 T_1 发射极额定电流为 1 A,则集成运算放大器的输出电流为多少?并说明 T_2 的作用。

(4) 电流保护取样电阻 R_4 约为多大?

解　(1)根据式(8.2.4)可知,输出电压的范围为

$$U_{REF}\left(1+\frac{R_1}{R_2+R_3}\right) \leqslant U_o \leqslant U_{REF}\left(1+\frac{R_1+R_2}{R_3}\right)$$

将已知数据带入上式,计算可得

$$U_{REF}=U_Z=3 \text{ V}, \quad R_2=1 \text{ kΩ}$$

(2)该电路是电压负反馈电路,调整管 T_1、T_2 需始终工作在放大区,即 T_2 需满足

$$u_{CE} > U_{CES}$$

而 U_o 的调节范围为 $5\sim15$ V,U_i 的波动范围为 $\pm10\%$,则 U_i 最小且 U_o 最大时调整管不应饱和,即有

$$0.9U_i > U_{omax}+U_{CES}=(15+3) \text{ V}=18 \text{ V}$$

由此可得

$$U_i > 20 \text{ V}$$

（3）由于调整管为复合管，其电流放大倍数为 T_1、T_2 的电流放大倍数之积，即

$$\beta = \beta_1 \beta_2 = 30 \times 50 = 1500$$

当发射极电流为 1 A 时，集成运算放大器的输出电流为

$$I_{B2} \approx \frac{I_{E2max}}{\beta} = \frac{1}{1500} \text{ A} = 0.67 \text{ mA}$$

根据计算可知，T_2 的作用是减小集成运算放大器的输出电流。

（4）当发射极电流超过额定值时，取样电阻 R_4 两端的电压应使过流保护电路中的晶体管 T_3 导通，故有

$$R_4 = \frac{U_{BE}}{I_{Emax}} = \frac{0.7}{1} \text{ } \Omega = 0.7 \text{ } \Omega$$

与直流稳压电路相比，串联反馈式稳压电路具有输出电压可调整、适应能力更强、输出电压纹波更小等特点，但同直流稳压电路一样，其效率很低，一般为 40% 左右。

8.3　集成稳压器

集成稳压器又叫集成稳压电路，它是将稳压电路和过流、过热保护电路等集成在一个硅片上，实现将不稳定的直流电压转换成稳定的直流电压的集成电路，其电路图和图 8.2.3 中电容 C_1 后面的稳压电路基本一致。

用分立元件组成的稳压电源，具有输出功率大、适应性较广的优点，但因其体积大、焊点多、可靠性差而使其应用范围受到限制。近年来，集成稳压电源已得到广泛应用，其中小功率的稳压电源以三端集成稳压器应用最为普遍。

三端集成稳压器的外部引脚有三个，分别为输入端、输出端和公共端，故称之为三端集成稳压器。78×× 系列的三端集成稳压器的外形和电路符号如图 8.3.1 所示，其一般带散热片，用以散发集成稳压器所产生的热量。

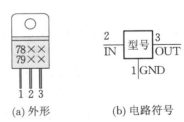

1. 三端固定输出集成稳压器

输出电压不可调节的三端集成稳压器，称为三端固定输出集成稳压器。

图 8.3.1　三端集成稳压器的外形和电路符号

图 8.3.2 所示为以 78×× 系列的三端固定输出集成稳压器为核心组成的典型直流稳压电路，该电路正常工作时，稳压器的输入、输出电压差为 2～3 V，以使调整管工作在放大区。电路中接入电容 C_2、C_3（电容值在 0.1 μF 左右），用来实现频率补偿，防止稳压器产生高频自激振荡，并防止电路引入高频干扰。负载的最大电流为 1.5 A 左右。

2. 三端可调输出集成稳压器

三端可调输出集成稳压器通过外接电阻和电位器，可使输出电压在一定范围内连续调节。该稳压器的三个接线分别为输入端 U_r、输出端 U_o 和调整端 U_{adj}。以 LM7805 为例，由

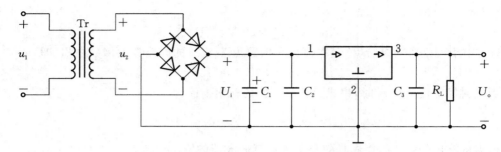

图 8.3.2 以 78××系列的三端固定输出集成稳压器为核心组成的典型直流稳压电路

三端可调输出集成稳压器组成的电路如图 8.3.3 所示。

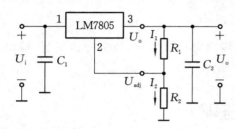

图 8.3.3 由三端可调输出集成稳压器
LM7805 组成的电路

该稳压器的公共端改接到输出端,其本身无直接接地端。2、3 脚之间的电压为内部基准电压 U_{REF}(约 1.25 V),即有

$$U_{REF} = U_o - U_{adj} \qquad (8.3.1)$$

由于调整管电流 $I_{adj} \ll I_1$,故其可以忽略,根据式(8.3.1),输出电压为

$$U_o \approx U_{REF}\left(1 + \frac{R_2}{R_1}\right) \qquad (8.3.2)$$

通过改变 R_1、R_2 的阻值比,即可调整输出电压。

◀ 8.4 开关型直流稳压电路 ▶

串联反馈式稳压电路具有输出电压稳定性高的特点,但调整管工作在线性放大区,因此在负载电流较大时,调整管的能量损耗($U_{CE}I_o$)相当大,电源效率较低,一般为 30%～50%,且调整管需配备庞大的散热装置。

开关型直流稳压电路可克服以上缺点。开关型直流稳压电路中的调整管工作在开关状态,即调整管主要工作在饱和导通和截止状态。当调整管饱和导通时,虽然流过调整管的电流较大,但管压降小;当调整管工作在截止区时,管压降大,但流过调整管的电流几乎为零。所以,开关状态下的调整管的功耗很低,电源效率可提高到 80%～90%,而且其具有体积小、重量轻等特点,适应交流电网电压波动的性能好,适应范围可达 150～280 V。它的主要缺点是输出电压中所含纹波较大,对电子设备的干扰较大。开关型直流稳压电路已成为宇航、计算机、通信领域和功率较大的电子设备中的主流,应用日趋广泛。

开关型直流稳压电路的种类有很多,如串联型开关稳压电路(也叫降压式开关电路)、并联型开关稳压电路(也叫升压式开关电路)等。本节介绍串联型开关稳压电路、并联型开关稳压电路的组成和工作原理。

8.4.1 串联型开关稳压电路

串联型开关稳压电路是指开关管串联在输入电压与负载电路之间的一种电源电路。串联型开关稳压电路如图 8.4.1 所示,图中:U_i 是未经稳压的直流输入电压;晶体管 T 为开关管;U_B 为矩形波,控制开关管的工作状态;A_1 是误差放大器;A_2 是电压比较器;电感 L 起降压作用,并和电容 C_2 组成滤波电路;D 为续流二极管;R_1、R_2 为取样电阻,它们与基准电压电路、误差放大器、三角波发生器和电压比较器组成驱动电路。

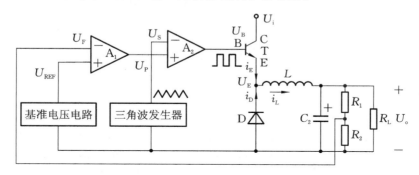

图 8.4.1 串联型开关稳压电路

1. 开关管和滤波电路的工作原理

开关管 T 在电路中与负载电路串联,其工作状态受其基极电压 U_B 的控制。

当 U_B 为高电平时,开关管 T 工作于饱和导通状态,电流经调整管流向电感 L,电感 L 开始储存能量,电容 C_2 开始充电,二极管 D 截止,此时 $U_E \approx U_i$(开关管 T 饱和导通时,$U_{CE} \approx 0$)。

当 U_B 为低电平时,开关管 T 工作于截止状态,此时虽然开关管的发射极电流为零,但是电感 L 开始释放能量,其感生电动势使二极管 D 导通,给电感中的电流一个通路,所以这个二极管 D 称为续流二极管。同时电容 C_2 开始放电,使负载中的电流不变,此时 $U_E = -U_D \approx 0$。

当电路中的电感 L 和电容 C_2 的取值足够大时,可以保证在开关管截止期间电感的能量不能放尽,输出电压含有的交流分量能被电容 C_2 滤除,此时电路的输出电压 U_o 和负载电流 i_L 均为连续的。图 8.4.2 所示为电路中各点电压、电流的波形,其中 T_{on} 是调整管导通时间,T_{off} 是调整管截止时间,T 是开关转换周期(三角波的周期)。

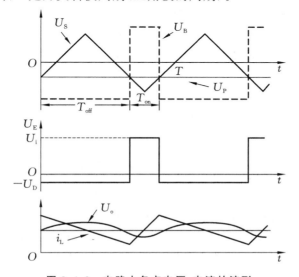

图 8.4.2 电路中各点电压、电流的波形

若将 U_E 视为直流分量和交流分量之和，在忽略滤波电感 L 的直流压降的情况下，输出电压平均值等于 U_E 的直流分量，即

$$U_o = \frac{T_{on}}{T}(U_i - U_{CES}) \approx U_i \frac{T_{on}}{T} \tag{8.4.1}$$

输出电压始终小于 U_i，故该电路也称为降压式稳压电路。

2. 驱动电路的工作原理

由式(8.4.1)可知，当电路的输入电压波动或者电路的负载发生变化而引起输出电压变化时，如果能在 U_o 增大时减小控制电压 U_B 的占空比，或在 U_o 减小时增大 U_B 的占空比，那么就可以获得稳定的输出电压。

驱动电路的工作原理是：取样电路通过 R_1、R_2 对 U_o 分压而得到反馈电压 U_F，基准电压电路输出稳定的电压 U_{REF}，两个电压之差经 A_1 放大后，作为由 A_2 组成的电压比较器的阈值电压 U_P，将三角波发生器的输出 U_S 与 U_P 比较，得到开关管的控制信号 U_B。

当 U_o 升高时，反馈电压 U_F 随之增大，它与基准电压 U_{REF} 之差减小，因而误差放大器 A_1 的输出电压 U_P 减小，经电压比较器使 U_B 的高电平变小，占空比 q 变小，因此输出电压随之减小，调节的结果使 U_o 基本不变。调节过程简述为

$$U_o \uparrow \rightarrow U_F \uparrow \rightarrow U_P[U_P = A_1(U_{REF} - U_F)] \downarrow \rightarrow q \downarrow$$

由于负载电阻的变化会影响 LC 换能电路的滤波效果，因而串联型开关稳压电路不适用于负载变化较大的场合。

8.4.2 并联型开关稳压电路

并联型开关稳压电路如图 8.4.3 所示，图中：开关管与负载并联；U_i 是未经稳压的直流输入电压；电感 L 起储能作用；晶体管 T_1 为开关管；U_B 为矩形波，控制开关管的工作状态。与串联型开关稳压电路一样，并联型开关稳压电路产生脉宽与 U_F 电压线性变化的脉冲波（PWM 波）。

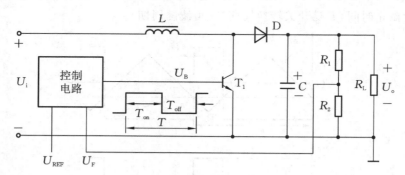

图 8.4.3　并联型开关稳压电路

图 8.4.3 中，开关管 T_1 的工作状态受 U_B 脉冲控制：当 U_B 为高电平时，T_1 饱和导通，U_i 通过 T_1 给电感 L 储能，充电电流几乎呈线性增大，D 因承受反压而截止，滤波器电容 C 对负载电阻放电；当 U_B 为低电平时，T_1 截止，电感 L 的感生电动势阻止电流变化，因而感生电动势与 U_i 同方向，两个电压相加后通过二极管 D 对电容 C 充电。因此，无论 T_1 和 D 的状态如何，负载电流的方向始终不变。

习　题

8.1　常用的小功率直流稳压电源由哪几部分组成？试简述各部分的作用。

8.2　串联反馈式稳压电路由哪几部分组成？各部分的功能是什么？

8.3　比较线性稳压电路与开关稳压电路的优缺点。

8.4　在图 8.01 所示的电路中，已知 $R_L = 8\ \text{k}\Omega$，直流电压表 V_2 的读数为 110 V，二极管的正向压降忽略不计，求：

(1) 直流电流表 A 的读数；

(2) 整流电流的最大值；

(3) 交流电压表 V_1 的读数。

8.5　在图 8.02 所示的电路中，已知 D_1、D_2、D_3 的正向压降及变压器的内阻均可忽略不计，变压器次级所标电压为交流有效值，试求：

(1) R_{L1}、R_{L2} 两端电压的平均值和电流平均值；

(2) 通过整流二极管 D_1、D_2、D_3 的平均电流和二极管承受的最大反向电压。

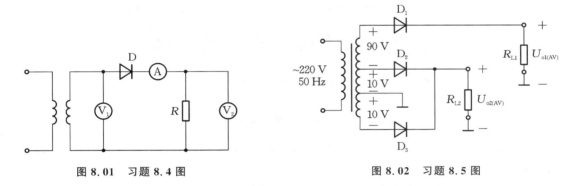

图 8.01　习题 8.4 图　　　　　　　图 8.02　习题 8.5 图

8.6　指出图 8.03 所示的电路中哪些可以作为直流电源的滤波电路，并简述理由。

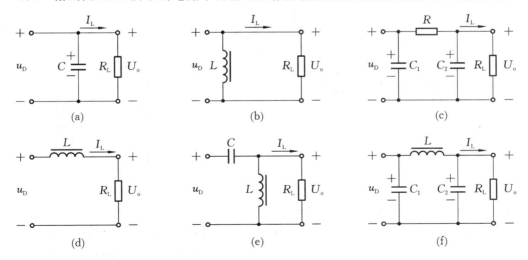

图 8.03　习题 8.6 图

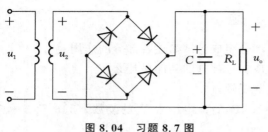

图 8.04　习题 8.7 图

8.7　在图 8.04 所示的桥式整流电容滤波电路中,已知 $U_2 = 20$ V(有效值),$R_L = 40$ Ω,$C = 1000$ μF,试问:

(1) 电路正常工作时 U_o 为多大?

(2) 如果测得 U_o 为 18 V、28 V、9 V、24 V,则电路分别处于何种状态?

(3) 如果电路中有一个二极管出现下列情况:①开路;②短路;③接反,则电路分别处于何种状态? 会给电路带来什么危害?

8.8　在图 8.05 所示的电路中,已知变压器副边电压 $u_2 = 20\sin\omega t$,变压器内阻及二极管的正向电阻均可忽略不计,电容 C_1、C_2、C_3、C_4 均为电解电容。试:

(1) 在图中标出各电容的极性;

(2) 分别估算各电容上的电压值。

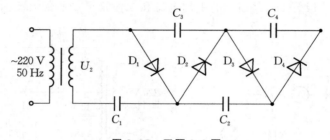

图 8.05　习题 8.8 图

8.9　电路如图 8.06 所示,稳压管 D_Z 的稳定电压 $U_Z = 6$ V,$U_i = 18$ V,$C = 1000$ μF,$R = 1$ kΩ,$R_L = 1$ kΩ。

(1) 当电路中的稳压管接反或限流电阻 R 短路时,会出现什么现象?

(2) 求变压器次级电压的有效值 U_2 和输出电压 U_o。

(3) 将电容 C 断开,试画出 U_i、U_o 的波形。

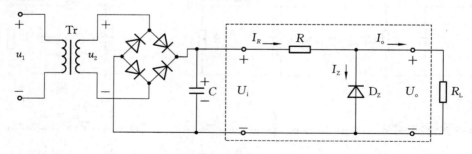

图 8.06　习题 8.9 图

8.10　串联式稳压电路如图 8.07 所示,试:

(1) 改正电路中的错误,使之能正常工作,要求不得改变 U_i 和 U_o 的极性;

(2) 若已知 $U_Z = 6$ V,$U_i = 30$ V,$R_1 = 2$ kΩ,$R_2 = 1$ kΩ,$R_3 = 2$ kΩ,调整管 T 的电流放大倍数 $\beta = 50$,求输出电压 U_o 的调节范围;

(3) 当 $U_o = 15$ V,$R_L = 150$ Ω 时,求调整管 T 的管耗和集成运算放大器的输出电流。

8.11 在图 8.08 所示的电路中，$R_1 = 240\ \Omega$，$R_2 = 3\ k\Omega$，W117 输入端和输出端电压的范围为 $3 \sim 40\ V$，输出端和调整端之间的电压为 $1.25\ V$，试求：

（1）输出电压的调节范围；

（2）输入电压允许的范围。

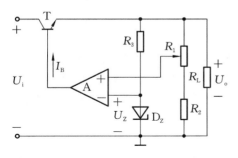 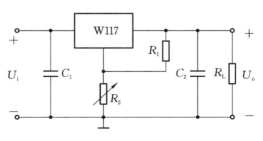

图 8.07　习题 8.10 图　　　　　　　　　图 8.08　习题 8.11 图

8.12 串联反馈式稳压电路如图 8.09 所示，已知输入电压 U_i 的波动范围为 $\pm 10\%$，调整管 T 的饱和压降 $U_{CES} = 3\ V$，T 的电流放大倍数 $\beta = 50$，$R_1 = R_2 = 1\ k\Omega$，$R_3 = 500\ \Omega$，$U_Z = 7\ V$，试问：

（1）输出电压的范围为多少？

（2）输入电压 U_i 至少取多少伏？

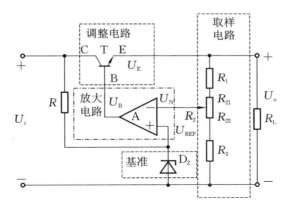

图 8.09　习题 8.12 图

第9章
逻辑代数和逻辑门

◀ **本章指南**

　　数字电路是对数字信号进行各种逻辑运算和算术运算的电路。数字电路不仅具有运算功能,还具有逻辑思维和判断能力,所以其发展迅速,几乎应用到所有领域,深入生活的每一个角落,我们充分享受着数字化时代发展所带来的技术和成果,如高性能的计算机、高自动化程度的工业数控设备、智能化仪表、互动性强的高清数字电视、功能越来越多的手机、创意时尚的数码产品等。

　　本章将介绍数字电路的一些基础知识,讲述分析数字电路的数学方法,即逻辑代数,并简要分析实现逻辑运算的电路,即逻辑门电路。

◀ 9.1 数字信号 ▶

9.1.1 模拟信号和数字信号

电信号是指随着时间变化的电压或电流。电信号可分为模拟信号和数字信号两类。模拟信号在时间和幅值上都是连续变化的,如将外界的温度、湿度、风速、声音、压力等通过传感器转变成电信号,这类电信号就是模拟信号,例如前面章节中随时间连续变化的电压或电流;数字信号在时间和幅值上则是离散的,如图 9.1.1 所示,它主要通过模-数转换器得到,由数字电路对数字信号进行传输、处理和存取。

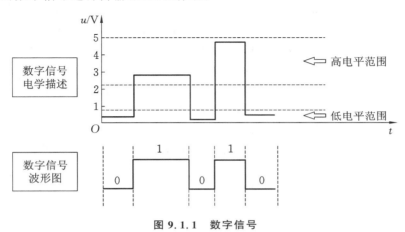

图 9.1.1　数字信号

数字信号采用二值信息——高电平和低电平,它只有两种取值,常用数字 1 和 0 表示。这里的 1 和 0 不是十进制中的数字,而是称为逻辑 1 和逻辑 0。由数字信号的电学描述可知,高、低电平并不是指一个精确的电压值,而是一段电压范围,并且高电平和低电平具有各自的电压范围,差异明显。高电平和低电平的电流一般为 mA 级及其以下。

9.1.2 实际数字信号

图 9.1.1 中的数字信号的波形是理想的,属于矩形脉冲信号。所谓脉冲信号,是指在短时间内作用于电路的电压和电流信号。实际数字脉冲信号是不能立即上升和下降的,要经历一段时间才能上升或下降,如图 9.1.2 所示。

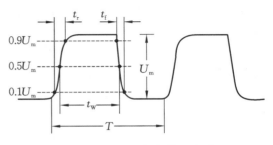

图 9.1.2　实际数字信号波形

常用以下参数来定量描述实际数字信号的特性:

(1) 脉冲周期 T:周期性变化的脉冲信号完成一次变化所需的时间,其倒数就是频率,即 $f=1/T$,频率表示单位时间内脉冲重复的

次数。

 (2) 脉冲幅度 U_m：脉冲电压的最大变化幅度。

 (3) 脉冲宽度 t_w：由脉冲前沿幅值的 50% 变化到脉冲后沿幅值的 50% 所需要的时间。

 (4) 上升时间 t_r：脉冲前沿从脉冲幅度的 10% 上升到脉冲幅度的 90% 所需要的时间。

 (5) 下降时间 t_f：脉冲后沿从脉冲幅度的 90% 下降到脉冲幅度的 10% 所需要的时间。

 1) 高速信号

 上升时间 t_r 和下降时间 t_f 的典型值为几十纳秒(ns)，均比高电平或低电平的持续时间要小得多，若只讨论逻辑电平的高低，可忽略信号的上升和下降时间。所以，本章采用理想数字信号，只看高、低电平的变化，无须画出上升沿和下降沿。

 但是，在设计、处理高速信号的电路时，则不能忽略信号的上升和下降时间的影响。信号的上升和下降时间是影响高速信号完整性的根本因素。信号完整性是指信号在传输路径上的质量，即在一定时间内信号能不失真地从发送端传输到接收端。数字信号实际上是一种跳变信号，上升沿和下降沿较陡。若对电路不做信号完整性设计考虑，那么当信号的上升时间或下降时间减少到一定程度时，电路板上的寄生电容和寄生电感会导致一些影响电路性能的噪声信号和瞬态信号，引起高速信号畸变失真。

 是否为高速信号，主要取决于信号的上升和下降时间，它们一般为皮秒级(ps)。所以，频率高的信号不一定是高速信号。不过，信号频率越高，上升和下降时间越短，上升沿和下降沿就越陡，一般将 50 MHz 以上的高频信号也称为高速信号。频率低的信号也可能是高速信号，如 1 kHz 的信号的上升沿极陡，达到皮秒级，就要以高速信号处理。

 2) 占空比

 脉冲宽度 t_W 占整个周期 T 的百分数，称为占空比，一般用 q 表示，其表达式为

$$q = \frac{t_W}{T} \times 100\% \tag{9.1.1}$$

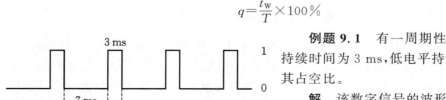

图 9.1.3　例题 9.1 图

 例题 9.1　有一周期性数字信号，高电平持续时间为 3 ms，低电平持续时间为 7 ms，求其占空比。

 解　该数字信号的波形如图 9.1.3 所示，其占空比为

$$q = \frac{t_W}{T} \times 100\% = \frac{3}{3+7} \times 100\% = 30\%$$

 由此可知，在一串理想的数字序列中，占空比是正脉冲(高电平)的持续时间与脉冲总周期的比值。

 占空比概念的一个应用就是 PWM(pulse width modulation，脉冲宽度调制)。PWM 是利用微处理器的数字输出来实现对模拟电路控制的一种简便、灵活而有效的技术，其应用广泛，如 PWM 是逆变技术、变频技术的核心模块，PWM 可方便实现电机调速、LED 灯调光、立体声音量的数字调节等。

 下面通过 PWM 实现直流电机调速来初步解释 PWM 的概念。简单地说，通过软件编程，微处理器可输出在一定频率下占空比不同的脉冲，不同占空比的输出脉冲有不同的平均电压值输出。加载在直流电机上的电压值不同，直流电机的转速做相应的改变。那么，通过功率驱动电路，PWM 实现了对直流电机的数字调速。

所输出的平均电压值与占空比的关系为

$$\overline{U} = qU_{\max} \tag{9.1.2}$$

式中，$U_{\max}$ 是脉冲信号的最大电压值，即输出高电平的电压值，若是近似计算，可用微处理器的电源电压代替。图 9.1.4 所示为由式（9.1.2）计算出的平均电压值。

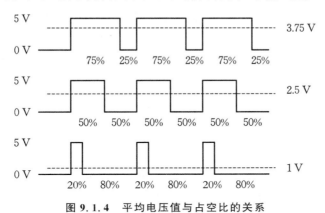

图 9.1.4　平均电压值与占空比的关系

9.1.3　数制与码制

1. 数制

数制也称计数制，是指用一组固定的符号和统一的规则来表示数值的方法。按进位的原则进行计数的方法，称为进位计数制。在数字电路中，经常使用的计数制是十进制、二进制和十六进制，如表 9.1.1 所示。

表 9.1.1　常用的计数制

类　　型	十　进　制	二　进　制	十　六　进　制
数字符号	0～9	0、1	0～9、A、B、C、D、E、F
基数	10	2	16
进位原则	逢十进一	逢二进一	逢十六进一
下脚注表示	10 或 D	2 或 B	16 或 H
基本用途	日常	数字系统	程序书写

基数和位权是进位计数制的两个要素。基数是指某进位计数制中允许使用的数字符号的个数。位权是指某一数值的每一位上数字的权值大小。若某一正整数有 n 位，不同位的位权就是"基数的 $n-1$ 次幂"。任何一种数制的数值都可以表示成按位权展开的多项式之和，如一个 n 位二进制数 $(D_n)_2$ 可展开为

$$(D_n)_2 = \sum_{i=0}^{n-1} d_i 2^i \quad (D_n \text{ 为正整数}) \tag{9.1.3}$$

式中，d_i 是第 i 位的系数（0 或者 1），2^i 是第 i 位的位权。例如

$$(10111)_2 = 1 \times 2^4 + 0 \times 2^3 + 1 \times 2^2 + 1 \times 2^1 + 1 \times 2^0 = (23)_{10}$$

2. 数制转换

十进制数、二进制数和十六进制数之间相互转换的要点如下。

(1) 位权概念的应用。二进制数和十六进制数按位权展开成多项式之和,这样就转换为十进制数,而十进制数可通过二进制数的位权运用转换成二进制数。

(2) 四位二进制数可用等值的一位十六进制数表示。只要从低位到高位以四位二进制数为一组依次进行分组(高位不足四位时补 0),然后写出每一组等值的十六进制数,即可得到对应的十六进制数;对于十六进制数,只需将其每一位用等值的二进制数代替,即可转换成二进制数。

其中,不是很直观的是十进制数转换为二进制数。通过二进制数的位权运用,可以方便、快捷地实现转换,即十进制数可以分解成 2^i 的多项式之和。例如,十进制数 520,找到小于 520 最近的二进制数位权是 2^9(512),剩余 $520-512=8$,就是 2^3,由式(9.1.3)可知,第十、四位的系数为 1,其余为 0,即

$$(520)_{10} = (1000001000)_2 = (208)_{16}$$

又如

$$(1314)_{10} = 2^{10} + 2^8 + 2^5 + 2^1 = (10100100010)_2 = (522)_{16}$$

3. 二进制数的算术运算

二进制数的加、减、乘、除四则运算,在数字系统中经常会遇到,其运算规则与十进制数的很相似,如表 9.1.2 所示。加法运算是最基本的一种运算,利用其运算规则可以实现其他三种运算。

表 9.1.2 二进制数的四则运算规则

算术运算	加	减	乘	除
运算规则	$0+0=0$ $0+1=1$ $1+0=1$ $1+1=10$(本位为 0,向高位进 1)	$0-0=0$ $0-1=1$(本位为 1,向高位借 1 当 2) $1-0=1$ $1-1=0$	$0\times0=0$ $0\times1=0$ $1\times0=0$ $1\times1=1$	$0\div0=0$ $0\div1=0$ $1\div0$(无意义) $1\div1=1$

4. 码制

数字电路中的信号大致分为两类:一类是数值,另一类是文字符号(包括控制符)。为了表示文字符号信息,采用一定位数的 0 和 1 组合表示,这个过程就是编码。这个特定的一定位数的 0 和 1 的组合即为二进制码,也称二值代码。码制就是编制代码所遵循的规则。

1) 8421BCD 码

十进制数中的 0~9 十个数,每个数都用四位二进制码表示,为二-十进制代码,简称BCD(binary-coded decimal)代码。BCD 码的编码方式有很多,但最常用的是 8421BCD 码。

8421BCD 码规定了四位二进制码每一位的位权,即从高位到低位的位权依次是 $8(2^3)$、$4(2^2)$、$2(2^1)$、$1(2^0)$。这种编码方式符合二进制数加法进位规律,且最自然简单,易于识别,如后面章节要介绍的数码管的输入端所输入的二进制码就是 8421BCD 码。表 9.1.3 中列

出了几种常见的 BCD 码,它们的编码方式各不相同。

表 9.1.3 几种常用的 BCD 码

十 进 制 数	8421 码	5421 码	2421 码
0	0000	0000	0000
1	0001	0001	0001
2	0010	0010	0010
3	0011	0011	0011
4	0100	0100	0100
5	0101	1000	1011
6	0110	1001	1100
7	0111	1010	1101
8	1000	1011	1110
9	1001	1100	1111

例如,将十进制数 2016 转换成 8421BCD 码,即

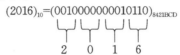

$$(2016)_{10}=(0010000000010110)_{8421BCD}$$

2 0 1 6

2) 格雷码

格雷(Gray)码是数字电子技术和自动化检测技术中的一种重要编码,其特点是相邻的两组代码只有一位码不同(包括头尾两组代码),且具有循环性。在这一循环过程中,按顺序发生的状态变化,只对应一个变量发生变化;而自然二进制码在按顺序变化时,会有不止一个变量发生变化,如 0111 变为 1000,每一位都在变。所以,格雷码的这一特点有助于提高电路的可靠性。如用于测量风向的转角位移量-数字量的转换中,当风向的转角位移量发生微小变化时,将引起所转换的数字量发生相应的变化,该数字量采用格雷码编码,其微小变化可能仅变化一位。这样,与其他编码同时改变两位或多位的情况相比,格雷码更为可靠,可减少出错的可能性。

表 9.1.4 所示为二进制码和格雷码的关系对照表,从表中可以看出,格雷码不够直观,不能直接用于计算,应用时需要与二进制码进行转换。

表 9.1.4 二进制码和格雷码的关系对照表

十 进 制 数	四位自然 二进制码	四位典型 格雷码	三位典型 格雷码	二位典型 格雷码
0	0000	0000	000	00
1	0001	0001	001	01
2	0010	0011	011	11
3	0011	0010	010	10

十 进 制 数	四位自然 二进制码	四位典型 格雷码	三位典型 格雷码	二位典型 格雷码
4	0100	0110	110	
5	0101	0111	111	
6	0110	0101	101	
7	0111	0100	100	
8	1000	1100		
9	1001	1101		
10	1010	1111		
11	1011	1110		
12	1100	1010		
13	1101	1011		
14	1110	1001		
15	1111	1000		

（1）自然二进制码转换为格雷码（编码）。

自然二进制码转换为格雷码的法则是，保留自然二进制码的最高位作为格雷码的最高位，次高位的格雷码由自然二进制码的最高位和次高位相异或而得，格雷码其余位的求法与次高位的求法类似。异或的概念将在下一节介绍。例如

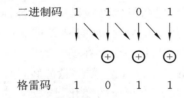

（2）格雷码转换为自然二进制码（译码或解码）。

格雷码转换为自然二进制码的法则是，保留格雷码的最高位作为自然二进制码的最高位，次高位的自然二进制码由最高位的二进制码和次高位的格雷码相异或而得，其余位的求法与次高位的求法类似。例如

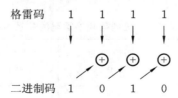

3）ASCII 码

ASCII 码即美国信息交换标准代码（American standard code for information interchange），是计算机系统中使用最广泛的一种编码。国际标准的 128 个 ASCII 码使用 7 位二进制码表示所有的大写和小写字母、数字 0 到 9、标点符号以及特殊的控制字符，以保证

人类、外设、计算机之间能进行正确的信息交换,并在世界通用。

9.1.4　数字信号的特点

1. 易于运算

数字信号只有 0 和 1 两种代码,从电路设计角度来说,这是很容易实现的,即晶体管工作在"开关"状态(饱和与截止,放大成为开关电路的过渡状态)。通过电路设计,就可实现算术运算和逻辑运算。组成数字电路的单元结构比较简单,对元件精度要求不高,便于集成化和系列化生产。计算机、集成电路、人工智能等无一不得益于数字电路的产生和发展。

2. 易于传输

数字信号只有 0 和 1 两种电平状态,各自具有一定的电压范围,且差异明显。在信号处理和传输过程中,即使有噪声干扰、传输衰减等不利影响,数字电路通过处理都可以正确地分辨出 0 和 1 信号,这就说明数字电路的抗干扰能力很强,可靠性高。在通信中采用数字信号进行传输,使得信号易于调制,保密性好,能自动发现和控制差错,与计算机结合组成计算机数字通信网。现今,对信息的处理和传输普遍采用数字化技术,如原始信息(数据、文字、声音或图像)经模拟/数字转换器转换成数字信号,再进行处理和传输,最后经数字/模拟转换器还原成原始信息。

3. 易于存储

数字电路中有许多存储器电路,如后续章节所要介绍的锁存器、寄存器、ROM 存储器和 RAM 存储器,它们既能写入数据,也能读出数据,而这在模拟电路中是不可能实现的,因为模拟电路中没有具有记忆功能的存储器电路。模拟信号只能通过外部存储器来实现存储,如早期的磁带和录像带。

数字系统有了存储器电路后,能很方便地对数据随存随取,实现数据的复杂处理和高级运算;只对 0 和 1 的数字信号进行存储,使得一个小小的集成芯片装入海量信息成为可能。

◀ 9.2　逻辑运算及其基本定律 ▶

逻辑通常指人们思考问题,从某些已知条件出发,推导出合理结论的规律。在客观世界中,事物发展变化所遵循的因果关系一般称为逻辑关系。反映和处理这种关系的数学工具,就是逻辑代数。

逻辑代数也称布尔代数,是英国数学家布尔于 1854 年首先提出的。布尔用数学的方法解决逻辑问题,这种方法独特而简单,运算的元素只有两个——1(TRUE,真)和 0(FALSE,假),基本的运算只有三种——与(AND)、或(OR)和非(NOT)。布尔代数是当今数字电路的数学基础,是数学之美的充分体现。但是,布尔代数真正成为数字电路的数学基础并应用于解决实际问题却是在 1938 年,美国数学家、信息论创始人香农率先将布尔代数用于开关电路和继电器网络的分析,给出了实现算术运算和逻辑运算的电子电路的设计方法,从此,数字电子技术飞速发展。

9.2.1 三种基本逻辑运算

1. 与运算

当决定一件事情的各个条件全部具备时,这件事情才会发生,这样的因果关系称为与运算,也可叫作逻辑与、逻辑乘。

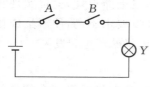

图 9.2.1 与运算电路

下面通过一个具有与运算功能的简单电路来介绍与运算的数学分析方法。图 9.2.1 所示为与运算电路,从图中可以看出,只有当两个开关同时闭合时,指示灯才会亮。

首先设定变量和状态赋值。条件变量是两个开关 A、B,每个开关有闭合和断开两个状态,以 1 表示开关闭合,以 0 表示开关断开;结果变量是指示灯 Y,它有灯亮和灯灭两个状态,以 1 表示灯亮,以 0 表示灯灭。

表 9.2.1 与运算的真值表

A	B	Y
0	0	0
0	1	0
1	0	0
1	1	1

然后列出真值表。真值表是列出逻辑运算输入(条件)和输出(结果)之间全部可能状态的表格。一个变量只有 0、1 两种可能取值,n 个输入变量共有 2^n 种可能,将它们按顺序(一般按二进制数加法规律)排列起来,同时在相应位置写上输出变量的值,便可得到该逻辑运算的真值表。与运算的真值表如表 9.2.1 所示,可以很容易地归纳出与运算输入和输出的关系,即"见 0 为 0,全 1 为 1"。

最后写出与运算的逻辑表达式,以"·"表示与运算,有时也可省略,即

$$Y = A \cdot B \quad \text{或} \quad Y = AB \tag{9.2.1}$$

由此可得与运算的规则:$0 \cdot 0 = 0, 0 \cdot 1 = 0, 1 \cdot 0 = 0, 1 \cdot 1 = 1$。

逻辑运算还有一种表达方式,就是用图形符号(逻辑符号)表示,本教材采用国标图形符号表示。逻辑运算的图形符号常用于逻辑电路分析。与运算的图形符号如图 9.2.2 所示。

2. 或运算

决定某一件事情的各个条件中,只要有一个或一个以上的条件具备,这件事情就会发生,这种因果关系称为或运算,也可叫作逻辑或、逻辑加。

图 9.2.3 所示为或运算电路,从图中可以看出,一个或者一个以上的开关闭合,都能使指示灯点亮。

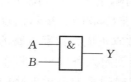

图 9.2.2 与运算的图形符号

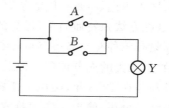

图 9.2.3 或运算电路

或运算的真值表如表 9.2.2 所示,其输入和输出的关系可归纳为"全 0 为 0,见 1 为 1"。

或运算的图形符号如图 9.2.4 所示。

表 9.2.2 或运算的真值表

A	B	Y
0	0	0
0	1	1
1	0	1
1	1	1

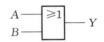

图 9.2.4 或运算的图形符号

以"+"表示或运算,其逻辑表达式为

$$Y=A+B \tag{9.2.2}$$

由此可得或运算的规则:$0+0=0,0+1=1,1+0=1,1+1=1$。

3. 非运算

某一件事情的发生取决于条件的否定,即事情与事情发生的条件之间构成矛盾,则称这种因果关系为非运算,也可叫作逻辑非、逻辑反。如计算机中用累加器做二进制数减法时,要用到非运算进行求反。

图 9.2.5 所示为非运算电路,从图中可以看出,开关闭合,指示灯灭;开关断开,指示灯亮。非运算的真值表如表 9.2.3 所示。非运算的图形符号如图 9.2.6 所示,图中的小圆圈即表示非运算。在一些复合逻辑运算中,若其逻辑符号中有小圆圈,则说明该逻辑运算含有非运算。

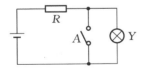

图 9.2.5 非运算电路

表 9.2.3 非运算的真值表

A	Y
0	1
1	0

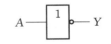

图 9.2.6 非运算的图形符号

以变量上方的短横线"—"表示非运算,其逻辑表达式为

$$Y=\overline{A} \tag{9.2.3}$$

由此可得非运算的规则:$1=\overline{0},0=\overline{1}$。

9.2.2 复合逻辑运算

复合逻辑运算由以上三种基本逻辑运算组合而成。

1. 与非运算

与非运算是将输入变量先进行与运算,然后进行非运算。与非运算的输入和输出的关系是"见 0 为 1,全 1 为 0",其逻辑表达式为

$$Y=\overline{AB} \tag{9.2.4}$$

与非运算的图形符号如图 9.2.7 所示,它由与运算输出端加上一个代表非运算的小圆圈构成。

2. 或非运算

或非运算是将输入变量先进行或运算,然后进行非运算。或非运算的输入和输出的关系是"见 1 为 0,全 0 为 1"。或非运算的图形符号如图 9.2.8 所示,其逻辑表达式为

$$Y = \overline{A+B} \tag{9.2.5}$$

图 9.2.7　与非运算的图形符号

图 9.2.8　或非运算的图形符号

3. 异或运算和同或运算

异或运算的逻辑表达式为

$$Y = A\overline{B} + \overline{A}B = A \oplus B \tag{9.2.6}$$

式中,"$\oplus$"是异或运算符号。异或运算的图形符号如图 9.2.9 所示。

同或运算的逻辑表达式为

$$Y = \overline{A}\overline{B} + AB = A \odot B \tag{9.2.7}$$

式中,"$\odot$"是同或运算符号。同或运算的图形符号如图 9.2.10 所示。

图 9.2.9　异或运算的图形符号　　图 9.2.10　同或运算的图形符号

异或运算和同或运算的真值表如表 9.2.4 所示。

表 9.2.4　异或运算和同或运算的真值表

输　　　入		输　　　出	
A	B	$Y = A \oplus B$	$Y = A \odot B$
0	0	0	1
0	1	1	0
1	0	1	0
1	1	0	1

由此可以看出,异或运算和同或运算的逻辑正好相反,归纳其输入和输出的关系是"异或的非是同或,同或的非是异或",即 $\overline{A \oplus B} = A \odot B$,$\overline{A \odot B} = A \oplus B$。

9.2.3　逻辑运算的基本定律

表 9.2.5 所示的逻辑运算的基本定律是根据以上三种基本逻辑运算法则推导出的逻辑运算的一些基本定律。

表 9.2.5　逻辑运算的基本定律

名　　称	公　　式		说　　明
	乘	加	
0-1 律	$A \cdot 1 = A$ $A \cdot 0 = 0$	$A + 1 = 1$ $A + 0 = A$	常量和变量之间的关系
互补律	$A \cdot \overline{A} = 0$	$A + \overline{A} = 1$	
重叠律	$A \cdot A = A$	$A + A = A$	
交换律	$A \cdot B = B \cdot A$	$A + B = B + A$	运算变量顺序可交换
结合律	$A(BC) = (AB)C$	$A + (B + C) = (A + B) + C$	变量的顺序不变,只改变结合关系
分配律	$A(B + C) = AB + AC$	$A + BC = (A + B)(A + C)$	乘对加分配,加对乘分配
吸收律	$A(A + B) = A$	$A + AB = A$ $A + \overline{A}B = A + B$	消去多余因子
摩根定律	$\overline{A \cdot B} = \overline{A} + \overline{B}$	$\overline{A + B} = \overline{A} \cdot \overline{B}$	与变或,或变与
还原律	$\overline{\overline{A}} = A$		否定之否定
冗余律	$AB + \overline{A}C + BC = AB + \overline{A}C$ $(A + B)(\overline{A} + C)(B + C) = (A + B)(\overline{A} + C)$		消去多余冗余项

　　逻辑代数是二值逻辑,只有 0 和 1 两个常量,逻辑变量的取值不是 0 就是 1,所以以上定律能够用真值表看等式两边是否相等来加以证明,这是逻辑代数独特的证明方法。

　　例题 9.2　试证明摩根定律 $\overline{A \cdot B} = \overline{A} + \overline{B}$。

　　解　将摩根定律等式两边用真值表列出,如表 9.2.6 所示。

表 9.2.6　例题 9.2 表

A	B	$\overline{A \cdot B}$	$\overline{A} + \overline{B}$
0	0	1	1
0	1	1	1
1	0	1	1
1	1	0	0

　　由上表可以看出,摩根定律等式两边相等,摩根定律得以证明。

　　另外一种证明方法就是用其他的基本定律加以证明。应用这种证明方法时,特别要注意不能与初等代数公式相混淆,如重叠律。

　　例题 9.3　试证明吸收率 $A + \overline{A}B = A + B$。

　　解　$A + \overline{A}B = (A + \overline{A})(A + B)$　[利用分配律 $A + BC = (A + B)(A + C)$]

　　　　　　　　$= 1 \cdot (A + B)$　[利用互补律 $A + \overline{A} = 1$]

　　　　　　　　$= A + B$　[利用 0-1 律 $A \cdot 1 = A$]

　　例题 9.4　试证明冗余律 $AB + \overline{A}C + BC = AB + \overline{A}C$。

解 $AB+\overline{A}C+BC=AB+\overline{A}C+BC(A+\overline{A})$ [BC 后配项 $A+\overline{A}=1$,等式不变]

$\qquad=AB+\overline{A}C+ABC+\overline{A}BC$ [利用分配律 $A(B+C)=AB+AC$]

$\qquad=AB(1+C)+\overline{A}C(1+B)$ [利用结合律 $A+(B+C)=(A+B)+$

$\qquad\qquad\qquad\qquad\qquad\qquad$ C、分配律 $A(B+C)=AB+AC$]

$\qquad=AB+\overline{A}C$ [利用 0-1 律 $A+1=1$]

◀ **9.3　逻辑函数及其转换** ▶

任何一个具体的因果关系都可以用一个逻辑函数来描述。以若干条件作为输入,以事件结果作为输出。若输入逻辑变量 A、B、C、D……的取值确定以后,输出逻辑变量 Y 也随之确定,就称 Y 是逻辑变量 A、B、C、D……的逻辑函数。

9.3.1　逻辑函数的表示方法

1. 真值表

在前面介绍与运算时,已叙述了真值表的概念和列表方法。可以看出,一个特定的逻辑问题,只对应唯一一个真值表。真值表在逻辑函数中具有唯一性。

2. 逻辑表达式(逻辑函数式)

逻辑表达式是用与、或、非等逻辑运算表示输入和输出之间的逻辑关系的代数式。应用逻辑运算的基本定律,对于同一逻辑函数,其表达式有多种不同的形式。要对一个实际逻辑问题用逻辑表达式描述,那么这个逻辑表达式是由真值表而得到的。

例如,一个三人表决事件,其结果遵循"少数服从多数"原则。要将这一因果关系用逻辑函数描述,具体分析步骤如下。

1)设定变量和状态赋值

输入变量设为 A、B、C,同意为"1",不同意为"0";输出变量设为 Y,通过为"1",不通过为"0"。

2)列真值表

因输入变量只有三个,所以输入变量组合只有八种可能,按二进制加法依次列出,如表 9.3.1所示。

表 9.3.1　三人表决事件的真值表

A	B	C	Y
0	0	0	0
0	0	1	0
0	1	0	0
0	1	1	1
1	0	0	0
1	0	1	1

续表

A	B	C	Y
1	1	0	1
1	1	1	1

3）写出逻辑表达式

由表 9.3.1 可知,三个输入变量有八种组合,将每种组合用乘积项表示,乘积项是三个变量的逻辑乘。若某输入变量取值为"1",则该输入变量在乘积项中取其本身(如 A);若某输入变量取值为"0",则该输入变量在乘积项中取其反变量(如 $\overline{A}$)。例如,有一种组合是"011",则用乘积项表示为 $\overline{A}BC$。

将表 9.3.1 中输出变量 Y 为"1"的乘积项取出相或,其逻辑表达式为

$$Y = \overline{A}BC + A\overline{B}C + AB\overline{C} + ABC$$

4）逻辑表达式的不同表达形式

由真值表得出的逻辑表达式,可以称为标准与或式。通过逻辑运算的基本定律,上式可以变换为简化的与或式,即

$$Y = \overline{A}BC + A\overline{B}C + AB\overline{C} + ABC$$
$$= \overline{A}BC + A\overline{B}C + AB\overline{C} + ABC + ABC + ABC$$
$$= (\overline{A} + A)BC + (\overline{B} + B)AC + (\overline{C} + C)AB$$
$$= BC + AC + AB$$

简化的与或式还可以转换为与非–与非式,即

$$Y = BC + AC + AB$$
$$= \overline{\overline{BC + AC + AB}}$$
$$= \overline{\overline{BC} \cdot \overline{AC} \cdot \overline{AB}}$$

3. 逻辑图

逻辑图是指用逻辑符号来表示逻辑运算关系。逻辑图是根据逻辑表达式画出的,是将输入变量之间的各种逻辑运算用相应的逻辑符号以及它们之间的连线反映出来。可以看出,一个实际的逻辑问题,其逻辑表达式有不同的形式,所以就会有不同的逻辑图。如三人表决事件有三种形式的逻辑表达式,因此就有三种相应的逻辑图,如图 9.3.1 所示。

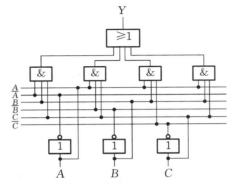

（a）标准的与或式 $Y = \overline{A}BC + A\overline{B}C + AB\overline{C} + ABC$

图 9.3.1 三人表决事件的逻辑图

(说明:两线交叉,若相连,必用实心点标记,否则会被认为两线交叉而不相连)

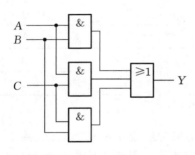 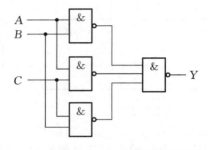

（b）简化的与或式 $Y=BC+AC+AB$ （c）与非-与非式 $Y=\overline{\overline{BC}\cdot\overline{AC}\cdot\overline{AB}}$

续图 9.3.1

逻辑图中的逻辑符号，都有具体的电路器件，所以逻辑图很接近实际电路图。

4.波形图

波形图是指反映输入变量和对应的输出变量随时间变化的波形。逻辑函数用波形图表示，简单而直观，对分析其逻辑功能很有帮助。对于图 9.2.7 所示的与非运算，已知输入变量 A、B 的波形，由与非运算规则画出输出函数 Y 的波形，如图 9.3.2 所示。

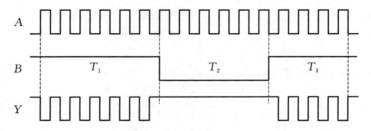

图 9.3.2   与非运算对输入的脉冲信号的控制作用

由图 9.3.2 可以看出，与非运算对输入的脉冲信号起着控制作用。一定频率的脉冲信号从 A 端输入，另一输入端 B 作为控制信号。当 B 端为"1"时，$Y=\overline{A}$，脉冲信号通过；当 B 端为"0"时，$Y=1$，脉冲信号被禁止通过。

9.3.2　逻辑函数的化简

由图 9.3.1 中的三个逻辑图可知，依据简化的与或式画出的逻辑图所用的逻辑符号少，连线少，使得实现逻辑图的电路简单，这样可以降低成本，提高可靠性，所以对逻辑表达式进行化简是很必要的。一般将逻辑表达式先化简为最简与或式，再转换为其他表达式。最简与或式即为乘积项的个数最少、每个乘积项中的变量个数最少的表达式。利用表 9.2.5 中的基本定律对逻辑表达式进行化简是常用的方法之一。

例题 9.5　化简逻辑函数 $Y=AB+\overline{A}BC+\overline{A}B\overline{C}$。

解　$Y=AB+\overline{A}BC+\overline{A}B\overline{C}$

$\quad\quad=AB+\overline{A}B(C+\overline{C})$　　（利用分配律）

$\quad\quad=AB+\overline{A}B$　　　　　　（利用互补律、0-1 律）

$\quad\quad=B$　　　　　　　　　　（利用分配律、互补律、0-1 律）

例题 9.6 化简逻辑函数 $Y = A + \overline{B} + \overline{CD} + \overline{\overline{AD} \cdot \overline{B}}$。

解 $Y = A + \overline{B} + \overline{CD} + \overline{\overline{AD} \cdot \overline{B}}$

$= A + BCD + AD + B$ （利用摩根定律）

$= (A + AD) + (B + BCD)$（利用结合律）

$= A + B$ （利用吸收律）

例题 9.7 化简逻辑函数 $Y = A\overline{B}\overline{C}D + \overline{A} + B + C$

解 $Y = A\overline{B}\overline{C}D + \overline{A} + B + C$

$= A\overline{B}\overline{C}D + \overline{\overline{A}\overline{B}\overline{C}}$ （利用摩根定律）

$= D + \overline{A}\overline{B}\overline{C}$ （利用吸收律）

$= \overline{A} + B + C + D$ （利用摩根定律、结合律）

例题 9.8 化简逻辑函数 $Y = AC + \overline{B}C + B\overline{D} + C\overline{D} + A(D + \overline{C}) + \overline{A}BC\overline{D} + A\overline{B}DE$

解 $Y = AC + \overline{B}C + B\overline{D} + C\overline{D} + A(D + \overline{C}) + \overline{A}BC\overline{D} + A\overline{B}DE$

$= A(C + D + \overline{C}) + \overline{B}C + B\overline{D} + (C\overline{D} + \overline{A}BC\overline{D}) + A\overline{B}DE$

$= A + \overline{B}C + B\overline{D} + C\overline{D} + A\overline{B}DE$

$= (A + A\overline{B}DE) + (\overline{B}C + B\overline{D} + C\overline{D})$

$= A + \overline{B}C + B\overline{D}$

9.4 集成门电路

所谓门，就是一种开关，它能按照一定的条件去控制信号的通过或不通过。门电路就是用以实现基本和常用逻辑运算的电子电路，前面所介绍的几种逻辑运算都能用电子电路实现，相应地称之为与门、或门、非门、与非门、或非门、异或门、同或门。这些门电路在实际应用中都是以集成芯片的形式出现的，其芯片内部的门电路结构就是目前普遍应用和正在发展的集成门电路。

集成门电路分为双极型 TTL 和单极型 CMOS 两大类，TTL 门电路以三极管开关电路为基础，CMOS 门电路以 MOS 管开关电路为基础。

9.4.1 基本开关电路

1. 三极管

数字信号的电学特征是电压的幅值在两种状态之间跳动变化，而三极管的饱和及截止状态可满足这样的情况，三极管只工作在饱和及截止状态时就作为开关电路应用。选择合理的电路参数，可使三极管工作在开关状态，不然三极管就有可能处于放大状态，那么三极管的输出就不是数字信号了。

例题 9.9 在图 9.4.1 所示的电路中，当输入电压 u_i 分别为 0 和 3 V 时，NPN 型三极管处于何种工作状态？输出电压 u_o 分别为何值？

解 （1）当 $u_i = 0$（低电平）时，发射结反偏，三极管 T 截止，此时 $i_B \approx 0$，就有 $i_C \approx 0$，所以 $u_o \approx V_{CC} = 5$ V（高电平）。

（2）当 $u_i = 3$ V（高电平）时，发射结正偏，导通压降 $u_{BE} = 0.7$ V，则基极电流为

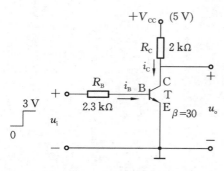

图 9.4.1 三极管开关电路

$$i_B = \frac{u_i - u_{BE}}{R_B} = \frac{3 - 0.7}{2.3 \times 10^3} \text{ A} = 1 \text{ mA}$$

取三极管的饱和压降 $U_{CES} \approx 0.3$ V，根据三极管电路参数，可得三极管饱和时所需的最小基极电流，即临界饱和基极电流为

$$I_{BS} = \frac{I_{CS}}{\beta} = \frac{V_{CC} - U_{CES}}{\beta R_C} \approx \frac{5 - 0.3}{30 \times 2 \times 10^3} \text{ A} = 0.078 \text{ mA}$$

由此可见，$i_B > I_{BS}$，三极管饱和导通，所以有 $u_o = U_{CES} \approx 0.3$ V（低电平）。

（3）进一步分析。假设 $R_B = 100$ kΩ，则 $i_B = 0.023$ mA，此时 $i_B < I_{BS}$，三极管处于放大状态。

2. MOS 管

类似于三极管，MOS 管也有三个区，即截止区、恒流区（或称饱和区）和可变电阻区。MOS 管作为放大电路时，必须工作在恒流区；MOS 管作为开关电路时，工作在截止区和可变电阻区。

1）NMOS 管（N 沟道增强型 MOS 管）

图 9.4.2 所示是 NMOS 管开关电路，该 NMOS 管的开启电压 $U_{TN} = 2$ V。

当 $u_i = 0$ 时，$u_{GS} < U_{TN}$，所以 NMOS 管是截止的，输出电压 $u_o = V_{DD} = 10$ V。

当 $u_i = 10$ V 时，$u_{GS} > U_{TN}$，所以 NMOS 管是导通的。由于在源极 D 端串联了一个大电阻 R_D，保证 $u_{DS} < u_{GS} - U_{TN}$，故 NMOS 管工作在可变电阻区，导通电阻 R_{ON} 很小，只有几百欧，故

$$u_o = \frac{R_{ON}}{R_{ON} + R_D} V_{DD} \approx 0$$

2）PMOS 管（P 沟道增强型 MOS 管）

图 9.4.3 所示是 PMOS 管开关电路，其源极 S 接电源，该 PMOS 管的开启电压 $U_{TP} = -2$ V（$U_{SG(th)} = 2$ V）。

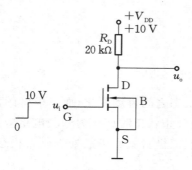

图 9.4.2 NMOS 管开关电路

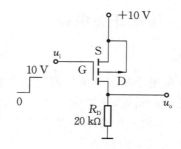

图 9.4.3 PMOS 管开关电路

当 $u_i = 0$ 时，$u_{GS} < U_{TP}$，有 $u_{SG} > U_{SG(th)}$，所以 PMOS 管是导通的，且工作在可变电阻区，输出电压 $u_o \approx 10$ V。

当 $u_i = 10$ V 时，$u_{GS} > U_{TP}$，有 $u_{SG} < U_{SG(th)}$，所以 PMOS 管是截止的，输出电压 $u_o = 0$。

9.4.2 TTL 门电路

TTL 是英文 transistor-transistor-logic 的缩写,意思是晶体管-晶体管-逻辑电路,即逻辑门电路的输入级和输出级都采用三极管进行设计,这样可以进一步提高门电路的工作速度和带负载能力等。

1. TTL 反相器(非门)

图 9.4.4 所示是 TTL 反相器内部电路图,其图形符号如图 9.2.6 所示。

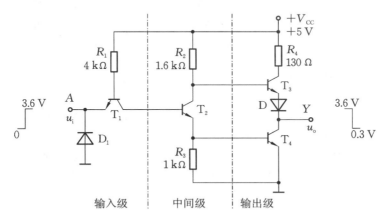

图 9.4.4　TTL 反相器内部电路图

TTL 反相器内部电路由三个部分组成。在输入级中:D_1 是保护二极管,是为了防止输入端电压过低而设置的;三极管 T_1 的主要作用是提高门电路的工作速度。在中间级中,T_2 的集电极输出驱动 T_3,发射级输出驱动 T_4,中间级也可称为倒相级。在输出级中,T_3 和 T_4 组成推拉式输出级,其中 T_3 组成电压跟随器,T_4 组成共射极电路,作为 T_3 的发射极负载。这种结构的输出级的优点是:既能提高开关速度,又能提高带负载能力。

三极管的发射结和集电结都是 PN 结,其正向导通压降为 0.7 V,饱和压降为 0.3 V。

当输入端 A 为高电平 3.6 V 时,电源 $+V_{CC}$ 向 T_1 的基极提供正向压降,首先使 T_1 的集电结、T_2 的发射结、T_4 的发射结导通,所以 T_1 的基极电位被钳位在 2.1 V。因 T_2 是饱和导通状态,T_2 的基极电位是 1 V(T_2 的 0.3 V 与 T_4 的 0.7 V 之和),不足以使 T_3 和 D 同时导通,所以 T_3 和 D 截止。故 T_4 是饱和导通,输出端 Y 的电位是 T_4 的饱和压降 0.3 V,输出为低电平。

对于输入级的 T_1,其集电结导通,而发射结是截止的,此时 T_1 处于发射结反偏、集电结正偏的"倒置"使用放大状态。三极管在"倒置"使用放大状态时,$\beta < 0.05$,三极管中有电流但不大,这样有利于抽走 T_2 基区的多余存储电荷,避免 T_2 深度饱和,加速 T_2 的状态转换,提高其开关速度。

当输入端 A 为低电平 0 时,T_1 的发射结首先导通,所以 T_1 的基极电位被钳位在 0.7 V。由于 T_1 是饱和的,故 T_1 的集电极电位是 0.3 V,T_2 截止,T_4 也截止。电源 $+V_{CC}$ 通过 T_2 的集电极向 T_3 和 D 提供正向压降,使 T_3 和 D 导通,故输出端 Y 的电位为 3.6 V,输出为高电平。

对于输出级来说,在稳定状态下,T_3 和 T_4 总是一个导通而另一个截止,这样有效地降低了输出级的静态功耗;无论输出级处于高电平还是低电平,其输出电阻都很小,提高了驱动负载的能力;在动态,即输出端由低电平跳变到高电平,或由高电平跳变到低电平时,由于输出电阻很小,当输出端接有负载电容时,其时间常数就很小,使得输出电压波形的上升沿和下降沿都较陡直。

2. TTL 门电路的典型参数(74LS 系列)

(1) 电源电压 $V_{CC}=+5$ V。

(2) 输入低电平 $U_{iL(max)}=0.8$ V,输入低电平电流 $I_{iL}\approx0.4$ mA(流出)。

(3) 输入高电平 $U_{iH(min)}=2.0$ V,输入高电平电流 $I_{iH}\approx20$ μA(流入)。

(4) 输出低电平 $U_{oL(max)}=0.5$ V,输出低电平电流 $I_{oL}\approx8$ mA(灌电流)。

(5) 输出高电平 $U_{oH(min)}=2.7$ V,输出高电平电流 $I_{oH}\approx400$ μA(拉电流)。

(6) 平均传输延迟时间 $t_{pd}=10$ ns(反映门电路的开关速度)。

9.4.3　CMOS 门电路

CMOS 是互补 MOS 电路的简称。所谓"互补",就是将 PMOS 管和 NMOS 管按照互补对称的形式连接,PMOS 管作为负载管,NMOS 管作为驱动管。

CMOS 门电路是在 TTL 门电路问世之后所开发的第二种数字集成门电路,其工作速度与 TTL 门电路相同,而它的低功耗和抗干扰能力远优于 TTL 门电路。随着制造工艺的改进,CMOS 门电路已成为占主导地位的集成门电路。

1. CMOS 反相器

CMOS 反相器的基本电路如图 9.4.5 所示,为使电路能正常工作,要求电源电压 $V_{DD}>(U_{TN}+|U_{TP}|)$。

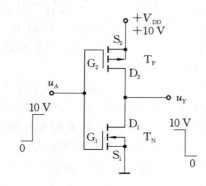

图 9.4.5　CMOS 反相器

当 $u_A=0$(低电平)时,PMOS 管 T_P 导通,NMOS 管 T_N 截止,所以输出电压 $u_Y=V_{DD}=10$ V,输出为高电平。

当 $u_A=10$ V(高电平)时,PMOS 管 T_P 截止,NMOS 管 T_N 导通,所以输出电压 $u_Y=0$,输出为低电平。

CMOS 反相器的特点如下:

(1) 便于集成。比较图 9.4.2 和图 9.4.5 可知,R_D 由 PMOS 管 T_P 代替,PMOS 管截止时内阻可达 10^9 Ω,从而保证输出电压 $u_Y=0$;电路无电阻等元件,易于集成。

(2) 静态功耗小。在静态下,T_P 和 T_N 总是一个导通而另一个截止,截止时内阻极大,流过 T_P 和 T_N 的静态电流极小(纳安级),从而使得静态功耗极小(几微瓦)。

(3) 开关速度提高。无论输出高电平还是低电平,输出电阻都很小。当输出端接负载时,负载都是通过导通管与 V_{DD} 或地相连,这个低阻通道使负载电容充、放电速度加快,相对于图 9.4.2 所示的电路而言,CMOS 反相器提高了开关速度。

(4) 带负载能力强。输入端是绝缘栅极 G,其输入阻抗极大,所以前级只需电压满足要求即可,不需要电流驱动。CMOS 反相器的输出电阻很小,故其带负载能力强。

2. CMOS 与非门

CMOS 与非门的电路图如图 9.4.6 所示,两个 PMOS 管并联,两个 NMOS 管串联,栅极 G 作为输入端,漏极 D 作为输出端。

在两个输入的三种组合,即 $A=0,B=0$;$A=0,B=1$;$A=1,B=0$ 下,所并联的两个 PMOS 管至少有一个导通,所串联的 NMOS 管至少有一个截止,所以输出端 Y 与地看似断开,输出高电平。

在两个输入的某一种组合,即 $A=1,B=1$ 下,所并联的两个 PMOS 管都截止,所串联的 NMOS 管都导通,所以输出端 Y 与电源看似断开,输出低电平。

该电路实现与非运算,即 $Y=\overline{A \cdot B}$。

3. CMOS 或非门

CMOS 或非门的电路图如图 9.4.7 所示,两个 PMOS 管串联,两个 NMOS 管并联,栅极 G 作为输入端,漏极 D 作为输出端。

同样可以分析出,该电路实现或非运算,即 $Y=\overline{A+B}$。

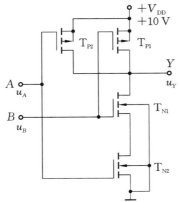

图 9.4.6　CMOS 与非门的电路图

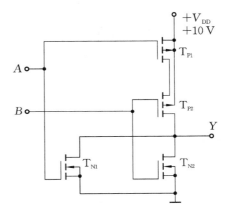

图 9.4.7　CMOS 或非门的电路图

4. CMOS 传输门

传输门 TG(transmission gate)是一种可以传送模拟信号的压控开关,它也可以传送数字信号。由 PMOS 管(其衬底接 V_{DD})和 NMOS 管(其衬底接地)连接构成 CMOS 传输门,如图 9.4.8 所示,T_P 的漏极和 T_N 的源极连接,T_P 的源极和 T_N 的漏极连接,分别作为 CMOS 传输门的输入端和输出端,C 和 $\overline{C}$ 是控制端。由于 MOS 管的结构是对称的,所以信号可以双向传输。

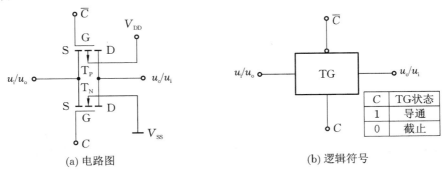

C	TG状态
1	导通
0	截止

(a) 电路图　　　　　　　　　　(b) 逻辑符号

图 9.4.8　CMOS 传输门

CMOS 传输门的电源正端以"V_{DD}"标记,负端以"V_{SS}"标记,"V_{SS}"一般表示接地,或表示接负电源;而 TTL 门电路的电源正端以"V_{CC}"标记,负端以"GND"标记。

CMOS 传输门如同 CMOS 反相器一样,是构成各种逻辑电路的基本单元电路,如数据选择器、数据分配器、触发器、寄存器、计数器等。

若传输数字信号,当 $C=1$ 时,T_P 和 T_N 均导通,即 CMOS 传输门导通,$u_o=u_i$,u_i 可以是 0 到 V_{DD} 之间的任意值,导通电阻小,约为几百欧。导通电阻是 CMOS 传输门的一个重要参数,导通电阻越小,则 CMOS 传输门的通断效果越好。

当 $C=0$ 时,T_P 和 T_N 均截止,即 CMOS 传输门截止,输入和输出之间是断开的。截止时电阻极大,在 $10^9\ \Omega$ 以上。

CMOS 传输门的一个重要用途是作为双向模拟开关,用来传输连续变化的模拟电压信号。双向模拟开关由 CMOS 传输门和 CMOS 反相器构成,如图 9.4.9 所示。

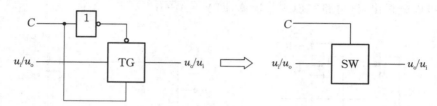

图 9.4.9　双向模拟开关及其符号

例题 9.10　试画出用双向模拟开关实现二输入与门的电路图。

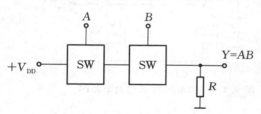

图 9.4.10　例题 9.10 的电路图

解　将两个双向模拟开关串联,双向模拟开关的控制端作为与门的输入端,电路图如图 9.4.10 所示。

例题 9.11　试用双向模拟开关组成双刀单掷开关。

解　将两个双向模拟开关的控制端 C 连接起来,即可组成双刀单掷开关,$C=1$ 时开关闭合,$C=0$ 时开关断开,电路图如图 9.4.11 所示。

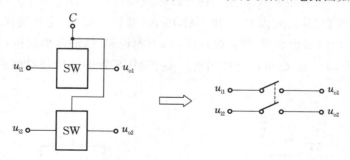

图 9.4.11　例题 9.11 的电路图

5. CMOS 三态门

三态门(three-state output gate,简称 TS 门)是在普通门电路的基础上附加控制电路而构成的。所谓三态,是指输出有三种状态,即高电平、低电平和高阻态。当输出为高阻态时,表示输出与外接电路呈断开状态。

在 CMOS 反相器上附加控制电路,所构成的 CMOS 三态非门如图 9.4.12 所示。

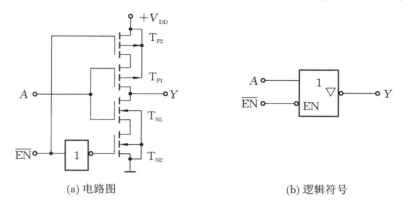

(a) 电路图　　　　　　　　　(b) 逻辑符号

图 9.4.12　CMOS 三态非门

当控制信号 $\overline{EN}=1$ 时,为高电平 V_{DD},T_{P2} 和 T_{N2} 都截止,Y 与电源和地都断开,输出端呈高阻状态,表示为 $Y=Z$。

当控制信号 $\overline{EN}=0$ 时,T_{P2} 和 T_{N2} 都导通,T_{P1} 和 T_{N1} 构成 CMOS 反相器,输出 $Y=\overline{A}$。

图 9.4.12(b)所示是 CMOS 三态非门的逻辑符号,"$\triangledown$"表示三态。电路在 $\overline{EN}=0$ 时为正常的非门工作状态,或者说处于有效状态,称为控制端低电平有效。为表示这种控制方式,在逻辑符号中,控制端前加小圆圈,控制信号字母 EN 上加短横线。

在计算机和数字系统中,广泛采用的总线传送信号的方法就是基于 CMOS 三态门的原理而实现的。用一根总线分时接收各 CMOS 三态门输出的信号,这样极大地简化了数据传送电路的结构。多路数据的分时传送如图 9.4.13(a)所示。通过控制 EN 端,在某一时刻,只让一个 CMOS 三态门处于有效状态,而其余的 CMOS 三态门处于高阻状态,从而实现多路信号在一根数据线上传输而互不干扰。

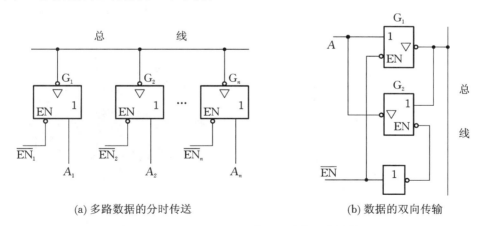

(a) 多路数据的分时传送　　　　　　(b) 数据的双向传输

图 9.4.13　用 CMOS 三态门组成的总线结构

图 9.4.13(b)所示是通过 CMOS 三态门在总线上实现数据的双向传输。当控制信号 $\overline{EN}=0$ 时,数据向右传送入总线;当控制信号 $\overline{EN}=1$ 时,数据向左传送,即接收来自总线的数据。

6. CMOS 门电路的典型参数(4000 **系列**)

(1) 电源电压范围宽。V_{DD} 一般为 3～18 V。

（2）抗干扰能力强。输入低电平 $0\sim0.3V_{DD}$，输入高电平 $0.7V_{DD}\sim V_{DD}$。

（3）逻辑摆幅大。输出低电平约为 0，高电平基本上等于 V_{DD}。

（4）平均传输延迟时间 $t_{pd}=45$ ns（$V_{DD}=5$ V 时），开关速度比 TTL 门电路的 74LS 系列慢些。

（5）功耗极低。静态功耗在 $V_{DD}=5$ V 时只有 5 μW，比 TTL 门电路的 74LS 系列（2 mW）要低得多。

9.4.4　典型的集成门电路的介绍

集成电路（integrated circuit，简称 IC）也称芯片（chip），就是采用一定的工艺，将晶体管、电阻、电容等各种元器件相互连在一起，故在半导体材料（主要是硅）或绝缘材料薄片上，再用一个管壳将其封装起来，成为具有一定功能的电路系统。以上介绍的各种门电路都是这样设计制作出来的，以各类集成芯片广泛应用于实际中。

在集成芯片中，74LS 系列属于普通的 TTL 门电路，4000 系列属于普通的 CMOS 门电路。

如 74LS04 和 CD4069 都指的是在一个集成芯片中有六个反相器，如图 9.4.14 所示。

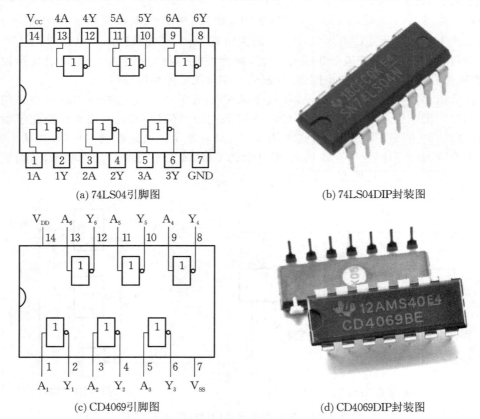

(a) 74LS04引脚图　　　(b) 74LS04DIP封装图

(c) CD4069引脚图　　　(d) CD4069DIP封装图

图 9.4.14　反相器的集成芯片

同样，与非门的集成门电路的型号是 74LS00 和 CD4011（四 2 输入与非门），或非门的集成门电路的型号是 74LS02 和 CD4001（四 2 输入或非门），异或门的集成门电路的型号是 74LS86 和 CD4030（四异或门）。CD4066 是四双向模拟开关，74LS125 是四总线缓冲器（三态），CD4503 是六同相三态缓冲器。

另外,对于 TTL 门电路,74AS 系列是为了进一步提高工作速度而设计的改进系列,但其功耗较大,平均传输延迟时间的典型值 $t_{pd}=1.5$ ns,功耗 $P=20$ mW(每门)。74LS 系列是为了获得更小的延迟-功耗积而设计的改进系列,dp 积为 4(ns-mW),是 TTL 门电路所有系列中最小的一种。

对于 CMOS 门电路,其工作速度($t_{pd}=45$ ns)比 TTL 门电路的低,通过许多改进,就有了高速的 CMOS 门电路,即 74HC 系列。该系列具有与 74LS 系列同等的工作速度($t_{pd}=10$ ns)和 CMOS 功耗低等特点,其电源电压范围为 2~6 V,若使用+5 V 电源,输出的高、低电平与 TTL 门电路兼容,且型号兼容。如 74LS04 和 74HC04 这两种器件的逻辑功能、外形尺寸、引脚排列顺序完全相同。

近年来,在中规模集成电路芯片应用中,多用 74HC 系列芯片设计电路,以取代 74LS 系列芯片和 CD 系列芯片。74HC04 芯片如图 9.4.15 所示。

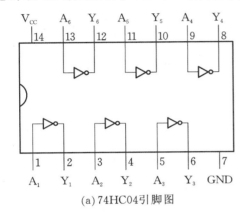

(a) 74HC04引脚图

(b) 74HC04封装图(SOP14贴片)

图 9.4.15　74HC04 芯片

习　题

9.1　采用 PWM 技术进行电机调速,数字控制信号频率为 1 kHz,高电平电压值为 3.3 V,在一个周期内,高电平持续时间为 0.4 ms,求输出脉冲的平均电压值。

9.2　将下列十进制数分别转换成二进制数、十六进制数和 8421BCD 码。

(1) 9　(2) 35　(3) 86　(4) 100　(5) 121　(6) 1040

9.3　将下列二进制数分别转换成十进制数、格雷码。

(1) 101　(2) 1101　(3) 10011　(4) 100101

9.4　将下列格雷码转换成二进制数。

(1) 101　(2) 1101　(3) 10011　(4) 100101

9.5　完成下列二进制数的算术运算。

(1) 1010+101　(2) 1100-11　(3) 1001×111　(4) 10100÷100

9.6　已知输入 A、B 端的波形如图 9.01 所示,试画出输出 Y_1、Y_2、Y_3 的波形。设 $Y_1=\overline{AB}$,$Y_2=\overline{A+B}$,$Y_3=A\oplus B$。

9.7　试写出图 9.02 中各逻辑图的逻辑表达式。

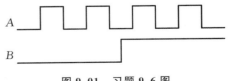

图 9.01　习题 9.6 图

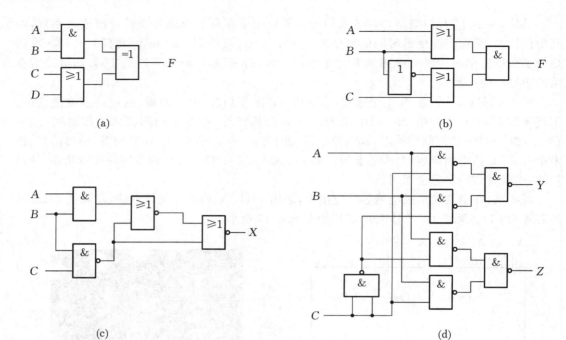

图 9.02 习题 9.7 图

9.8 已知真值表如表 9.01、表 9.02 所示,试写出对应的逻辑表达式。

表 9.01 真值表 1

A	B	C	Y
0	0	0	0
0	0	1	1
0	1	0	1
0	1	1	0
1	0	0	1
1	0	1	0
1	1	0	0
1	1	1	1

表 9.02 真值表 2

A	B	C	D	Y
0	0	0	0	0
0	0	0	1	0
0	0	1	0	0
0	0	1	1	0
0	1	0	0	0
0	1	0	1	0
0	1	1	0	0
0	1	1	1	1
1	0	0	0	0
1	0	0	1	0
1	0	1	0	1
1	0	1	1	1
1	1	0	0	0
1	1	0	1	1
1	1	1	0	1
1	1	1	1	1

9.9　试化简下列逻辑函数。

(1) $Y = A\bar{B} + B + \bar{A}B$

(2) $Y = \bar{A}B\bar{C} + A + \bar{B} + C$

(3) $Y = \overline{A + B + C} + A\overline{BC}$

(4) $Y = A\bar{B}CD + ABD + A\bar{C}D$

(5) $Y = A\bar{C} + ABC + AC\bar{D} + CD$

(6) $Y = \overline{ABC} + A + B + C$

(7) $Y = AD + A\bar{D} + \bar{A}B + \bar{A}C + BEF + CEFG$

(8) $Y = \overline{ABC} + \overline{AB}\bar{C} + \overline{AC}$

9.10　试分别画出下列逻辑函数的与或式逻辑图以及与非-与非式逻辑图。

(1) $Y = \bar{A} + \bar{C}$

(2) $Y = A\bar{B} + C$

(3) $Y = \overline{BC} + A\bar{C} + ABC$

(4) $Y = A + \bar{B}C + BD$

9.11　试说明能否将与非门、或非门、异或门作为反相器使用? 如果可以,其输入端应该如何连接? 并画出逻辑图。

9.12　分析图 9.03 所示的各电路的逻辑功能,写出各电路输出信号的逻辑表达式。

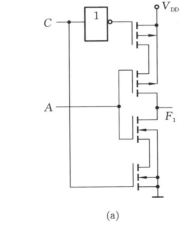

(a)

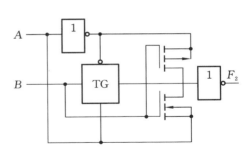

(b)

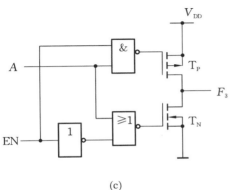

(c)

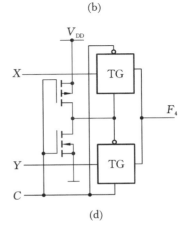

(d)

图 9.03　习题 9.12 图

9.13　分析图 9.04 所示的各电路的逻辑功能,并写出各电路输出信号的逻辑表达式。

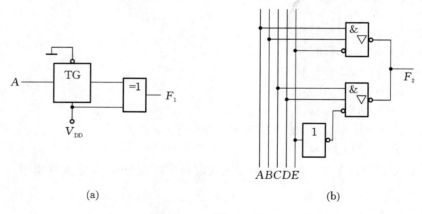

(a)　　　　　　　　　　　　　　　　(b)

图 9.04　习题 9.13 图

9.14　在图 9.05(a)所示的电路中,输入图 9.05(b)所示的波形,试写出输出 F_1 和 F_2 的逻辑表达式,并画出输出 F_1 和 F_2 的波形。

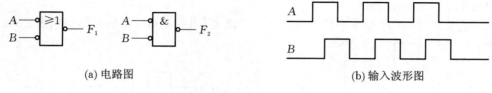

(a) 电路图　　　　　　　　　　　(b) 输入波形图

图 9.05　习题 9.14 图

第 10 章
组合逻辑电路

◀ **本章指南**

　　在实际应用中，往往需要将若干个门电路组合起来实现较为复杂的逻辑功能，如加法器、数值比较器、编码器、译码器、数据选择器、数据分配器等中规模集成电路，这种电路就称为组合逻辑电路。本章通过逻辑代数知识对组合逻辑电路进行分析和设计。

10.1 组合逻辑电路的分析和设计方法

10.1.1 组合逻辑电路的分析方法

组合逻辑电路的分析就是指在给定逻辑电路图的情况下,使用逻辑代数工具,求出逻辑表达式及真值表,由此分析该逻辑电路的逻辑功能。组合逻辑电路的分析流程图如图 10.1.1 所示。

逻辑电路图 ⇒ 逻辑表达式 ⇒ 化简 ⇒ 最简表达式 ⇒ 真值表 ⇒ 逻辑功能

图 10.1.1 组合逻辑电路的分析流程图

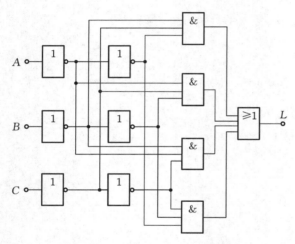

图 10.1.2 例题 10.1 的电路图

例题 10.1 试分析图 10.1.2 所示的电路的逻辑功能。

解 (1)写出逻辑表达式。此过程的要点是,先列出图中四个 3 输入与门输出的表达式,然后写出输出 L 的表达式,即

$$L = \overline{A}\,\overline{B}\,\overline{C} + \overline{A}\,B\,\overline{C} + \overline{A}\,\overline{B}\,C + A\,B\,C$$

(2)化简。上式已是最简表达式,无须再化简。

(3)真值表。因输入变量只有 3 个,所以输入变量组合只有 8 种可能,按二进制加法依次列出,如表 10.1.1所示。

表 10.1.1 真值表 1

A	B	C	Y
0	0	0	0
0	0	1	1
0	1	0	1
0	1	1	0
1	0	0	1
1	0	1	0
1	1	0	0
1	1	1	1

(4)分析逻辑功能。由真值表分析电路输入与输出的关系。在 3 个输入变量中,只有 1

个变量为"1",或 3 个变量都为"1"时,输出为"1",否则输出为"0"。可以这样说,当输入变量有奇数个"1"时,输出为"1"。因此,该电路为三位奇数检验器(也称奇偶校验器)。

10.1.2　组合逻辑电路的设计方法

组合逻辑电路的设计就是指根据给出的实际逻辑问题,使用逻辑代数工具,求出最简的逻辑表达式,由此画出逻辑电路图。组合逻辑电路的设计流程图如图 10.1.3 所示。

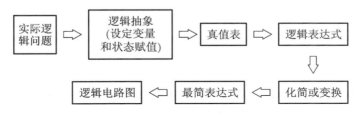

图 10.1.3　组合逻辑电路的设计流程图

例题 10.2　用红、黄、绿三个指示灯表示三台设备的工作情况:绿灯亮,表示全部正常;红灯亮,表示有一台不正常;黄灯亮,表示两台不正常;红、黄灯全亮,表示三台都不正常。试设计该逻辑电路,并选用合适的集成电路(芯片)来实现。

解　(1) 逻辑抽象。由题意可知,此电路有三个输入端、三个输出端。设三台设备为输入变量 A、B、C,工作正常为"1",工作不正常为"0";设三个指示灯为输出变量 R(红)、Y(黄)、G(绿),灯亮为"1",灯灭为"0"。

(2) 真值表。将实际逻辑问题用真值表表示出来,如表 10.1.2 所示。

表 10.1.2　真值表 2

A	B	C	R	Y	G
0	0	0	1	1	0
0	0	1	0	1	0
0	1	0	0	1	0
0	1	1	1	0	0
1	0	0	0	1	0
1	0	1	1	0	0
1	1	0	1	0	0
1	1	1	0	0	1

(3) 逻辑表达式。依据表 10.1.2,分别列出三个输出端的逻辑表达式,即

$$R = \overline{A}\,\overline{B}\,\overline{C} + \overline{A}BC + A\overline{B}C + AB\overline{C}$$

$$Y = \overline{A}\,\overline{B}\,\overline{C} + \overline{A}\,\overline{B}C + \overline{A}B\overline{C} + A\overline{B}\,\overline{C}$$

$$G = ABC$$

(4) 化简或变换。分析各逻辑表达式,对输出 R 的逻辑表达式进行变换,对输出 Y 的逻

辑表达式进行化简。

$$R = \overline{A}\,\overline{B}\,\overline{C} + \overline{A}BC + A\overline{B}C + AB\overline{C}$$
$$= \overline{A}(\overline{B}\,\overline{C} + BC) + A(\overline{B}C + B\overline{C})$$
$$= \overline{A}(B \odot C) + A(B \oplus C)$$
$$= A \odot (B \oplus C)$$
$$= \overline{A \oplus (B \oplus C)}$$

$$Y = \overline{A}\,\overline{B}\,\overline{C} + \overline{A}\overline{B}C + \overline{A}B\overline{C} + A\overline{B}\,\overline{C}$$
$$= \overline{A}\,\overline{B}\,\overline{C} + \overline{A}\,\overline{B}\,\overline{C} + \overline{A}\,\overline{B}\,\overline{C} + \overline{A}B\overline{C} + \overline{A}B\overline{C} + A\overline{B}\,\overline{C}$$
$$= \overline{A}\,\overline{B}(\overline{C} + C) + \overline{A}\,\overline{C}(\overline{B} + B) + \overline{B}\,\overline{C}(\overline{A} + A)$$
$$= \overline{A}\,\overline{B} + \overline{A}\,\overline{C} + \overline{B}\,\overline{C}$$

（5）化简及变换后的最简表达式。尽量使用已知的较少的器件构成逻辑电路。

$$R = \overline{A \oplus (B \oplus C)}$$
$$Y = \overline{A}\,\overline{B} + \overline{A}\,\overline{C} + \overline{B}\,\overline{C}$$
$$G = ABC$$

（6）画出逻辑电路图，如图 10.1.4 所示。

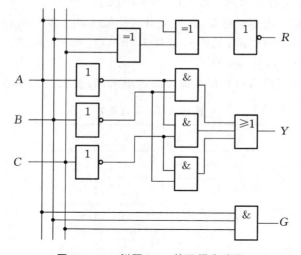

图 10.1.4　例题 10.2 的逻辑电路图

（7）选择合适的集成电路（芯片）来实现逻辑电路。可以选用 74LS 系列或者 4000 系列的集成芯片。下面以 74LS 系列为例，进行芯片选择。

图中有四个反相器，用一片 74LS04 即可实现；

图中有两个异或门，用一片 74LS86 即可实现；

图中有四个与门，用两片 74LS11 即可实现，其中多余的输入端接高电平；

图中有一个或门，用一片 74LS32 即可实现，用两个 2 输入或门组合成一个 3 输入或门。

由此可以知道，这个逻辑电路实际上是用五片集成芯片实现的。不同的逻辑表达式有不同的逻辑电路图，可以用不同的集成芯片实现。另外，也可以知道，逻辑电路的输出可能不止一个，也可能有多个输出。

实际逻辑问题都是用数字集成电路来实现的。数字集成电路分为固定功能逻辑和可编程逻辑两大类。固定功能逻辑的集成电路具有明确的逻辑功能,例题 10.2 中的集成芯片即为此类。可编程逻辑的集成电路是通过编程在一个芯片中实现复杂的逻辑设计,采用可编程逻辑的集成电路,能对所设计的电路进行修改,而无须重新布线或更换部件,这样设计者不用关注芯片内的布局布线和工艺问题,只需把精力集中在用软件设计电路功能上。编程的硬件描述语言(HDL)有 VHDL、Verilog 或 AHDL 等,可编程逻辑器件有复杂可编程逻辑器件(CPLD)、现场可编程门阵列(FPGA)等。

◀ 10.2　加法器和数值比较器 ▶

10.2.1　加法器

最基本的算术运算就是加法运算,因为数字电路中的加、减、乘、除都要变换成加法来运算。

1. 半加器

两个一位的二进制数相加,仅考虑本位数相加,而不考虑来自低位的进位数,这就是半加,其实现电路就是半加器。设输入端有两个,被加数为 A,加数为 B;设输出端有两个,和为 S,向高位进位数为 C。

半加器如图 10.2.1 所示,其真值表如表 10.2.1 所示,其逻辑表达式为

$$\begin{cases} S = \overline{A}B + A\overline{B} = A \oplus B \\ C = AB \end{cases} \tag{10.2.1}$$

表 10.2.1　半加器的真值表

A	B	S	C
0	0	0	0
0	1	1	0
1	0	1	0
1	1	0	1

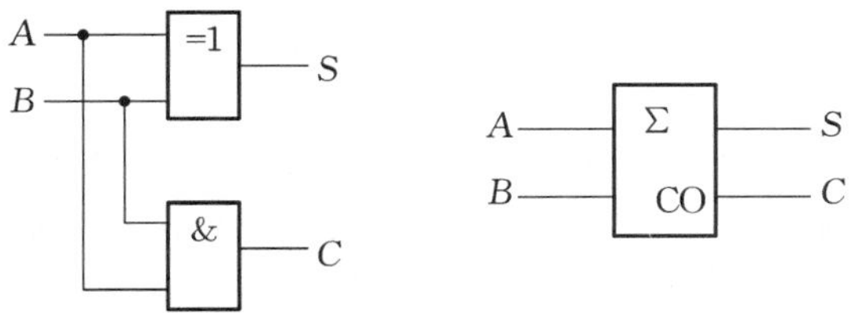

(a) 电路图　　　　(b) 逻辑符号

图 10.2.1　半加器

2. 全加器

两个一位的二进制数相加,除了本位数相加外,还要加上低位送来的进位数,这就是全加,其实现电路就是全加器。所以,全加器比半加器多了一个输入端。设输入端有三个,被加数为 A_i,加数为 B_i,低位送来的进位数为 C_{i-1};设输出端有两个,和为 S_i,向高位进位数为 C_i。

全加器如图 10.2.2 所示,其真值表如表 10.2.2 所示,其逻辑表达式为

$$\begin{cases} S_i = A_i \oplus B_i \oplus C_{i-1} \\ C_i = (A_i \oplus B_i)C_{i-1} + A_i B_i \end{cases} \tag{10.2.2}$$

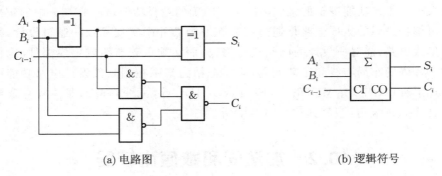

(a) 电路图   (b) 逻辑符号

图 10.2.2 全加器

表 10.2.2 全加器的真值表

A_i	B_i	C_{i-1}	S_i	C_i
0	0	0	0	0
0	0	1	1	0
0	1	0	1	0
0	1	1	0	1
1	0	0	1	0
1	0	1	0	1
1	1	0	0	1
1	1	1	1	1

3. 全加器实现减法运算

全加器是一位的二进制数的加法运算电路,而要实现多位的加法运算,可将全加器串联起来,具体连接方法是:从二进制数的低位 LSB 开始,将第一位加法器的进位端 C_i 与第二位加法器的低位进位端 C_{i-1} 相连,然后依次连接。

二进制数的减法运算可转换为加补运算。例如,对两组二进制数进行减法运算,即 $M_3M_2M_1M_0 - N_3N_2N_1N_0 = S_3S_2S_1S_0$。具体做法是:把 $N_3N_2N_1N_0$ 先进行求补,然后做加法运算。所谓求补,就是逐位取反后加"1"。全加器实现减法运算的逻辑电路图如图 10.2.3 所示。

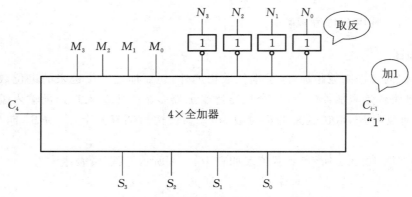

图 10.2.3 全加器实现减法运算的逻辑电路图

10.2.2 数值比较器

在计算机中,比较是一种最基本的操作,计算机只能通过比较鉴别数据和代码。数值比较器就是对两个数 A、B 进行比较,以判断其大小的逻辑电路。

1. 一位数值比较器

比较两个一位的二进制数,结果有三种,所以有三个输出端。$F_{A>B}=1$,表示 A 大于 B;$F_{A<B}=1$,表示 A 小于 B;$F_{A=B}=1$,表示 A 等于 B。一位数值比较器的真值表如表 10.2.3 所示,其逻辑电路图如图 10.2.4 所示,其逻辑表达式为

$$\begin{cases} F_{A>B}=A\overline{B} \\ F_{A<B}=\overline{A}B \\ F_{A=B}=\overline{A}\,\overline{B}+AB \end{cases} \tag{10.2.3}$$

表 10.2.3 一位数值比较器的真值表

A	B	$F_{A>B}$	$F_{A=B}$	$F_{A<B}$
0	0	0	1	0
0	1	0	0	1
1	0	1	0	0
1	1	0	1	0

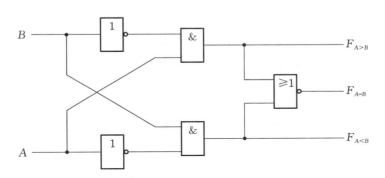

图 10.2.4 一位数值比较器的逻辑电路图

2. 二位数值比较器

用一位数值比较器可以设计出多位数值比较器。以二位数值比较器为例,比较 $A=A_1A_0$ 和 $B=B_1B_0$ 大小的方法有两种:

① 当高位(A_1、B_1)不相等时,无须比较低位(A_0、B_0),高位的比较结果就是两个数的比较结果;

② 当高位相等时,两个数的比较结果由低位的比较结果决定。

根据上述比较方法,列出二位数值比较器的真值表,如表 10.2.4 所示。

表 10.2.4　二位数值比较器的真值表

输　　入		输　　出		
A_1、B_1	A_0、B_0	$F_{A>B}$	$F_{A<B}$	$F_{A=B}$
$A_1 > B_1$	×	1	0	0
$A_1 < B_1$	×	0	1	0
$A_1 = B_1$	$A_0 > B_0$	1	0	0
$A_1 = B_1$	$A_0 < B_0$	0	1	0
$A_1 = B_1$	$A_0 = B_0$	0	0	1

说明：表中"×"表示输入变量(A_0、B_0)可取任何值(0、1)。

我们知道,输入和输出的关系是因果关系,满足输入条件,结果就为"1"。在二位数值比较器的真值表中,输入条件有两个,若两个条件都满足,输出结果才为"1",那么这两个条件就是与的逻辑关系。对于每一个输出结果来说,或者这样的条件使结果为"1",或者那样的条件使结果为"1",那么它们之间就是或的逻辑关系。因此,二位数值比较器的逻辑表达式为

$$\begin{cases} F_{A>B} = (A_1 > B_1) + (A_1 = B_1)\quad(A_0 > B_0) \\ F_{A<B} = (A_1 < B_1) + (A_1 = B_1)\quad(A_0 < B_0) \\ F_{A=B} = (A_1 = B_1)\quad(A_0 = B_0) \end{cases} \quad (10.2.4)$$

利用一位数值比较器模块设计出的二位数值比较器的逻辑电路图如图 10.2.5 所示。数值比较器的集成电路是集成四位数值比较器的电路,其型号是 CD4585 及 74LS85。

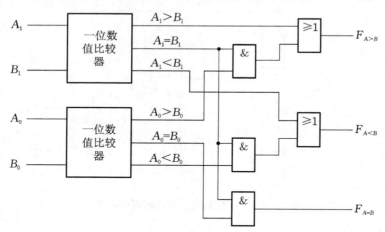

图 10.2.5　二位数值比较器的逻辑电路图

10.3　编码器和译码器

10.3.1　编码器

数字电路只能识别 1 和 0 两个数码,所以,若要识别十进制数、字母和符号等,就必须要

用 1 和 0 来表示。将 1 和 0 按一定规律排列,即编成不同代码,并赋予这些代码特定的含义,这一过程就是编码。能够完成编码的电路叫作编码器。如按下键盘上的某一个键,通过编码器形成二进制数的代码并送到计算机,计算机根据代码可识别这个按键的功能,从而执行相应的操作。

显然,编码的法则很多,编码器的种类也有很多,下面介绍常用的一种编码器原理,即 8421BCD 码编码器,其编码方式可参考上一章中的表 9.1.3。8421BCD 码编码表如表 10.3.1 所示。

表 10.3.1 8421BCD 码编码表

十 进 制 数	8421BCD 码			
	D	C	B	A
$0(I_0)$	0	0	0	0
$1(I_1)$	0	0	0	1
$2(I_2)$	0	0	1	0
$3(I_3)$	0	0	1	1
$4(I_4)$	0	1	0	0
$5(I_5)$	0	1	0	1
$6(I_6)$	0	1	1	0
$7(I_7)$	0	1	1	1
$8(I_8)$	1	0	0	0
$9(I_9)$	1	0	0	1

实际上,这是一个简化的真值表。8421BCD 码编码器有十个输入端、四个输出端。8421BCD 码编码表的特点是:在任何时刻只允许有一路输出为"1",其余输入为"0";输出端对输入为"1"的输入端进行编码。

根据 8421BCD 码编码表,可写出四个输出端的逻辑表达式。对于输出端 D,只有在两种情况下才输出"1",即 $I_8 = 1$ 或者 $I_9 = 1$,由此可得

$$D = I_8 + I_9$$

同理可写出其他输出端的逻辑表达式,即

$$C = I_4 + I_5 + I_6 + I_7$$
$$B = I_2 + I_3 + I_6 + I_7$$
$$A = I_1 + I_3 + I_5 + I_7 + I_9$$

根据上述逻辑表达式画出逻辑电路图,如图 10.3.1 所示。从图中可知,输入量是 10 个,输出量是 4 个,所以 8421BCD 码编码器也可称为 10 线-4 线编码器。通常,n 位二进制代码有 2^n 种代码组合,因此用 n 位二进制代码最多可以对 2^n 个被编码信息进行编码,该编码器简称为 2^n 线-n 线编码器。

编码器有 10 线-4 线优先编码器 74LS147、8 线-3 线优先编码器 74LS148。编码器也有许多其他应用:如当一个数字系统需要读取多个开关信号时,使用编码器可以减少输入线的数量;再如,以优先编码器作为核心电路设计多路抢答器(抢答器也可以用下一章将要介绍

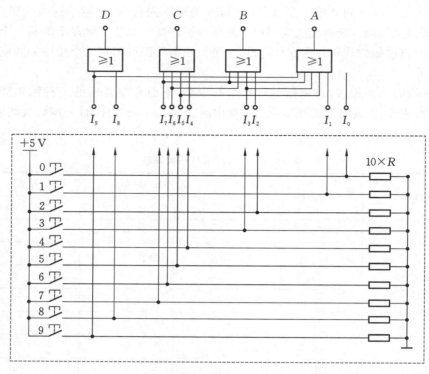

图 10.3.1 8421BCD 码编码器的逻辑电路图（虚线部分：输入按键电路图）

的边沿 D 触发器设计）。

10.3.2 译码器

译码是编码的逆过程，其功能是将具有特定含义的二进制代码翻译成相应的状态或信息。具有译码功能的逻辑电路称为译码器。译码器的输出信号反映了输入代码的特定含义，根据需要，输出信号可以是高电平或低电平，也可以是脉冲。

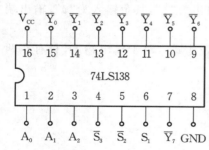

图 10.3.2 74LS138 的引脚图

典型的译码器有二进制译码器、二–十进制译码器、码制转换译码器、显示译码器，下面介绍一种应用广泛的二进制译码器，即集成 3 线–8 线译码器 74LS138，其引脚图如图 10.3.2 所示。

74LS138 的输入和输出的逻辑关系见真值表（见表 10.3.2），现分析如下：

表 10.3.2 74LS138 的真值表

输　　　入					输　　　出							
S_1	$\overline{S_2}+\overline{S_3}$	A_2	A_1	A_0	$\overline{Y_7}$	$\overline{Y_6}$	$\overline{Y_5}$	$\overline{Y_4}$	$\overline{Y_3}$	$\overline{Y_2}$	$\overline{Y_1}$	$\overline{Y_0}$
1	0	0	0	0	1	1	1	1	1	1	1	0
1	0	0	0	1	1	1	1	1	1	1	0	1

输　　入					输　　出							
S_1	$\overline{S}_2+\overline{S}_3$	A_2	A_1	A_0	$\overline{Y}_7$	$\overline{Y}_6$	$\overline{Y}_5$	$\overline{Y}_4$	$\overline{Y}_3$	$\overline{Y}_2$	$\overline{Y}_1$	$\overline{Y}_0$
1	0	0	1	0	1	1	1	1	1	0	1	1
1	0	0	1	1	1	1	1	1	0	1	1	1
1	0	1	0	0	1	1	1	0	1	1	1	1
1	0	1	0	1	1	1	0	1	1	1	1	1
1	0	1	1	0	1	0	1	1	1	1	1	1
1	0	1	1	1	0	1	1	1	1	1	1	1
0	×	×	×	×	1	1	1	1	1	1	1	1
×	1	×	×	×	1	1	1	1	1	1	1	1

1. 译码原理

74LS138 的输入是三位二进制代码($A_2 A_1 A_0$)。三位二进制代码有 2^3 种代码组合($\overline{Y}_7 \sim \overline{Y}_0$),每种组合输入的代码对应一个输出端,即译出八种状态或信息。若去掉 74LS138 的真值表中左边两列和最后两行,所看到的就是 74LS138 译码的工作状态。

可见,输入一组代码时,译码器只有一个输出端输出为"0",其余输出为"1",这个为"0"的输出就反映这组代码的状态或信息。当 $S_1=1$, $\overline{S}_2+\overline{S}_3=0$ 时,各输出端的逻辑表达式为

$$\overline{Y}_0=\overline{\overline{A}_2\,\overline{A}_1\,\overline{A}_0}, \quad \overline{Y}_1=\overline{\overline{A}_2\,\overline{A}_1 A_0}, \quad \overline{Y}_2=\overline{\overline{A}_2 A_1\overline{A}_0}, \quad \overline{Y}_3=\overline{\overline{A}_2 A_1 A_0}$$

$$\overline{Y}_4=\overline{A_2\,\overline{A}_1\,\overline{A}_0}, \quad \overline{Y}_5=\overline{A_2\,\overline{A}_1 A_0}, \quad \overline{Y}_6=\overline{A_2 A_1\overline{A}_0}, \quad \overline{Y}_7=\overline{A_2 A_1 A_0}$$

2. 控制端

输入端有 3 个控制端,即 S_1、$\overline{S}_2$ 和 $\overline{S}_3$,其功能是:当 $S_1=0$ 或者 $\overline{S}_2+\overline{S}_3=1$ 时,74LS138 译码器的 8 个输出端全为"1",无特定状态输出,译码被禁止;当 $S_1=1$, $\overline{S}_2+\overline{S}_3=0$ 时,74LS138 译码器正常运行,完成译码操作。

由此可知,控制端的作用是控制译码器处于工作状态或者处于不工作状态;设置多个控制端是为了将其作为扩展端口使用,如 2 片 3 线-8 线译码器扩展成 4 线-16 线译码器。另外,还可将控制端口作为信号输入端,设计成数据分配器。

3. 低电平有效

在 74LS138 的真值表中,控制端 $\overline{S}_2$ 和 $\overline{S}_3$ 以及输出端 $\overline{Y}_7 \sim \overline{Y}_0$ 的变量符号以反变量表示,实际上应该将其看作一个整体变量符号,它表明该引脚端为低电平有效。

输入端低电平有效,表明这个输入端为低电平 0 时,译码器正常工作;输出端低电平有效,表明这个输出端输出低电平 0 时,为有效信号,反映了译码器某代码的特征信息。

集成译码器 74LS138 的逻辑电路图如图 10.3.3 所示。连接输入控制端的逻辑门,见一个小圆圈就非逻辑一次。

译码器常用在计算机和其他数字系统中,用来实现 I/O 的选择。I/O 端口地址译码如图 10.3.4 所示,图中的端口小圆圈表明该端口是低电平有效。计算机通过 I/O 端口发送或接收数据,实现与各种外部设备(显示器、打印机、音乐播放器、U 盘等)的通信。当计算机需

要和其中一个外部设备通信时,要向与这个设备连接的 I/O 端口发送相应的地址码 (A_1A_0)。这个二进制的端口地址被译码,对应的译码器输出有效,就选通 I/O 端口,使其开始工作。

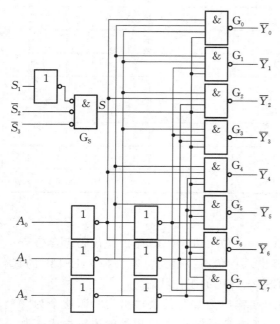

图 10.3.3 集成译码器 74LS138 的逻辑电路图

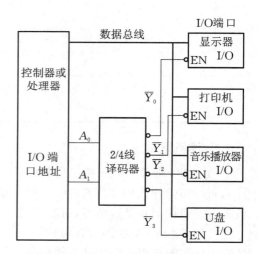

图 10.3.4 I/O 端口地址译码

10.3.3 数码管

1. LED 数码管

在数字系统中,常需要将数字量用十进制数显示出来,便于人们直观读取,这就需要数码显示电路。LED 数码管就是一种被广泛应用的数码显示器件,如日常生活中电子钟的时间显示、热水器的温度显示等,如图 10.3.5(a)、图 10.3.5(b)所示。每一位数码显示就是一个数码管,一位数码管如图 10.3.5(c)所示。

(a) 时间显示

(b) 温度显示

(c) 数码管

图 10.3.5 LED 数码管

LED 数码管的发光器件是七个显示数码的发光二极管,以及一个显示小数点的发光二极管,一般称之为七段式发光二极管。每只 LED 都由一个电极引到外部引脚上,而另外一个电极全部连接在一起,作为公共极 COM。LED 数码管的引脚图如图 10.3.6(a)所示。若公共极 COM 接地,就是共阴极接法,如图 10.3.6(b)所示;若公共极 COM 接电源,就是共阳极接法,如图 10.3.6(c)所示。

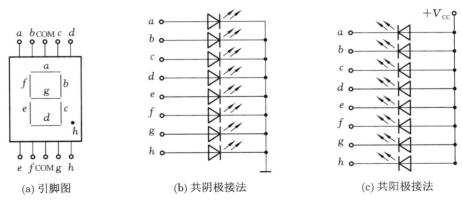

(a) 引脚图　　　　　　　(b) 共阴极接法　　　　　　　(c) 共阳极接法

图 10.3.6　LED 数码管的结构示意图

采用共阴极接法时,输入高电平发光;反之,采用共阳极接法时,输入低电平发光。所以,输入端 $a \sim g$ 送入不同电平时,可显示 $0 \sim 9$ 数码字形。

2. 显示译码器

显示译码器就是将 BCD 代码译成数码管所需要的驱动信号,以便使数码管用十进制数显示 BCD 代码的二进制数。以驱动共阴极数码管为例,列出其真值表,如表 10.3.3 所示。

表 10.3.3　BCD-七段显示译码器的真值表(共阴极)

输　入				输　出							显　示　字　形
A_3	A_2	A_1	A_0	a	b	c	d	e	f	g	
0	0	0	0	1	1	1	1	1	1	0	0
0	0	0	1	0	1	1	0	0	0	0	1
0	0	1	0	1	1	0	1	1	0	1	2
0	0	1	1	1	1	1	1	0	0	1	3
0	1	0	0	0	1	1	0	0	1	1	4
0	1	0	1	1	0	1	1	0	1	1	5
0	1	1	0	0	0	1	1	1	1	1	6
0	1	1	1	1	1	1	0	0	0	0	7
1	0	0	0	1	1	1	1	1	1	1	8
1	0	0	1	1	1	1	0	0	1	1	9

由真值表写出逻辑表达式,得到相应的逻辑电路图。常用的显示译码器有:TTL 的有 74LS48(共阴极)、74LS248(共阳极)、74LS47(共阴极)、74LS247(共阳极);COMS 的有 CD4511、CD4513。74LS48 与数码管的连接示意图如图 10.3.7 所示。

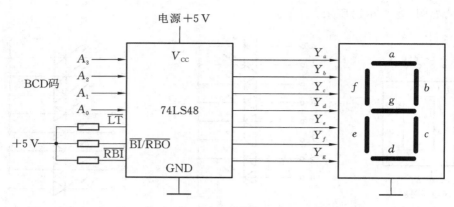

图 10.3.7 74LS48 与数码管的连接示意图

◀ 10.4 数据选择器和数据分配器 ▶

10.4.1 数据选择器

1. 原理

数据选择器的功能就是从多路的输入通道中选择其中的一路,并将其数据传送到唯一的公共数据输出通道中。数据选择器简称 MUX(multiplexer),常用的是 4 选 1 数据选择器、8 选 1 数据选择器。数据选择器相当于一个单刀多掷开关。4 选 1 数据选择器的示意图如图 10.4.1 所示。

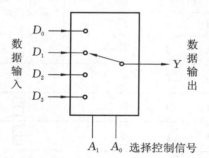

图 10.4.1 4 选 1 数据选择器的示意图

选择 4 路输入中的哪一路到输出 Y,由选择控制信号 $A_1 A_0$ 决定,这两位二进制数正好有 4 种组合,因此,$A_1 A_0$ 也叫作地址码。4 选 1 数据选择器的真值表如表 10.4.1 所示。

表 10.4.1 4 选 1 数据选择器的真值表

	输　　　入		输　　　出
D	A_1	A_0	Y
D_0	0	0	D_0
D_1	0	1	D_1
D_2	1	0	D_2
D_3	1	1	D_3

由真值表可得到逻辑表达式,即

$$Y = D_0 \overline{A_1}\,\overline{A_0} + D_1 \overline{A_1} A_0 + D_2 A_1 \overline{A_0} + D_3 A_1 A_0 \qquad (10.4.1)$$

由逻辑表达式画出逻辑电路图,如图 10.4.2 所示,图中的与门作为门控电路,$A_1 A_0$ 作为控制信号,控制输入数据从哪个门通过。

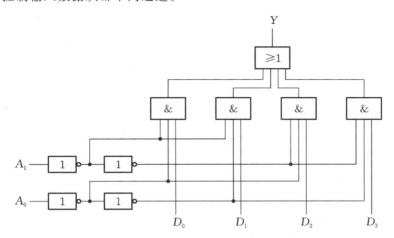

图 10.4.2　4 选 1 数据选择器的逻辑电路图

2. 集成电路实现

74LS153 是双 4 选 1 数据选择器,输入端还设有选通控制端 $\overline{S}$,为低电平有效,其作用是控制数据选择器的工作状态和应用扩展。74LS153 的逻辑电路由图 10.4.2 所示的逻辑电路增加一个输入端 $\overline{S}$ 而得到,该输入端作为门控信号控制四个与门。当 $\overline{S}=1$ 时,与门输出恒为"0",数据选择器不工作;当 $\overline{S}=0$ 时,数据选择器工作。$\frac{1}{2}$ 74LS153 的逻辑电路图如图 10.4.3 所示。

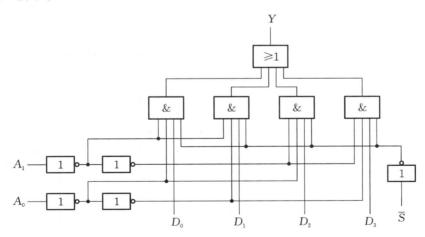

图 10.4.3　$\frac{1}{2}$ 74LS153 的逻辑电路图

74LS153 的真值表如表 10.4.2 所示,其引脚图如图 10.4.4 所示,地址码 $A_1 A_0$ 是共用的。

表 10.4.2　74LS153 的真值表

输	入			输 出
$\overline{S}$	D	A_1	A_0	Y
1	×	×	×	0
0	D_0	0	0	D_0
0	D_1	0	1	D_1
0	D_2	1	0	D_2
0	D_3	1	1	D_3

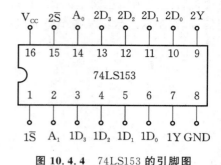

图 10.4.4　74LS153 的引脚图

3. 应用

数据选择器作为中规模集成电路,其应用很多,如:能实现组合逻辑函数;与计数器结合,产生周期性的可编序列信号;扩展多路输入功能等。

例题 10.3　用 74LS153 构成 8 选 1 数据选择器。

解　8 选 1 数据选择器的真值表如表 10.4.3 所示。

分析如下:

(1) 74LS153 有两个 4 选 1 数据选择器,所以只需一片 74LS153 就能实现 8 路输入。

(2) 8 路输入需要三位地址线进行选择控制。当高位 $A_2 = 0$ 时,A_1A_0 的选择器工作;当高位 $A_2 = 1$ 时,另一组 A_1A_0 的选择器工作。所以,将 74LS153 的 $1\overline{S}$ 和 $2\overline{S}$ 用非门组合,作为 8 选 1 数据选择器的高位 A_2,实现 74LS153 中的两个选择器交替工作。

(3) 两个输出端相互产生输出信号。

由分析可得,用 74LS153 构成 8 选 1 数据选择器的电路图如图 10.4.5 所示。

表 10.4.3　8 选 1 数据选择器的真值表

输	入			输 出
D	A_2	A_1	A_0	Y
×	×	×	×	0
D_0	0	0	0	D_0
D_1	0	0	1	D_1
D_2	0	1	0	D_2
D_3	0	1	1	D_3
D_4	1	0	0	D_4
D_5	1	0	1	D_5
D_6	1	1	0	D_6
D_7	1	1	1	D_7

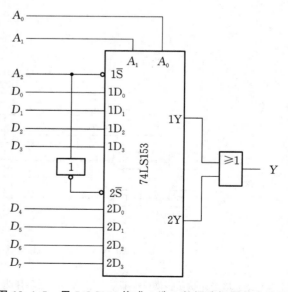

图 10.4.5　用 74LS153 构成 8 选 1 数据选择器的电路图

10.4.2 数据分配器

1. 原理

数据分配器的功能是根据地址码的要求,将一路数据分配到指定输出通道中。因输出是多路,所以数据分配器又可称为多路分配器。数据分配器简称 DEMUX(demultiplexer),它也相当于一个单刀多掷开关,其逻辑功能正好与数据选择器相反。4 路数据分配器的示意图如图 10.4.6 所示。

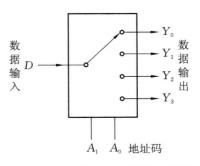

图 10.4.6 4 路数据分配器的示意图

类似于数据选择器的分析,4 路数据分配器的真值表如表 10.4.4 所示,其逻辑电路图如图 10.4.7 所示,其逻辑表达式为

$$Y_0 = D\,\overline{A_1}\,\overline{A_0}, \quad Y_1 = D\,\overline{A_1}A_0, \quad Y_2 = DA_1\overline{A_0}, \quad Y_3 = DA_1A_0$$

表 10.4.4 4 路数据分配器的真值表

输	入	输		出	
	A_1	A_0	Y_0	Y_1	Y_2	Y_3

输		入	输		出	
	A_1	A_0	Y_0	Y_1	Y_2	Y_3
D	0	0	D	0	0	0
	0	1	0	D	0	0
	1	0	0	0	D	0
	1	1	0	0	0	D

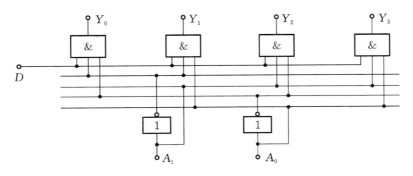

图 10.4.7 4 路数据分配器的逻辑电路图

2. 集成电路实现

数据分配器在数字系统中的作用很多,如:计算机通过数据分配器与多个外部设备连接,可将计算机的数据分送到外部设备中;数据分配器与计数器结合,组成脉冲分配器,用它与数据选择器连接,组成分时数据传送系统。

由于数据分配器的功能和译码器的功能很接近,所以通常都是用译码器构成数据分配器。4 路数据分配器可由 2 线-4 线译码器实现。74LS139 是双 2 线-4 线译码器,其真值表如表 10.4.5 所示,其引脚图如图 10.4.8 所示。

表 10.4.5　74LS139 的真值表

输	入		输	出		
$\overline{E}$	A_1	A_0	$\overline{Y}_0$	$\overline{Y}_1$	$\overline{Y}_2$	$\overline{Y}_3$
1	×	×	1	1	1	1
0	0	0	0	1	1	1
0	0	1	1	0	1	1
0	1	0	1	1	0	1
0	1	1	1	1	1	0

　　只要将 2 线-4 线译码器的选通控制端 $\overline{E}$ 接入数据 D，就构成 4 路数据分配器。数据 D 是一组脉冲信号，输入 $\overline{E}$ 端，设地址码 $A_1A_0=00$，由表 10.4.5 可知：当脉冲信号使 $\overline{E}=0$ 时，输出 $\overline{Y}_0=0$；当脉冲信号使 $\overline{E}=1$ 时，输出 $\overline{Y}_0=1$。所以，数据 D 在地址码设定下从 $\overline{Y}_0$ 端输出。用 74LS139 构成的 4 路数据分配器的示意图如图 10.4.9 所示。

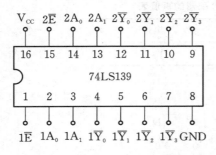

图 10.4.8　74LS139 的引脚图

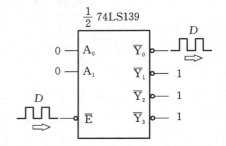

图 10.4.9　用 74LS139 构成的 4 路数据分配器的示意图

习　　题

　　10.1　已知对图 10.01 所示的电路输入波形 A、B，试分析该电路实现哪种逻辑门的功能，并画出相应的输出波形 F。

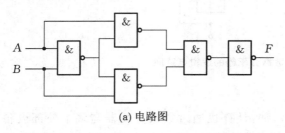

(a) 电路图

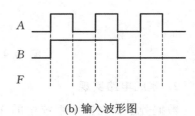

(b) 输入波形图

图 10.01　习题 10.1 图

　　10.2　试分析图 10.02 所示的逻辑电路的功能。

　　10.3　分析图 10.03 所示的逻辑电路的功能，要求写出与-或逻辑表达式，并列出其真值表。

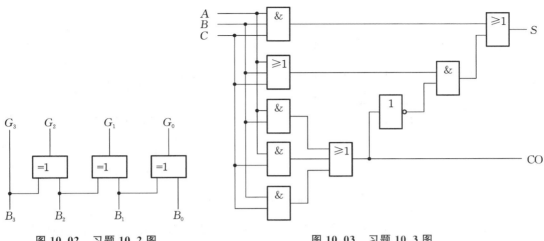

图 10.02 习题 10.2 图   图 10.03 习题 10.3 图

10.4 试设计一个三变量不一致电路,该电路的逻辑功能是:当三个输入变量取值相同时,输出为"1",否则输出为"0"。

10.5 试设计一个举重裁判表决电路。设举重比赛有三个裁判:一个主裁判和两个副裁判。只有当两个或两个以上的裁判表决通过,并且其中有个主裁判时,表明举重成功的灯才亮。

10.6 设计一个交通灯监测电路。在红、绿、黄三个灯正常工作时只能一个灯亮,否则将会发出检修信号,用 2 输入与非门设计逻辑电路,并给出所用 CD 系列的型号。

10.7 设计一个 2 线-4 线编码器。

10.8 LED 数码管有不同颜色显示,试问不同颜色的 LED 发光时的导通压降是多少?红色数码管的所有 LED 都发光时,数码管所消耗的功率大概是多少?

10.9 列出共阳极的 BCD-七段显示译码器的真值表。

10.10 已知 8421BCD-七段显示译码器的部分真值表,驱动 LED 数码管,显示出十进制数,指出表 10.01 中的哪一行是正确的。(注:输出逻辑"1"表示灯亮。)

表 10.01 8421BCD-七段显示译码器的部分真值表

	D	C	B	A	a	b	c	d	e	f	$g*$
0	0	0	0	0	0	0	0	0	0	0	0
4	0	1	0	0	0	1	1	0	0	1	1
7	0	1	1	1	0	0	0	1	1	1	1
9	1	0	0	1	0	0	0	0	1	0	0

10.11 由 4 选 1 数据选择器和门电路构成的组合逻辑电路如图 10.04 所示,试写出输出 Z_1 和 Z_2 的最简逻辑函数表达式。

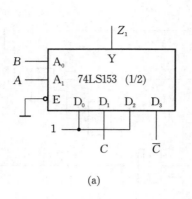 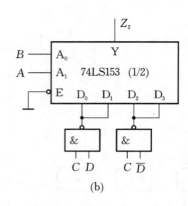

图 10.04　习题 10.11 图

10.12　由 4 选 1 数据选择器构成的组合逻辑电路如图 10.05(a)所示，请画出在图 10.05(b)所示的输入信号作用下的输出波形 L。

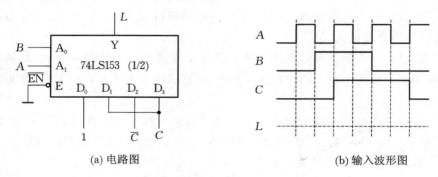

图 10.05　习题 10.12 图

10.13　用 74LS139 扩展成 3 线-8 线译码器，要求说明其原理，并画出电路示意图。

10.14　用 74LS138 构成 8 路数据分配器，要求说明其原理，并画出电路示意图。

10.15　逻辑电路如图 10.06 所示，已知 S_1、S_0 为功能控制输入，A、B 为输入信号，L 为输出信号，试分析该电路所具有的功能。

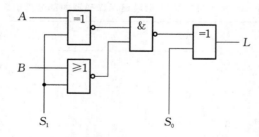

图 10.06　习题 10.15 图

第 11 章
时序逻辑电路

◀ **本章指南**

    数字系统中常用的各种数字电路,可分为组合逻辑电路和时序逻辑电路两大类。

    从逻辑功能上看,上一章所讨论的组合逻辑电路在任一时刻的输出信号仅仅取决于该时刻的输入信号;而时序逻辑电路在任一时刻的输出信号不仅与当时的输入信号有关,而且还与此输入信号作用前的电路状态有关。组合逻辑电路的输出完全由输入决定,即没有输入信号就没有输出信号;时序逻辑电路因为还与电路原来的状态有关,所以其具有记忆能力。

    从结构上看,组合逻辑电路仅由若干逻辑门组成,电路对输入信号进行处理,实现一定功能到输出端;时序逻辑电路除包含若干逻辑门外,还含有具有记忆能力的存储电路。时序逻辑电路中存在反馈,即有输出到输入的回路,这是组合逻辑电路所没有的。

    时序逻辑电路中的存储电路由触发器构成,所以触发器是时序逻辑电路中最基本的电路,相应的重要概念如时钟脉冲、现态、次态等,都将贯穿于本章始终。

◀ 11.1 触 发 器 ▶

触发器在输入端触发作用过去后能保持稳定状态(0 或 1),这说明触发器能够将输入信号保存下来。一个触发器存储一位二值信号。

11.1.1 基本 RS 触发器

1. 电路组成

基本 RS 触发器是用两个与非门交叉连接起来而构成的,如图 11.1.1 所示。$\overline{R}$ 和 $\overline{S}$ 是信号输入端,为低电平有效,即 $\overline{R}$ 或者 $\overline{S}$ 为低电平时,把要存储的信号送入电路;$\overline{R}$ 和 $\overline{S}$ 都为高电平时,表示无信号输入,电路处于存储状态。

电路有两个输出端 Q 和 $\overline{Q}$,显然,电路在正常工作时,两者是互补的,即一个为"0",另一个必为"1",反之亦然。

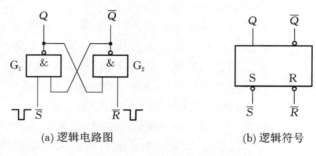

(a) 逻辑电路图　　　　　　(b) 逻辑符号

图 11.1.1　基本 RS 触发器

2. 工作原理

将表 11.1.1 所列的输入信号按顺序送入电路,输出有相应的变化。

表 11.1.1　原理分析表

$\overline{R}$	$\overline{S}$	Q	$\overline{Q}$	说　明
0	1	0	1	将信号"0"送到 Q,$\overline{R}$ 称为置 0 端,或称复位端(Reset)
1	1	0	1	保存所送的"0"信号,触发器处于 0 状态
1	0	1	0	将信号"1"送到 Q,$\overline{S}$ 称为置 1 端,或称置位端(Setup)
1	1	1	0	保存所送的"1"信号,触发器处于 1 状态
0	1	0	1	在置 0 端加负脉冲(按键式,电平变化为 1→0→1)
1	1	0	1	触发器处于 0 状态
0	0	1	1	Q 和 $\overline{Q}$ 相同,未定义的状态,无意义,在电路正常工作时,输入端取值不会出现 $\overline{R}=\overline{S}=0$ 的情况

分析如下:

1) 送数

在送数之前,此时电路无信号输入,输入端 $\overline{R}=\overline{S}=1$。若在 $\overline{R}$ 端输入负脉冲,即将"0"信号送到电路,触发器处于 0 状态;若在 $\overline{S}$ 端输入负脉冲,即将信号"1"送到电路,触发器处于 1 状态。

2) 存储

当输入端 $\overline{R}=\overline{S}=1$ 时,电路能保存 $\overline{R}$ 端或者 $\overline{S}$ 端所送入的信号,这是因为电路的两个逻辑门的输入端和输出端交叉反馈,即使输入端的送数信号消失了,输出的状态也能保持下去。

3) 现态 Q^n 和次态 Q^{n+1}

有一个现象,就是当 $\overline{R}=\overline{S}=1$ 时,输出端的值不是唯一的,既可以为"0",也可以为"1",这和组合逻辑电路是不同的。由表 11.1.1 可知,输出端的取值和前一个输出的状态有关。为描述这种现象,将此时刻输入为 $\overline{R}=\overline{S}=1$ 的电路状态定义为次态 Q^{n+1},将此时刻之前的电路状态定义为现态 Q^n。对于基本 RS 触发器,当 $\overline{R}=\overline{S}=1$ 时,有

$$Q^{n+1}=Q^n \tag{11.1.1}$$

上式的意义是"保持",即保持电路原来的状态不变。基本 RS 触发器的典型应用有按键消抖电路和单脉冲发生器等。

11.1.2　同步 RS 触发器

在数字系统中,用同步信号来协调各个器件的动作,那么,也要将同步信号引入触发器中,使触发器只有在同步信号到达时才按输入信号改变状态。通常把这个同步信号叫作时钟脉冲,简称 CP(clock pulse)。

1. 电路组成

同步 RS 触发器的逻辑电路图如图 11.1.2(a)所示。与非门 G_1、G_2 构成基本 RS 触发器,与非门 G_3、G_4 构成控制门,在 CP 作用下,输入信号 R、S 通过控制门进行传送。

在图 11.1.2(b)中,C1、1S 和 1R 表示内部逻辑之间的关联关系,C1 表示控制类型,其后缀"1"表示该输入的逻辑状态对所有以"1"为前缀的输入起控制作用。

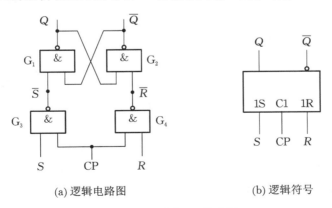

(a) 逻辑电路图　　　　　　　(b) 逻辑符号

图 11.1.2　同步 RS 触发器

2. 工作原理

当与非门作为控制门使用时,时钟控制信号 CP 要分两种情况讨论。

当 CP=0 时,与非门 G_3、G_4 被封锁,其输出 $\overline{S}$、$\overline{R}$ 恒为 1,与非门 G_1、G_2 构成基本 RS 触发器,保持原来状态不变。

当 CP=1 时,与非门 G_3、G_4 打开,其输入端 S、R 的信号反相后传送到与非门 G_1、G_2,构成基本 RS 触发器的输入端 $\overline{S}$、$\overline{R}$。

3. 特性表和特性方程

反映触发器次态 Q^{n+1} 与现态 Q^n、输入信号之间的对应关系的表格叫作特性表。根据前面对同步 RS 触发器工作原理的分析,列出表 11.1.2 所示的同步 RS 触发器的特性表。由图 11.1.2(a)可以看出,同步 RS 触发器的输入端有三个,但是 Q^{n+1} 的值还取决于 Q^n,所以将 Q^n 也作为输入变量考虑。

表 11.1.2　同步 RS 触发器的特性表

CP	R	S	Q^n	Q^{n+1}	说　明
0	×	×	×	Q^n	保持
1	0	0	0	0	保持
1	0	0	1	1	
1	0	1	0	1	置1
1	0	1	1	1	
1	1	0	0	0	置0
1	1	0	1	0	
1	1	1	0	不用	不允许
1	1	1	1	不用	

描述触发器次态 Q^{n+1} 与现态 Q^n、输入信号之间的函数关系的方程叫作特性方程。类似于组合逻辑电路的分析,由特性表可得到逻辑表达式,然后化简,最终得到特性方程。要写出特性方程,应分两种情况讨论。

1) CP=0

这时电路处于保持状态,即无论 R、S 取何值,输出 Q^{n+1} 仅仅取决于 Q^n,于是有

$$Q^{n+1}=Q^n \quad (CP=0) \tag{11.1.2}$$

2) CP=1

这时电路逻辑是一个输出变量与三个输入变量的函数关系。在 Q^{n+1} 的取值中,"不用"可做"×"处理,即取"0"或者取"1"都可以,不影响电路整体逻辑功能。为了简化逻辑表达式,将这个"×"做取"1"处理,以利于化简。于是特性方程为

$$Q^{n+1}=S+\overline{R}Q^n(CP=1) \tag{11.1.3}$$

在正常工作情况下,电路的输入端不会出现 $R=S=1$ 的情况,这是应用该特性方程的约束条件。

11.1.3 同步 D 触发器

在实际应用同步 RS 触发器时,对其做进一步改进。在 CP 作用下,当 CP=0 时,保存数据;当 CP=1 时,电路只需具备接收输入端数据的功能。这就是同步 D 触发器,也就是数字系统中广泛应用的锁存器的基本电路。同步 D 触发器也可称为 D 锁存器。

1. 电路组成

将同步 RS 触发器的两个信号输入端通过非门 G_5 连接,使之成为一个输入端 D,这样就构成了同步 D 触发器,如图 11.1.3(a)所示。还有另一种改进方法,如图 11.1.3(b)所示,这样可以省略反相器 G_5,简化电路。同步 D 触发器的逻辑符号如图 11.1.3(c)所示。

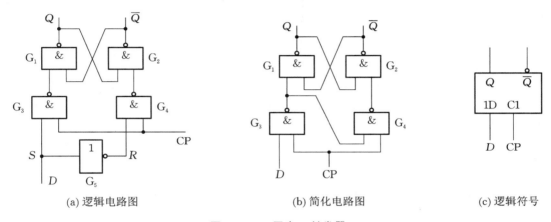

(a) 逻辑电路图   (b) 简化电路图   (c) 逻辑符号

图 11.1.3 同步 D 触发器

集成同步 D 触发器有:TTL 的 74LS373(三态输出的八 D 锁存器)、74LS375(双二位 D 锁存器),CMOS 的 CD4042(四位 D 锁存器)。

2. 电路特点

显然,同步 D 触发器的输入端有 $S=D$,$R=\overline{S}=\overline{D}$,代入同步 RS 触发器的特性方程中,即

$$Q^{n+1}=S+\overline{R}Q^n \quad (\text{CP}=1)$$
$$=D+\overline{\overline{D}}Q^n$$
$$=D$$

$$(11.1.4)$$

式(11.1.4)就是反映同步 D 触发器逻辑功能的特性方程,由此得出其特点是:

(1) 在 CP=1 期间,Q 随 D 的变化而变化;

(2) 在 CP=0 期间,Q 保持不变。

3. 时序图

触发器的表示方法除了前面所介绍的特性表、特性方程外,还有一种常用的表示方法就是时序图。时序图是反映时钟脉冲 CP、输入信号取值和触发器状态之间在时间上的对应关系的工作波形图。时序图形象地反映了在 CP 的控制下触发器的动态特性。

图 11.1.4 所示是同步 D 触发器的时序图,CP、D 的波形图是给定的,设输出 Q 的初始状态为 0,根据同步 D 触发器的电路特点,可画出输出 Q 的波形图。

前面是从特性方程的角度总结了同步 D 触发器的特点,下面从时序图的角度做进一步

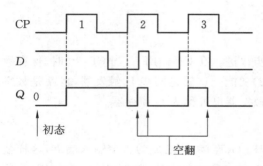

图 11.1.4 同步 D 触发器的时序图

的分析。

1）锁存

CP＝1 期间是同步 D 触发器接收数据的过程，Q 端的状态随 D 的变化而变化，但是 CP＝0 期间所保存的数据是 CP 下降沿瞬间 D 的值，也就是说，同步 D 触发器只锁存 CP 下降沿瞬间 D 的值，而在此之前的 Q 端的多个状态不会被保存。

2）空翻

在 CP 下降沿瞬间之前，那些没有被保存的状态变化叫作空翻。空翻的数据不会被触发器采纳，无任何作用。在实际应用中，当时钟信号 CP 在一个周期内只传送一位数据时，空翻就可看作是干扰信号，这会使触发器保存错误的信号。

在图 11.1.4 的 CP 第 1 个周期，D 端送入信号"1"，CP＝1 期间无干扰，保存信号"1"。

在图 11.1.4 的 CP 第 2 个周期，D 端送入信号"0"，CP＝1 期间有干扰，不过干扰作用时间短，还是保存信号"0"。

在图 11.1.4 的 CP 第 3 个周期，D 端送入信号"1"，CP＝1 期间有干扰，使要保存的信号"1"变为"0"，导致触发器保存错误数据。

11.1.4　边沿 D 触发器

边沿 D 触发器解决了同步 D 触发器的空翻问题，提高了触发器的抗干扰能力，增强了电路的可靠性。边沿 D 触发器的状态只取决于 CP 的上升沿或者下降沿前一瞬间输入信号的取值，而在 CP＝0 和 CP＝1 期间，该状态将一直保持。这样，在触发之后的一个 CP 周期内，无论输入信号做何种变化，都不会使输出状态发生改变。

同步 RS 触发器和同步 D 触发器属于电平触发类型，即在 CP＝1 期间输入触发信号。边沿 D 触发器属于边沿触发类型，可分为两类，即正边沿 D 触发器（CP 的上升沿触发）和负边沿 D 触发器（CP 的下降沿触发）。

1. 电路组成

将两个同步 D 触发器级联起来就构成边沿 D 触发器（下降沿触发），它是主从结构形式，如图 11.1.5 所示。在图 11.1.5(b)中，CP 输入端的符号"∧"表示触发器是边沿触发器，其下端的小圆圈表示触发器是在 CP 的下降沿触发。若没有小圆圈，则表示触发器是在 CP 的上升沿触发。

边沿 D 触发器电路组成的基本思路是：采取适当的措施，使同步 D 触发器的状态在 CP＝1 期间不会因输入信号的改变而改变。

2. 工作原理

为方便讨论，先画出边沿 D 触发器的工作原理分析图，如图 11.1.6 所示。现分析如下。

（1）当 CP＝1 时，主触发器打开，$Q_m^{n+1}=D$，而 $\overline{CP}=0$，从触发器封锁，$Q^{n+1}=Q^n$。无论 D 端信号怎么变，Q 端保持原状态不变。

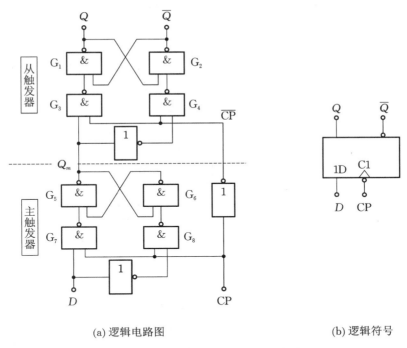

(a) 逻辑电路图　　　　　　　　　　　(b) 逻辑符号

图 11.1.5　边沿 D 触发器(下降沿触发)

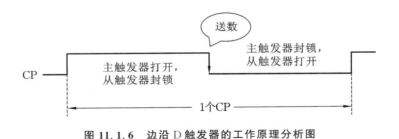

图 11.1.6　边沿 D 触发器的工作原理分析图

(2) CP 从 1 跳变到 0,即下降沿到来瞬间,主触发器锁存 CP 下降沿时刻 D 的值,随后送至打开的从触发器的 Q 端,此时 $Q=Q_m=D$(CP 下降沿时刻 D 的值)。

(3) 当 CP＝0,即下降沿之后,主触发器封锁,$Q_m^{n+1}=Q_m^n$(保持 CP 下降沿时刻 D 的值),从触发器打开,$Q^{n+1}=Q_m$(接收主触发器锁存后的 D 值)。所以,在 CP＝0 期间,无论 D 端信号怎么变,Q 端保持主触发器锁存后的 D 值不变。

3. 特性方程

根据以上的工作原理分析,边沿 D 触发器的特性方程为

$$Q^{n+1}=D(\downarrow,下降沿有效) \tag{11.1.5}$$

式中,Q^{n+1} 只能取 CP 下降沿时刻输入信号 D 的值;而在 CP＝1 和 CP＝0 期间,触发器状态保持不变。若要使边沿 D 触发器是上升沿触发,将图 11.1.5(a) 中的 CP 端接反相器即可实现。

集成边沿 D 触发器有:TTL 的 74LS74(双正边沿 D 触发器)、CMOS 的 CD4013(双正边沿 D 触发器)。

例题 11.1 负边沿 D 触发器的 CP 和 D 的波形如图 11.1.7 所示,设 Q 的初始状态为 0,试画出 Q 和 $\overline{Q}$ 的波形图。

解 这是一个下降沿触发的边沿 D 触发器,依据式(11.1.5),下降沿触发后的一个 CP 周期内,触发器保持 CP 下降沿时刻输入信号 D 的值,直至下一个下降沿到来之时。为方便画图,应对 CP 的所有下降沿以虚线标记。输出波形如图 11.1.7 所示。

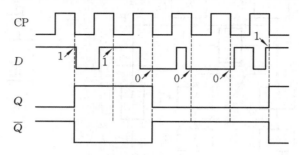

图 11.1.7 例题 11.1 图

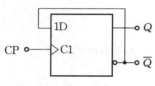

图 11.1.8 例题 11.2 图

例题 11.2 由正边沿 D 触发器组成的电路如图 11.1.8 所示,在 CP 的控制下,画出输出 Q 的波形图,并分析该电路的功能。(CP 脉冲取 6 个周期)

解 这是一个典型的边沿 D 触发器应用电路,反相输出端反馈到输入端,即 $D=\overline{Q^n}$。同样,依据式(11.1.5),写出该电路的特性方程,即

$$Q^{n+1}=\overline{Q^n}(\uparrow,上升沿有效)\tag{11.1.6}$$

上式是常见表达式,其意义是"翻转"。对于边沿型的触发器,其触发之前的输出状态为现态 Q^n,触发之后的输出状态为次态 Q^{n+1}。上式表明,次态和现态之间始终是反相操作,即触发前的现态为"0",触发后的次态必为"1",反之亦如此,这就是翻转。已知边沿 D 触发器是上升沿触发,依据式(11.1.6),画出输出 Q 的波形图,如图 11.1.9 所示,设输出 Q 的初态为 0。

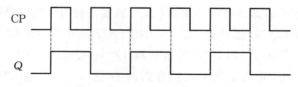

图 11.1.9 输出 Q 的波形图

显然,输出 Q 的波形频率是时钟脉冲 CP 频率的 $\frac{1}{2}$,该电路称为二分频电路,它具有对 CP 的分频功能。

例题 11.3 由边沿 D 触发器和异或门组成的电路如图 11.1.10(a)所示,CP 和 T 的波形如图 11.1.10(b)所示,设输出 Q 的初态为 0,试画出输出 Q 的波形。

解 首先写出电路的特性方程。由电路图可以看出,触发器的输入端 D 与电路的输入端 T 的关系是

$$D=T\oplus Q^n$$

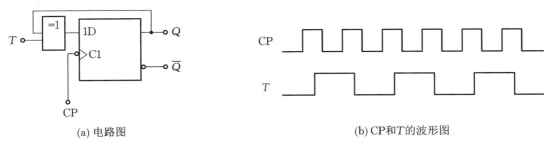

(a) 电路图　　　　　　　　　　　　　　(b) CP和T的波形图

图 11.1.10　例题 11.3 图

将上式代入边沿 D 触发器的特性方程,就得到电路的特性方程,即

$$Q^{n+1} = T \oplus Q^n (\downarrow, 下降沿有效)$$

然后由电路的特性方程画出输出 Q 的波形。该例题中的触发器是下降沿触发,那么下降沿触发后的次态 Q^{n+1} 是下降沿触发前瞬间的 T 值和现态 Q^n 的异或运算,如图 11.1.11 所示。

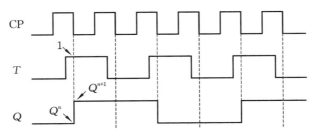

图 11.1.11　输出 Q 的波形图

11.1.5　边沿 JK 触发器

边沿 JK 触发器具有两个及以上的输入端,它也是一种常用的边沿触发器,其功能多样且方便设计。下面以边沿 D 触发器构成的具有两个输入端的边沿 JK 触发器为例,说明其工作原理和特点。

边沿 JK 触发器的特性方程为

$$Q^{n+1} = J\overline{Q^n} + \overline{K}Q^n (\downarrow, 下降沿有效) \tag{11.1.7}$$

式中,Q^{n+1} 的状态取决于 CP 下降沿触发前瞬间 J、K 的值。

依据边沿 D 触发器的特性方程式(11.1.5),采用组合逻辑电路,即

$$D = J\overline{Q^n} + \overline{K}Q^n$$

这样就可构成边沿 JK 触发器,如图 11.1.12 所示。

边沿 JK 触发器的特性表如表 11.1.3 所示,由该表可知,边沿 JK 触发器具有保持、置0、置1、翻转四种功能。J、K 取值同为"0"时,触发器保持;J、K 取值同为"1"时,触发器翻转;J、K 取值不同时,触发器状态同 J。

集成边沿 JK 触发器有:TTL 的 74LS112(双负边沿 JK 触发器)、CMOS 的 CD4027(双正边沿 JK 触发器)。

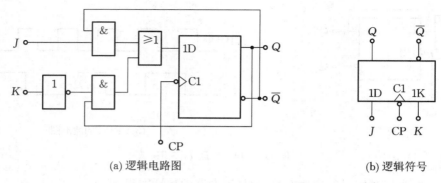

(a) 逻辑电路图　　　　　　　　　　(b) 逻辑符号

图 11.1.12　边沿 JK 触发器

表 11.1.3　边沿 JK 触发器的特性表

J	K	Q^{n+1}	功　能
0	0	Q^n	保持
0	1	0	置0
1	0	1	置1
1	1	$\overline{Q^n}$	翻转(计数)

例题 11.4　画出下降沿触发的边沿 JK 触发器的输出波形图。已知 CP 和 J、K 的波形图如图 11.1.13 所示,设输出端 Q 的初态为 0。

解　Q^{n+1} 的状态取决于 CP 下降沿触发前瞬间 J、K 的值,根据表 11.1.3 画出输出 Q 的波形图,如图 11.1.13 所示,CP 所有下降沿还是以虚线标记。

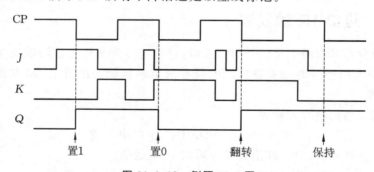

图 11.1.13　例题 11.4 图

例题 11.5　一个简单的时序逻辑电路的电路图如图 11.1.14(a)所示,CP、D 的波形图如图 11.1.14(b)所示。设该电路的初始状态为 $Q_0Q_1=00$,试对应画出 Q_0、Q_1 的波形图。

解　这是由两个触发器组成的电路,因此有两个状态输出 Q_0 和 Q_1,它们由同一个 CP 控制。要画出触发器的输出波形图,需写出各触发器的状态方程。状态方程是时序逻辑电路的各次态表达式。图 11.1.14(a)中,FF 是触发器(flip flop)的简称。

FF$_0$ 是正边沿 D 触发器,其状态方程为边沿 D 触发器的特性方程,即

$$Q_0^{n+1}=D(\uparrow)$$

FF$_1$ 是负边沿 JK 触发器,输入 K 端悬空,取 $K_1=1$,输入 J 端有 $J_1=Q_0^n$,将其代入边沿

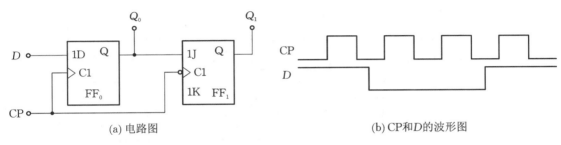

(a) 电路图 (b) CP和D的波形图

图 11.1.14 例题 11.5 图

JK 触发器的特性方程,得

$$Q_1^{n+1} = J_1\overline{Q_1^n} + \overline{K_1}Q_1^n(\downarrow)$$
$$= Q_0^n\overline{Q_1^n} + \overline{1}Q_1^n$$
$$= Q_0^n\overline{Q_1^n}$$

要注意的是,CP 的上升沿负责触发边沿 D 触发器,下降沿负责触发边沿 JK 触发器。下降沿触发后的 Q_1^{n+1} 是下降沿触发前的 Q_0^n 和 Q_1^n 的非的与运算。Q_0、Q_1 的波形图如图 11.1.15 所示。

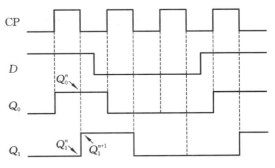

图 11.1.15 Q_0、Q_1 的波形图

◀ 11.2 计 数 器 ▶

计数器的基本功能是记录 CP 脉冲的个数,但是计数器不仅仅用于计数,它还用于分频、定时、延时、运算、产生节拍脉冲等,所以计数器在数字系统中的应用十分广泛。

构成计数器的基本器件是边沿 D 触发器和边沿 JK 触发器。由 n 个触发器构成的计数器,其输出状态就有 n 个,那么所能记录的 CP 脉冲个数就有 2^n 个。

11.2.1 计数器的基本原理

1. 二进制加法计数器

以四位二进制加法计数器为例,说明二进制加法计数器的构成方法和连接规律。四位二进制加法计数器由四个负边沿 JK 触发器构成,其计数过程为:0000 开始,计数到 1111,再回到 0000 计数,反复循环;输出状态为 1111 时,产生一个进位信号 C(或 CO)。

1) 时序图

四位二进制加法计数器的时序图如图 11.2.1 所示。四位输出状态为 $Q_3Q_2Q_1Q_0$,进位信号为 C。显然,$C = Q_3Q_2Q_1Q_0$。当计数器计满(为 1111)时,向高位产生进位信号 $C=1$。

每来一个 CP 脉冲,计数器就加一个"1",这样计数器中的数值就逐渐增大。当计数器计满时,若再来 CP 脉冲,计数器归零的同时向高位进位。

2) 状态方程

分析时序图中各波形的规律,可以看出,Q_0 在 CP 的下降沿翻转,Q_1 在 Q_0 的下降沿翻

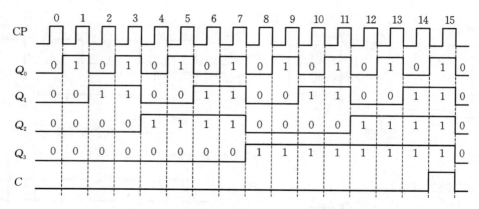

图 11.2.1 四位二进制加法计数器的时序图

转,Q_2 在 Q_1 的下降沿翻转,Q_3 在 Q_2 的下降沿翻转。

边沿 JK 触发器在 $J=K=1$ 时具有翻转功能,根据其特性表(见表 11.1.3)中 $J=K=1$ 的功能特性,列出各触发器的次态表达式,即为四位二进制加法计数器的状态方程,即

$$\begin{cases} Q_0^{n+1}=\overline{Q}_0^n\ (\mathrm{CP}\downarrow) \\ Q_1^{n+1}=\overline{Q}_1^n\ (Q_0\downarrow) \\ Q_2^{n+1}=\overline{Q}_2^n\ (Q_1\downarrow) \\ Q_3^{n+1}=\overline{Q}_3^n\ (Q_2\downarrow) \end{cases} \tag{11.2.1}$$

3) 逻辑电路图

四个边沿 JK 触发器的编号为 FF_0、FF_1、FF_2、FF_3,根据各触发器的状态方程和所提供的各触发器的时钟信号,以及进位输出 C 的逻辑表达式,画出逻辑电路图,如图 11.2.2 所示。

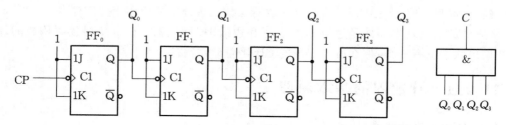

图 11.2.2 四位二进制加法计数器的逻辑电路图

2. 二进制减法计数器

减法计数的基本过程是:CP 是输入减法计数脉冲,每输入一个 CP 脉冲,计数器就减一个 1,当不够减时就向高位借位,产生借位信号 B(或 BO)。

1) 时序图

四位二进制减法计数器的时序图如图 11.2.3 所示。借位信号 $B=\overline{Q}_3\overline{Q}_2\overline{Q}_1\overline{Q}_0$。当计数器状态为 0000 时,输入一个计数脉冲,若不够减,则向高位借 1,即 16 减去 1 后剩 15,计数器状态就由 0000 转换到 1111,所以在计数器状态为 0000 时,产生一个借位信号 B,高电平有效。

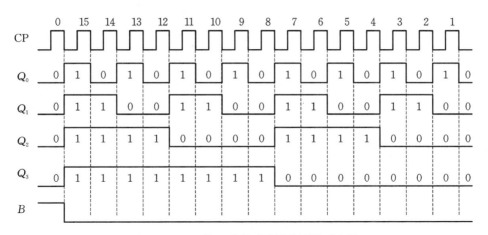

图 11.2.3 四位二进制减法计数器的时序图

2）状态方程

分析时序图中各波形的规律，可以看出，Q_0 在 CP 的下降沿翻转，Q_1 在 Q_0 的上升沿翻转，Q_2 在 Q_1 的上升沿翻转，Q_3 在 Q_2 的上升沿翻转。

边沿 JK 触发器在 $J=K=1$ 时具有翻转功能，根据其特性表（见表 11.1.3）中 $J=K=1$ 的功能特性，列出该计数器的状态方程，即

$$\begin{cases} Q_0^{n+1} = \overline{Q}_0^n (\text{CP} \downarrow) \\ Q_1^{n+1} = \overline{Q}_1^n (Q_0 \uparrow) \\ Q_2^{n+1} = \overline{Q}_2^n (Q_1 \uparrow) \\ Q_3^{n+1} = \overline{Q}_3^n (Q_2 \uparrow) \end{cases} \tag{11.2.2}$$

3）逻辑电路图

由于构成电路的是负边沿 JK 触发器，而对于状态方程中的上升沿触发问题，可利用触发器的另一个反相输出端就可解决。四位二进制减法计数器的逻辑电路图如图 11.2.4 所示。

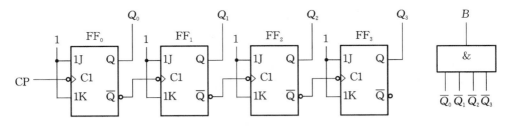

图 11.2.4 四位二进制减法计数器的逻辑电路图

3. 异步二进制计数器的特点

1）同步时序逻辑电路和异步时序逻辑电路

按触发器的状态变化，时序逻辑电路分为同步时序逻辑电路和异步时序逻辑电路。

对于同步时序逻辑电路，其状态的改变受同一个时钟信号控制，所以电路中触发器的状态更新是同步翻转的，如例题 11.5。

对于异步时序逻辑电路，其状态的改变不受同一个时钟信号控制，所以电路中触发器的

状态更新不是同时进行的。前面介绍的二进制计数器就是异步的,由于触发器的状态翻转是由低位向高位逐级进行的,所以计数速度较低,不过电路简单。

2)构成方法和连接规律

异步二进制计数器由具有翻转功能的触发器构成,触发器之间串联,低位触发器的输出作为高位触发器的时钟。例题 11.2 是将边沿 D 触发器连接成具有翻转功能的触发器,因此用边沿 D 触发器也可构成异步二进制计数器。

当采用负边沿触发器时,如将 Q_i 和 CP_{i+1} 相连,则构成加法计数器;如将 $\overline{Q_i}$ 和 CP_{i+1} 相连,则构成减法计数器。

当采用正边沿触发器时,如将 Q_i 和 CP_{i+1} 相连,则构成减法计数器;如将 $\overline{Q_i}$ 和 CP_{i+1} 相连,则构成加法计数器。

3)分频功能

二进制计数器也可称为分频器。若 CP 脉冲的频率为 f,则 Q_0、Q_1、Q_2、Q_3 输出脉冲的频率分别为 $\frac{1}{2}f$(二分频)、$\frac{1}{4}f$(四分频)、$\frac{1}{8}f$(八分频)、$\frac{1}{16}f$(十六分频)。

11.2.2 十进制计数器及其应用

十进制计数器是在四位二进制计数器的基础上演变而来的,如加法计数器,当计数到第九个脉冲后,若再来一个脉冲,计数器的状态必须由 1001 变为 0000,完成一个循环变化。十进制计数器也是由四个边沿触发器构成的,其输出结果是 8421BCD 码。

1. 基本原理

1)状态图

状态图是用图形对时序逻辑电路进行描述,以反映电路的状态转换规律的图形。如图 11.2.5 所示,电路产生进位信号和借位信号时都为"1",高电平有效,以"/1"表示。

$$
\begin{array}{ll}
\text{0000} \xrightarrow{/0} \text{0001} \xrightarrow{/0} \text{0010} \xrightarrow{/0} \text{0011} \xrightarrow{/0} \text{0100} & \quad \text{0000} \xrightarrow{/1} \text{1001} \xrightarrow{/0} \text{1000} \xrightarrow{/0} \text{0111} \xrightarrow{/0} \text{0110} \\
/1 \uparrow \qquad\qquad\qquad\qquad\qquad\qquad\qquad \downarrow /0 & \quad /0 \uparrow \qquad\qquad\qquad\qquad\qquad\qquad\qquad \downarrow /0 \\
\text{1001} \xleftarrow{/0} \text{1000} \xleftarrow{/0} \text{0111} \xleftarrow{/0} \text{0110} \xleftarrow{/0} \text{0101} & \quad \text{0001} \xleftarrow{/0} \text{0010} \xleftarrow{/0} \text{0011} \xleftarrow{/0} \text{0100} \xleftarrow{/0} \text{0101}
\end{array}
$$

(a)十进制加法计数器   (b)十进制减法计数器

图 11.2.5 状态图

2)逻辑电路图(以同步十进制加法计数器为例)

如图 11.2.6 所示,计数脉冲同时作用于各触发器的 CP 端,但各触发器的翻转情况要符

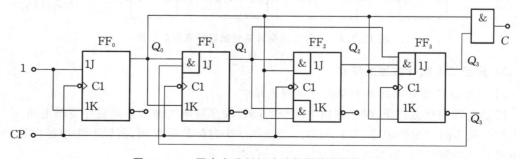

图 11.2.6 同步十进制加法计数器的逻辑电路图

合图 11.2.5(a)所示的状态图的翻转规律,因此对各触发器的 J、K 端加以控制,所以各触发器的状态方程要比异步时序逻辑电路的复杂,这里暂不涉及。图中 C(或 CO)为进位信号,显然 $C=Q_3Q_0$,当计数到 1001 时产生进位信号 $C=1$。

参考图 11.2.1 所示的时序图,通过分析可以得知,十进制加法计数器的高位输出端 Q_3 的波形频率是 CP 脉冲频率的十分之一,则 Q_3 的波形输出为十分频。

2. 集成十进制计数器

下面以集成十进制同步可逆计数器 74LS192 为例,讲述计数器的应用。74LS192 具有加法计数和减法计数等功能,方便设计及应用。若要详细了解,可查阅 74LS192 的芯片手册。74LS192 的引脚图如图 11.2.7 所示。

要熟练使用 74LS192,弄懂芯片手册中的状态表和时序图是非常重要的。74LS192 的状态表如表 11.2.1 所示,其时序图如图 11.2.8 所示。

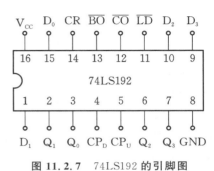

图 11.2.7 74LS192 的引脚图

表 11.2.1 74LS192 的状态表

输　入								输　出				说　明
CR	$\overline{LD}$	CP_U	CP_D	D_0	D_1	D_2	D_3	Q_0^{n+1}	Q_1^{n+1}	Q_2^{n+1}	Q_3^{n+1}	
1	×	×	×	×	×	×	×	0	0	0	0	异步清零
0	0	×	×	d_0	d_1	d_2	d_3	d_0	d_1	d_2	d_3	异步置数
0	1	↑	1	×	×	×	×	加法计数				进位 $\overline{CO}=\overline{CP_U Q_3^n Q_0^n}$
0	1	1	↑	×	×	×	×	减法计数				借位 $\overline{BO}=\overline{CP_D Q_3^n Q_2^n Q_1^n Q_0^n}$
0	1	1	1	×	×	×	×	保持				$\overline{CO}=\overline{BO}=1$

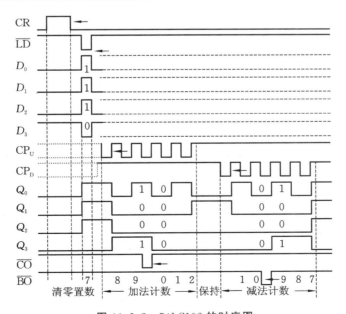

图 11.2.8 74LS192 的时序图

功能介绍：

（1）异步清零，高电平有效。当 CR＝1 时，触发器清零，即输出状态为 0000。所谓异步，就是说与 CP 无关，无论什么时候，只要 CR 端接收信号"1"，触发器清零。在其他功能时，CR＝0。

（2）异步置数，低电平有效。当 $\overline{LD}＝0$ 时，CR＝0，预置输入端的并行数据 $d_3 d_2 d_1 d_0$，进入计数器，使 $Q_3^{n+1} Q_2^{n+1} Q_1^{n+1} Q_0^{n+1}＝d_3 d_2 d_1 d_0$。若 $d_3 d_2 d_1 d_0＝0000$，此时 $\overline{LD}＝0$，同时 CR＝0，触发器清零。

（3）加法计数，上升沿触发。加法计数时钟 CP_U 上升沿触发一次，计数器加 1。加法计数的条件是：计数器输入端满足 CR＝0，$\overline{LD}＝1$，$CP_D＝1$。当计数器状态为 1001 时，在该 CP_U 周期的负半周 $CP_U＝0$ 处产生一个进位信号 $\overline{CO}＝\overline{011}＝0$，低电平有效。

（4）减法计数，上升沿触发。减法计数时钟 CP_D 上升沿触发一次，计数器减 1。减法计数的条件是：计数器输入端满足 CR＝0，$\overline{LD}＝1$，$CP_U＝1$。当计数器状态为 0000 时，在该 CP_D 周期的负半周 $CP_D＝0$ 处产生一个借位信号 $\overline{BO}＝\overline{00000}＝0$，低电平有效。

（5）保持。当计数器输入端满足 CR＝0，$\overline{LD}＝1$，$CP_U＝1$，$CP_D＝1$，则计数器状态保持，此时 $\overline{CO}＝\overline{BO}＝1$。

3. 用 74LS192 构成任意进制计数器的方法

1）设计思想

若一个计数器完成一个计数循环所具有的状态数为 N（称为有效状态数，如图 11.2.5 所示的十个计数状态），那么这个计数器就是 N 进制计数器。如无特别指明，以下叙述中的计数器一般指的是加法计数器。

用已知的计数器设计其他进制计数器，采用的是脉冲反馈法。如设计一个 N 进制计数器，当输入 CP 到达第 N 个脉冲后，触发器状态为 S_N，通过反馈电路将 S_N 转换为初始值 S_0，然后重新开始计数。利用集成计数器的清零输入端和置数输入端，可以让电路跳过 N 以后的状态而获得 N 进制计数器。

参考图 11.2.1，若要设计六进制计数器，将第六个 CP 的状态 0110 转变为 0000，即可实现 0→5 加计数循环的"逢六进一"的六进制计数器。

一片 74LS192 只能实现十进制以下的计数器设计，而两片 74LS192 通过级联可以成为一百（10×10＝100）进制计数器，如图 11.2.9 所示，从而实现一百进制以下的计数器设计。

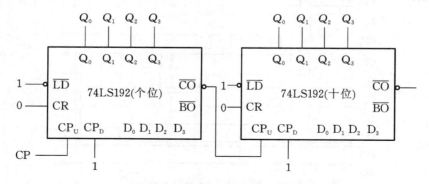

图 11.2.9　一百进制计数器

分析图 11.2.9。首先按表 11.2.1 中的加法计数功能设置 $CR=0$，$\overline{LD}=1$，$CP_D=1$，然后将个位 $\overline{CO}$ 与十位 CP_U 相连，实现级联。CP 每送一个上升沿，个位计数器加 1，此时个位 $\overline{CO}=1$；当个位输出到 1001 时，个位 $\overline{CO}=0$；CP 再送一个上升沿，个位输出变为 0000，个位 $\overline{CO}=1$，此时十位 CP_U 从个位 $\overline{CO}$ 处接收到一个上升沿（个位 $\overline{CO}$ 端为 $0\rightarrow1$），十位计数器加 1。

一百进制计数器是 $00\rightarrow99$ 加计数循环，个位和十位都是 8421BCD 码，个位为低四位 $Q_3Q_2Q_1Q_0$，十位为高四位 $Q_7Q_6Q_5Q_4$，即 $0000\ 0000\rightarrow1001\ 1001$ 加计数循环。

计数器 74LS192 的输出为 8421BCD 码，方便与数码管的硬件连接。参考第 10 章的图 10.3.7，将计数器 74LS192 的输出引脚 $Q_3Q_2Q_1Q_0$ 依次与 74LS48 的输入端 $A_3A_2A_1A_0$ 连接，就将 8421BCD 码输出转换为十进制的数码显示。

2）异步清零法

当输入第 N 个计数脉冲 CP 后，触发器状态为 S_N，从状态 S_N 的数码中提取为"1"的状态输出端作为反馈特征量，通过与逻辑送至 CR 端；CR 端一旦接收到高电平有效信号，计数器清零，即将 S_N 转换为 S_0(0000)，实现 N 进制计数器。

例如，用 74LS192 构成六进制计数器，如图 11.2.10 所示。$S_N=0110$，为"1"的状态输出端是 Q_2Q_1，则用与门反馈连接 $CR=Q_2Q_1$，即完成设计。值得注意的是，$S_N=0110$ 是一个极短暂的过渡状态，大约只有几十纳秒，之后即为 S_0(0000)。

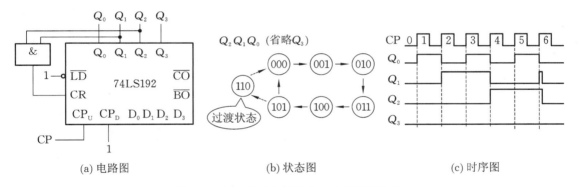

(a) 电路图　　　　　　　(b) 状态图　　　　　　　(c) 时序图

图 11.2.10 用 74LS192 构成六进制计数器

3）异步置数法

当输入第 N 个计数脉冲 CP 后，触发器状态为 S_N，从状态 S_N 的数码中提取为"1"的状态输出端作为反馈特征量，通过与非逻辑送至 $\overline{LD}$ 端；$\overline{LD}$ 端一旦接收到低电平有效信号，就将预置输入端的并行数据 $d_3d_2d_1d_0=0000$ 送入计数器，计数器状态为 $Q_3Q_2Q_1Q_0=0000$，即将 S_N 转换为 S_0(0000)，实现 N 进制计数器。采用异步置数法构成的六进制计数器如图 11.2.11(a) 所示，反馈逻辑 $\overline{LD}=\overline{Q_2Q_1}$。

另外，采用异步置数法也可构成初始值 S_0 不为 0 的计数器，如图 11.2.11(b) 所示。图中预置输入端的并行数据 $d_3d_2d_1d_0=0010$，计数器是在 $2\rightarrow5$ 加计数循环，有四个有效状态，如图 11.2.11(c) 所示。所以，该计数器是四进制计数器。

4. 数字钟

数字钟是一种用数字电子技术实现时、分、秒计时的钟表。参考图 10.3.5(a)，其核心电

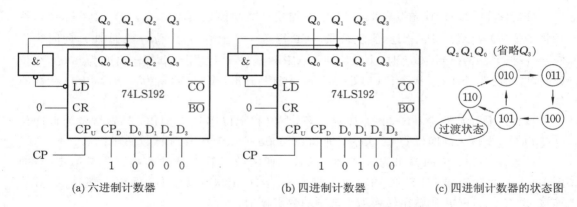

(a) 六进制计数器　　　　　(b) 四进制计数器　　　　(c) 四进制计数器的状态图

图 11.2.11　用一片 74LS192 实现十进制以下的计数器

路是二十四进制计数器和六十进制计数器。计时计数器应用十分广泛,如电子秒表计时器、电子定时器等。

显然,计时计数器的 CP 是秒脉冲信号(频率为 1 Hz),时、分、秒计时各需两片 74LS192 实现。

1) 二十四进制计数器的设计

用 74LS192 实现的二十四进制计数器如图 11.2.12 所示,该计数器由图 11.2.9 所示的一百进制计数器改进而得,采用异步清零法实现。设计的关键是反馈特征量的提取,24 的 8421BCD 码是 00100100,则低四位的特征量是 Q_2,高四位的特征量是 Q_5,有 CR $= Q_5 Q_2$。反馈电路与门的输出端必须同时连接两片计数器的 CR 端,使计数到 24 的时候计数器状态同时清零,实现 00→23 加计数循环。

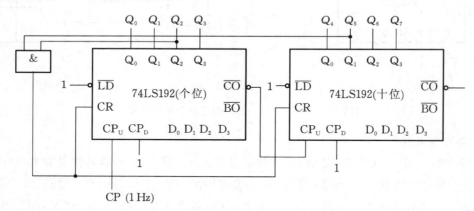

图 11.2.12　用 74LS192 实现的二十四进制计数器

2) 六十进制计数器的设计

用 74LS192 实现的六十进制计数器如图 11.2.13 所示。60 的 8421BCD 码是 01100000,则有 CR $= Q_6 Q_5$,实现 00→59 加计数循环。

5. 倒计时电路

倒计时电路的应用也十分广泛,如篮球比赛的 24 秒违例规则、交通信号灯的倒计时器、定时报警器、游戏中的倒计时器等。用 74LS192 可以设计各种倒计时器。

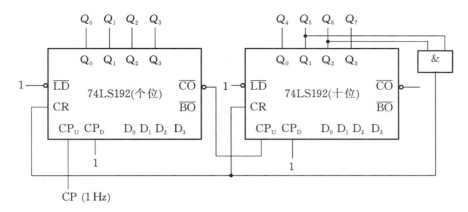

图 11.2.13　用 74LS192 实现的六十进制计数器

1）减法计数器的级联

74LS192 是可逆十进制计数器,其减法计数功能实际上就是一个一位十进制的倒计时电路,即 9→0 减法计数循环。若将两片 74LS192 级联,就可实现 99→00 减法计数循环,如图 11.2.14 所示,级联的方式是个位的输出借位端$\overline{BO}$作为十位的时钟信号 CP_D。

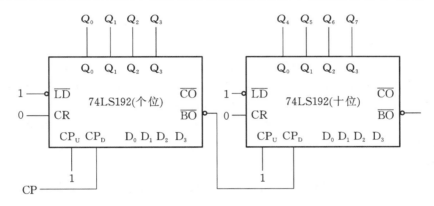

图 11.2.14　99→00 减法计数器

分析 99→00 减法计数器的减计数功能。CP 每送一个上升沿,个位计数器减 1,此时个位$\overline{BO}=1$;当个位减至 0000 时,个位$\overline{BO}=0$;CP 再送一个上升沿,个位输出变为 1001,个位$\overline{BO}=1$,此时十位 CP_D 从个位$\overline{BO}$处接收到一个上升沿(个位$\overline{BO}$端为 0→1),十位计数器减 1。

2）24 秒倒计时电路的设计

24 秒倒计时电路的减法计数循环是 24→00。将图 11.2.14 中的电路进行改进,使 99 变为 24,即可实现 24 秒倒计时电路。CP 是秒脉冲信号(频率为 1 Hz)。

设计 24 秒倒计时电路时,要用到异步置数端$\overline{LD}$。具体做法是:预置个位计数器的 $d_3d_2d_1d_0=0100$,预置十位计数器的 $d_3d_2d_1d_0=0010$;99 的 8421BCD 码是 10011001,提取其中为“1”的特征量,通过与非逻辑使$\overline{LD}$低电平有效,即反馈逻辑$\overline{LD}=\overline{Q_7Q_4Q_3Q_0}$。24 秒倒计时电路如图 11.2.15 所示,反馈电路连接方法与加法计数器的类似。

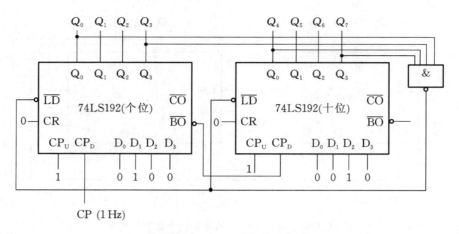

图 11.2.15　24 秒倒计时电路

◀ 11.3　寄　存　器 ▶

寄存器是数字系统中暂存代码或数据的逻辑器件。如在 CPU 中有很多种寄存器,用来暂存指令、数据和地址,以便随时取用。

寄存器一般分为基本寄存器和移位寄存器两大类。从存入和取出的方式上看,基本寄存器在 CP 的作用下只能并行输入、并行输出(并入并出),而移位寄存器在 CP 的作用下能实现并入并出、并入串出(并行输入、串行输出)、串入并出、串入串出。

在 11.1.3 小节中介绍的集成锁存器如 74LS373 等,也是用于暂存代码或数据的器件,其基本存储单元是电平触发的同步 D 触发器。在这里要介绍的是以边沿触发器为基本存储单元的寄存器。

一个边沿触发器可以存储一位二进制代码或数据,那么寄存 n 位二进制代码或数据,则需要 n 个边沿触发器。

11.3.1　基本寄存器

1. 电路组成

基本寄存器功能简单,采用边沿触发器构成。下面所介绍的集成基本寄存器是四上升沿 D 触发器 74LS175,其内含四个下降沿 D 触发器,故可寄存四位二进制代码或数据,其逻辑电路图和引脚图如图 11.3.1 所示。

在图 11.3.1(a)中,四个边沿 D 触发器由一个 CP 信号控制,为同步时序逻辑电路;另外,通过反相器,CP 信号上升沿触发这个寄存器。

在图 11.3.1(a)中,边沿 D 触发器有一个异步清零端,即 R 下面的小圆圈,表示低电平有效。该寄存器的四个异步清零端由 $\overline{CR}$ 通过同门统一控制,$\overline{CR}$ 称为公共清零端。

2. 工作原理

74LS175 的状态表如表 11.3.1 所示。

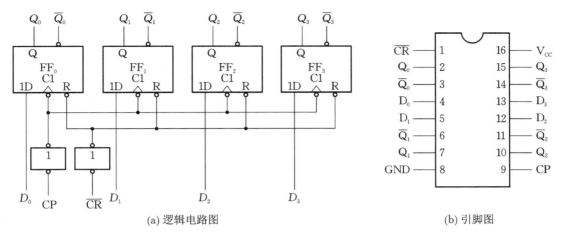

(a) 逻辑电路图　　　　　　　　　　　　　　　　(b) 引脚图

图 11.3.1　集成基本寄存器 74LS175

表 11.3.1　74LS175 的状态表

输　　入						输　　出				说　　明
$\overline{CR}$	CP	D_0	D_1	D_2	D_3	Q_0^{n+1}	Q_1^{n+1}	Q_2^{n+1}	Q_3^{n+1}	
0	×	×	×	×	×	0	0	0	0	异步清零
1	↑	d_0	d_1	d_2	d_3	d_0	d_1	d_2	d_3	送数寄存
1	1	×	×	×	×	保持				保持
1	0	×	×	×	×	保持				保持

当 $\overline{CR}=0$ 时，寄存器复位，处于 0 状态，其输出为 0000；当 $\overline{CR}=1$ 时，寄存器处于正常工作状态。

当 CP 处于上升沿时，由边沿 D 触发器的特性方程式(11.1.5)可知，加在输入端的数据 $D_3D_2D_1D_0=d_3d_2d_1d_0$ 并行送到寄存器中，数据可以从 $Q_3Q_2Q_1Q_0$ 并行输出，也可以从 $\overline{Q_3}\,\overline{Q_2}\,\overline{Q_1}\,\overline{Q_0}$ 并行反码输出；在 CP 处于上升沿以外的时间内时，寄存器中的内容保持不变。

11.3.2　移位寄存器

存储在寄存器中的代码或数据，在 CP 的作用下可以依次逐位右移(向高位)或左移(向低位)；而代码或数据既可以像基本寄存器那样并入并出，也可以并入串出，还可以串入并出、串入串出。

1. 单向移位寄存器

1) 电路组成

单向移位寄存器如图 11.3.2 所示，存储单元为边沿 D 触发器，从串行输入端开始，前一位的输出 Q 与后一位的输入 D 相连接。

2) 工作原理

分析图 11.3.2(a)所示的右移移位寄存器，其状态方程为

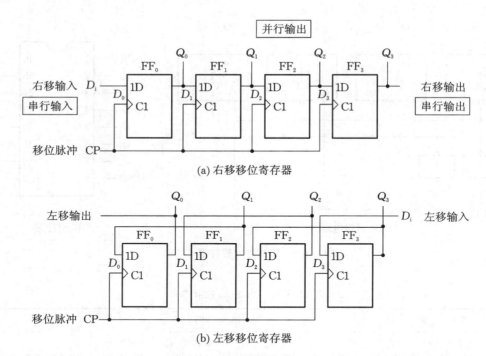

(a) 右移移位寄存器

(b) 左移移位寄存器

图 11.3.2　单向移位寄存器

$$\begin{cases} Q_0^{n+1} = D_i \\ Q_1^{n+1} = Q_0^n\,(D_1 = Q_0^n) \\ Q_2^{n+1} = Q_1^n\,(D_2 = Q_1^n) \quad (CP\uparrow) \\ Q_3^{n+1} = Q_2^n\,(D_3 = Q_2^n) \end{cases} \tag{11.3.1}$$

设电路初态为 0000,串行输入数据 $D_i = 1101$,根据右移移位寄存器的状态方程画出其工作过程图,如图 11.3.3 所示。根据图中箭头所指,前一个触发器的现态是后一个触发器的次态。

在移位脉冲 CP 上升沿的作用下,数据依次被移入寄存器中,经过四个 CP 脉冲,寄存器状态 $Q_3Q_2Q_1Q_0 = 1101$,串行数据存入寄存器中,可由寄存器输出,实现并行输出操作。串入并出时序图如图 11.3.4 所示。

CP↑	D_i	Q_0	Q_1	Q_2	Q_3	
0		0	0	0	0	
1	1	1	0	0	0	
2	1	1	1	0	0	
3	0	0	1	1	0	
4	1	1	0	1	1	
5	0	0	1	0	1	1从Q_3端取出
6	0	0	0	1	0	1从Q_3端取出
7	0	0	0	0	1	0从Q_3端取出
8	0	0	0	0	0	1从Q_3端取出

图 11.3.3　右移移位寄存器的工作过程图

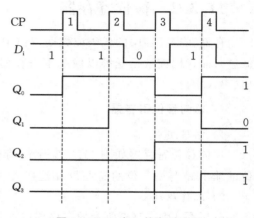

图 11.3.4　串入并出时序图

若再连续输入 0000,四个 CP 脉冲之后,寄存器存入 0000,而高位输出 Q_3 实现串行输出操作。

图 11.3.2(b)所示为左移移位寄存器,其工作原理同右移移位寄存器,只是移位方向变为从右至左。

3)集成单向移位寄存器

TTL 的有:74LS164(八位串入,并出,右移)、74LS165(八位并入,串出)、74LS166(八位串、并输入,串出)、74LS595(八位串入,并出,带锁存)。

CMOS 的有:CD4014(八位串、并输入,串出)、CD4015(双四位,串入,并出)。

2．双向移位寄存器

集成芯片 74LS194 是双向四位移位寄存器,它具有右移和左移功能,可实现并入并出、并入串出、串入并出、串入串出的数据存取操作,其引脚图如图 11.3.5 所示,其逻辑电路图如图 11.3.6 所示,其状态表如表 11.3.2 所示。

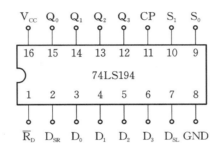

图 11.3.5 74LS194 的引脚图

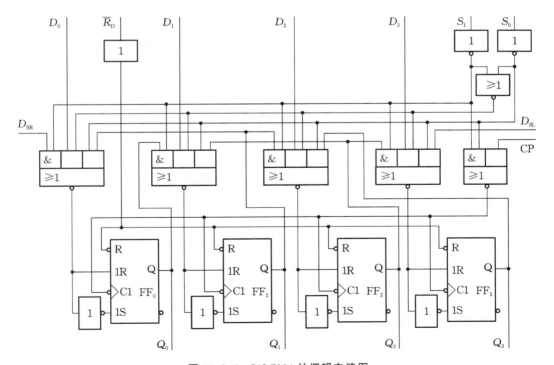

图 11.3.6 74LS194 的逻辑电路图

表 11.3.2　74LS194 的状态表

清零	控制		串行输入		时钟	并行输入				输出				工作模式
$\overline{R_D}$	S_1	S_0	D_{SL}	D_{SR}	CP	D_0	D_1	D_2	D_3	Q_0	Q_1	Q_2	Q_3	
0	×	×	×	×	×	×	×	×	×	0	0	0	0	异步清零
1	0	0	×	×	×	×	×	×	×	Q_0^n	Q_1^n	Q_2^n	Q_3^n	保持
1	0	1	×	1	↑	×	×	×	×	1	Q_0^n	Q_1^n	Q_2^n	右移，D_{SR} 为串行输入，Q_3 为串行输出
1	0	1	×	0	↑	×	×	×	×	0	Q_0^n	Q_1^n	Q_2^n	
1	1	0	1	×	↑	×	×	×	×	Q_1^n	Q_2^n	Q_3^n	1	左移，D_{SL} 为串行输入，Q_0 为串行输出
1	1	0	0	×	↑	×	×	×	×	Q_1^n	Q_2^n	Q_3^n	0	
1	1	1	×	×	↑	D_0	D_1	D_2	D_3	D_0	D_1	D_2	D_3	并行置数

3. 移位寄存器的应用

移位寄存器在数字系统及计算机中有着广泛的应用,现举几例如下:

(1) 可构成计数器,如环形计数器和扭环形计数器;应用于步进电机控制电路以及控制节日彩灯循环闪烁等。

(2) 实现二进制数的乘、除运算。二进制数左移一位相当于乘以 2,右移一位相当于除以 2。

(3) 传输串行数据,如计算机的串口将所存储的并行数据转成串行数据并传输到发送端,接收端的串行数据转成并行数据存储。

(4) 由单片机和计算机输出串行数据,用移位寄存器进行移位,实现多位数码管和 LED 点阵的动态扫描显示。

习　　题

11.1　由基本 RS 触发器组成的按键消抖电路如图 11.01(a)所示,在开关 S 由 A 点拨到 B 点,再由 B 点拨到 A 点的过程中会产生抖动,A、B 两点电压波形如图 11.01(b)所示,试对应画出 Q、$\overline{Q}$ 的波形。

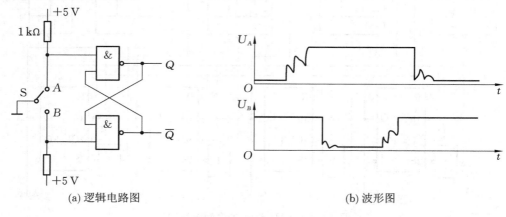

(a) 逻辑电路图　　　　　　　　　　　　(b) 波形图

图 11.01　习题 11.1 图

11.2 根据表 11.1.2,推导出同步 RS 触发器的特性方程式(11.1.3)。

11.3 同步 D 触发器的逻辑电路图及 CP、D 的波形图如图 11.02 所示,设初态 $Q=0$,试对应画出 Q 的波形图。

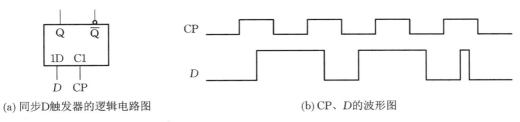

(a) 同步D触发器的逻辑电路图　　　　　　(b) CP、D的波形图

图 11.02 习题 11.3 图

11.4 简述电平触发和边沿触发的不同之处。

11.5 边沿 D 触发器的逻辑电路图及 CP、D 的波形图如图 11.03 所示,设初态 $Q=0$,试对应画出 Q 的波形图。

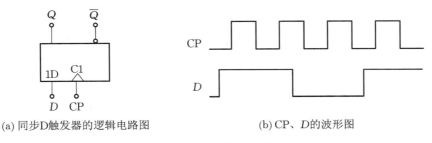

(a) 同步D触发器的逻辑电路图　　　　　　(b) CP、D的波形图

图 11.03 习题 11.5 图

11.6 在负边沿 JK 触发器中,CP、J、K 的波形如图 11.04 所示,设初态 $Q=0$,试对应画出 Q 的波形图。

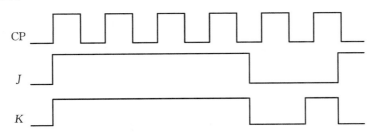

图 11.04 习题 11.6 图

11.7 试写出图 11.05 中各个触发器的特性方程;设其初态 $Q=0$,试对应画出各输出端 Q 的波形图。

11.8 试画出图 11.06(a)所示的电路中 Q_0、Q_1 的波形图,设电路的初态为 0,时钟脉冲 CP 的波形图如图 11.06(b)所示。

11.9 试画出图 11.07(a)所示的电路中 Q_0、Q_1 的波形,设电路的初态为 0,时钟脉冲 CP 的波形图如图 11.07(b)所示。

11.10 某计数器由三个边沿触发器组成,其输出端 Q_0、Q_1、Q_2 的波形如图 11.08 所示,分析该波形图,说明该计数器是几进制计数器,并画出其状态图。

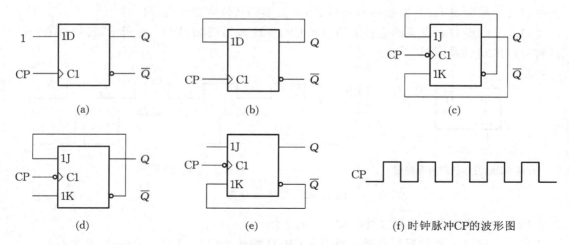

(a)　　　　　　　(b)　　　　　　　(c)

(d)　　　　　　　(e)　　　　　(f) 时钟脉冲CP的波形图

图 11.05　习题 11.7 图

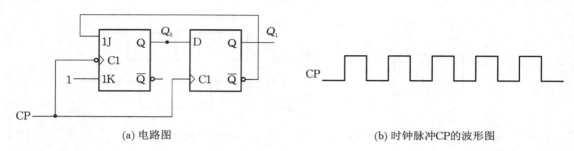

(a) 电路图　　　　　　　　　(b) 时钟脉冲CP的波形图

图 11.06　习题 11.8 图

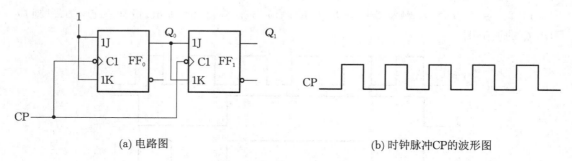

(a) 电路图　　　　　　　　　(b) 时钟脉冲CP的波形图

图 11.07　习题 11.9 图

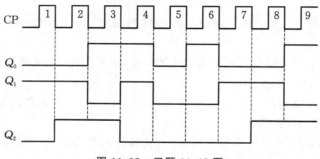

图 11.08　习题 11.10 图

11.11 采用异步清零法,用 74LS192 设计九进制计数器。

11.12 采用异步置数法,用 74LS192 设计七进制计数器,要求预置初始状态为 0010。

11.13 试用 74LS192 设计十二进制计数器。

11.14 试用 74LS192 设计 30 秒倒计时电路。

11.15 某移位寄存器的时钟脉冲 CP 的频率为 100 kHz,欲将该寄存器中的数左移 8 位,试计算完成该操作所需要的时间。

11.16 由集成移位寄存器 74LS194 和非门组成的脉冲分配器电路如图 11.09 所示,设电路初态为 0000,试画出在时钟脉冲 CP(仅 8 个周期)的作用下移位寄存器各输出端的波形图。

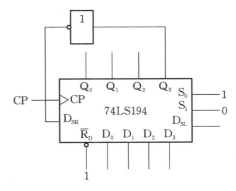

图 11.09 习题 11.16 图

第 12 章
脉冲波形的产生与变换

◀ **本章指南**

在数字系统中,需要波形发生器能产生一定频率的时钟脉冲 CP,还需要对脉冲波形进行处理,如延时、定时、整形、检测异常信号等,本章将要介绍的器件就能实现脉冲波形的产生与变换功能,这些器件是多谐振荡器、单稳触发器、施密特触发器。

本章的重点是通过 555 定时器构成的多谐振荡器、单稳触发器、施密特触发器来讲述这些器件的工作原理及其应用。

在讨论之前,先介绍两个概念:稳态和暂稳态。在第 4 章中讲述过相似的两个概念:稳态和暂态。这两者既有联系,也有区别。暂态是因为电路中有储能元件而产生的,那么暂稳态是因为数字电路中有电容元件而产生的。在数字电路中,所谓稳态,就是在没有外来触发脉冲的作用下,电路能一直保持状态不变;所谓暂稳态,就是在没有外来触发脉冲的作用下,电路只能保持一段时间的状态不变。数字电路的状态只有 0 和 1 两个取值,那么基本 RS 触发器有 0 和 1 两个稳态,也称双稳态触发器;单稳态触发器中,0 是稳态,1 是暂稳态;多谐振荡器中,0 和 1 都是暂稳态。

◀ 12.1 555 定时器 ▶

555 定时器是美国 Signetics 公司于 1972 年研制的用于取代机械式定时器的中规模集成电路,因其输入端设计有三个 5 kΩ 的电阻而得名。555 定时器是一种模拟-数字混合集成电路,只需外接适当的阻容元件,就能设计许多应用电路,远远超出当初的应用范围,成为著名的通用器件。

12.1.1 电路组成

555 定时器如图 12.1.1 所示,它由五个部分组成。

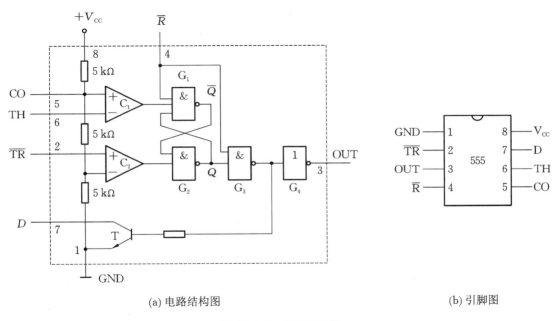

(a) 电路结构图   (b) 引脚图

图 12.1.1 555 定时器

1. 电阻分压器

电阻分压器由三个阻值都是 5 kΩ 的电阻串联组成,为电压比较器 C_1 和 C_2 提供参考电压。为 C_1 提供的参考电压是 $\frac{2}{3}V_{CC}$,为 C_2 提供的参考电压是 $\frac{1}{3}V_{CC}$。

5 脚 CO 是电压控制输入端,若 5 脚 CO 外接固定电压 U_{CO},则为 C_1 提供的参考电压是 U_{CO},为 C_2 提供的参考电压是 $\frac{1}{2}U_{CO}$。

2. 电压比较器

电路中有两个电压比较器 C_1 和 C_2,运算放大器的输入电阻趋于 ∞,输入端具有"虚断"特性。参考 7.3.1 小节中的运算放大器非线性应用,当 $U_+ > U_-$ 时,运算放大器的输出为高电平;反之,运算放大器的输出为低电平。

6 脚 TH 是电压比较器 C_1 的反相输入端,称为高触发端,与 $\frac{2}{3}V_{CC}$ 比较。

2 脚 $\overline{TR}$ 是电压比较器 C_2 的同相输入端,称为低触发端,与 $\frac{1}{3}V_{CC}$ 比较。

3. 基本 RS 触发器

参考 11.1.1 小节中的基本 RS 触发器的工作原理,G_1 的输入端为低电平有效的置 0 端,G_2 的输入端为低电平有效的置 1 端。

4. 输出缓冲器

G_3、G_4 构成输出缓冲器,其作用是提高输出的带负载能力和隔离负载对 555 定时器的影响。

3 脚 OUT 是 555 定时器的输出端。

4 脚 $\overline{R}$ 是 555 定时器的清零端,低电平有效。555 定时器正常工作时,必须有 $\overline{R}=1$。

5. 晶体管开关

晶体管 T 是一个集电极开路的三极管,其状态受基本 RS 触发器的输出控制。当 $Q=0$(或者 3 脚输出为 0)时,晶体管 T 导通;当 $Q=1$(或者 3 脚输出为 1)时,晶体管 T 截止。

7 脚 D 是晶体管 T 的集电极,称为放电端。

12.1.2　工作原理

555 定时器的电路不是很复杂,其功能表如表 12.1.1 所示,它全面地表示了 555 定时器的基本功能。

表 12.1.1　555 定时器的功能表

输　入			中 间 过 程			输　出	
$\overline{R}(4)$	$u_{TH}(6)$	$u_{TR}(2)$	C_1 输出	C_2 输出	Q 状态	输出状态(3)	晶体管 T 状态(7)
0	×	×	×	×	×	0	导通
1	$>\frac{2}{3}V_{CC}$	$>\frac{1}{3}V_{CC}$	0	1	0	0	导通
1	$<\frac{2}{3}V_{CC}$	$>\frac{1}{3}V_{CC}$	1	1	保持	不变	不变
1	$<\frac{2}{3}V_{CC}$	$<\frac{1}{3}V_{CC}$	1	0	1	1	截止

555 定时器集成电路的主要参数表如表 12.1.2 所示。

表 12.1.2　555 定时器集成电路的主要参数表

集成电路类型	电源电压	输出高电平	带拉/灌电流负载能力
双极型 555(TTL)	4.5～16 V	$\geqslant 90\% V_{CC}$	200 mA
单极型 7555(CMOS)	3～18 V	$\geqslant 95\% V_{DD}$	拉电流 1 mA 灌电流 3.2 mA

◀ **12.2 多谐振荡器** ▶

作为脉冲波形发生器,多谐振荡器是一种自激振荡电路,该电路在接通电源后,不需要外部触发信号就能产生一定频率和幅值的矩形脉冲,由于矩形脉冲含有丰富的高次谐波,故称之为多谐振荡器。

多谐振荡器是无稳态电路,用 555 定时器设计无稳态电路时,要使两个暂稳态不断地交替出现,从而输出一定频率和幅值的矩形脉冲。

12.2.1 工作原理

1. 电路组成

用 555 定时器构成的多谐振荡器如图 12.2.1 所示。4 脚 $\overline{R}$ 接电源,555 定时器处于正常工作状态;5 脚 CO 不用,一般通过 0.01 μF 的电容接地,以旁路高频干扰;R_1 和 R_2 串联,一端接电源,另一端通过电容 C 接地;2 脚 $\overline{TR}$ 和 6 脚 TH 相连,接到电容 C 的"+"端;从 R_1 和 R_2 之间引出一根线,接到 7 脚 D 上。

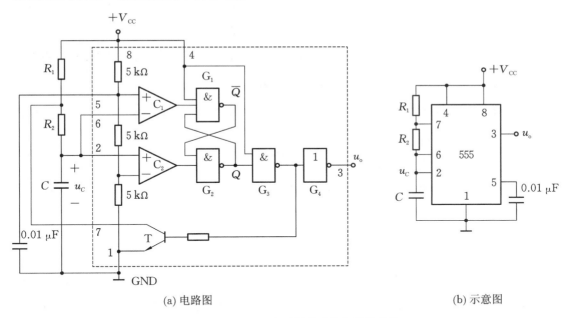

(a) 电路图   (b) 示意图

图 12.2.1 用 555 定时器构成的多谐振荡器

2. 自激振荡过程分析

多谐振荡器的工作波形图如图 12.2.2 所示,依据表 12.1.1 所示的 555 定时器的功能表进行分析。

1) $t = 0$ 时

接通电源前,电容 C 上无电荷;接通电源瞬间,电容 C 两端电压不能突变,此时 $u_C = 0$,

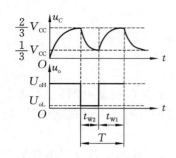

图 12.2.2 多谐振荡器的工作波形图

则 2 脚 $\overline{\text{TR}}$ 和 6 脚 TH 的电压也为 0，即 $u_{\text{TH}} = u_{\overline{\text{TR}}} = u_C = 0 (< \frac{1}{3} V_{\text{CC}})$。由表 12.1.1 可知，电路输出呈高电平(1)，晶体管 T 截止。

2）为 1 的暂稳态（电容 C 充电）

接通电源后，电源通过 R_1 和 R_2 对电容 C 充电，u_C 逐渐增大。当 u_C 增大到 $\frac{1}{3} V_{\text{CC}} \sim \frac{2}{3} V_{\text{CC}}$ 时，电路将继续保持为：电路输出呈高电平(1)，晶体管 T 截止。

当 u_C 增大到 $\frac{2}{3} V_{\text{CC}}$ 时，有 $u_{\text{TH}} = u_{\overline{\text{TR}}} = u_C \geq \frac{2}{3} V_{\text{CC}}$ 的瞬间，由表 12.1.1 可知，电路输出状态产生翻转，即电路输出呈低电平(0)，晶体管 T 导通。

因晶体管 T 的导通电阻很小，晶体管 T 导通意味着电容 C 有了放电回路，u_C 增大到 $\frac{2}{3} V_{\text{CC}}$ 时就不会再增大，它将因电容 C 放电而逐渐减小。

这就是电路输出只能持续一段时间为 1 的暂稳态的原因。

3）为 0 的暂稳态（电容 C 放电）

电容 C 经 R_2、晶体管 T 进行放电，u_C 从 $\frac{2}{3} V_{\text{CC}}$ 开始逐渐减小。在减小到 $\frac{1}{3} V_{\text{CC}}$ 之前的时间内，电路将继续保持为：电路输出呈低电平(0)，晶体管 T 导通。

当 u_C 减小到 $\frac{1}{3} V_{\text{CC}}$ 时，有 $u_{\text{TH}} = u_{\overline{\text{TR}}} = u_C \leq \frac{1}{3} V_{\text{CC}}$ 的瞬间，由表 12.1.1 可知，电路输出状态产生翻转，即电路输出呈高电平(1)，晶体管 T 截止。

晶体管 T 截止表示电容 C 的放电回路断开，u_C 减小到 $\frac{1}{3} V_{\text{CC}}$ 时就不会再减小，电容 C 将开始充电，u_C 逐渐增大。

这就是电路输出只能持续一段时间为 0 的暂稳态的原因。

综合以上分析，电路接通电源之后，u_C 在 $\frac{1}{3} V_{\text{CC}} \sim \frac{2}{3} V_{\text{CC}}$ 之间变化，两个暂稳态交替翻转，呈现振荡形式，电路输出连续矩形脉冲信号。

3. 脉冲信号频率的计算

1）为 1 的暂稳态维持时间 t_{W1} 的计算

该多谐振荡器的充电回路是 $V_{\text{CC}} \rightarrow R_1 \rightarrow R_2 \rightarrow C \rightarrow$ 地，采用 4.3 节介绍的一阶电路的三要素法进行充电过程的暂态分析。待求响应 $u_C(t_{\text{W1}}) = \frac{2}{3} V_{\text{CC}}$，稳态值 $u_C(\infty) = V_{\text{CC}}$，初始值 $u_C(0_+) = u_C(0_-) = \frac{1}{3} V_{\text{CC}}$，时间常数 $\tau_1 = (R_1 + R_2)C$，将这些参数代入式(4.3.1)中，得

$$t_{\text{W1}} = \tau_1 \ln 2 = 0.7(R_1 + R_2)C \tag{12.2.1}$$

2）为 0 的暂稳态维持时间 t_{W2} 的计算

该多谐振荡器的放电回路是 $C \rightarrow R_2 \rightarrow T \rightarrow$ 地。待求响应 $u_C(t_{\text{W2}}) = \frac{1}{3} V_{\text{CC}}$，稳态值 $u_C(\infty) = 0$，初始值 $u_C(0_+) = u_C(0_-) = \frac{2}{3} V_{\text{CC}}$，时间常数 $\tau_2 = R_2 C$（忽略晶体管 T 的饱和导通

电阻),将这些参数代入式(4.3.1)中,得

$$t_{w2} = \tau_2 \ln 2 = 0.7 R_2 C \tag{12.2.2}$$

3)电路振荡频率 f

振荡周期为

$$T = t_{w1} + t_{w2} = 0.7(R_1 + 2R_2)C \tag{12.2.3}$$

振荡频率为

$$f = \frac{1}{T} = \frac{1}{0.7(R_1 + 2R_2)C} \tag{12.2.4}$$

占空比为

$$q = \frac{t_{w1}}{T} \times 100\% = \frac{R_1 + R_2}{R_1 + 2R_2} \times 100\% (因 t_{w1} > t_{w2}, 则 q > 50\%) \tag{12.2.5}$$

用 555 定时器构成的多谐振荡器的频率实际上做不到太高,大部分都在 1 MHz 以内,能做到的是用较高频率的多用反相器和阻容元件构成的多谐振荡器。若要求脉冲频率有很高的稳定性,就要用石英晶体多谐振荡器,这就是计算机系统中的时钟源晶振电路。

12.2.2 应用举例

1. 光照控声电路

光照控声电路如图 12.2.3 所示。用 555 定时器构成的多谐振荡器产生一定频率的音频信号,驱动小喇叭发声。555 定时器是否工作受 4 脚 $\overline{R}$ 的高、低电平控制。作为光电开关的光电二极管 T(参见 5.5.2 小节),可控制 4 脚 $\overline{R}$ 端处于高电平或者低电平。

当无光照时,光电二极管 T 呈现高阻性,相当于断开,则 4 脚 $\overline{R}$ 端接地,$\overline{R} = 0$,555 定时器不工作,输出始终为 0,无振荡信号输出,小喇叭不发声。

当有光照且光照强度较大时,光电二极管 T 有较大电流通过,呈现低阻性,则 $\overline{R} = 1$,555 定时器工作,输出音频信号,驱动小喇叭发声。

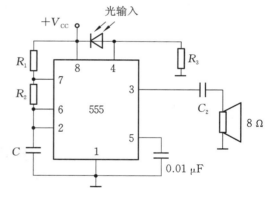

图 12.2.3　光照控声电路

2. 叮咚门铃电路

叮咚门铃电路如图 12.2.4 所示。门铃 S 有一按、一放两个动作,一按发出"叮"的音频声音,一放发出"咚"的音频声音。

当门铃 S 无动作时,4 脚 $\overline{R}$ 端接地,$\overline{R} = 0$,555 定时器清零,3 脚 OUT 端输出为 0,无音频信号输出。

当门铃 S 被按下时,电源通过二极管 D_1 对电容 C_1 快速充电,使 $\overline{R} = 1$,555 定时器正常工作,由 555 定时器构成的多谐振荡器输出音频信号,驱动小喇叭发声。该多谐振荡器的充电回路是 $V_{CC} \rightarrow S \rightarrow D_2 \rightarrow R_1 \rightarrow R_2 \rightarrow C \rightarrow$ 地,放电回路是 $C \rightarrow R_2 \rightarrow T \rightarrow$ 地,则频率为

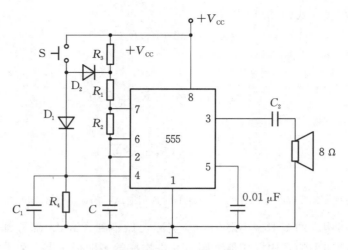

图 12.2.4　叮咚门铃电路

$$f = \frac{1}{T} = \frac{1}{0.7(R_1 + R_2)C + 0.7R_2C}$$

虽然按下门铃 S 的时间很短，但足以听到"叮"的音频声音。

当门铃 S 被放开时，电源对电容 C_1 停止充电，电容 C_1 开始通过 R_4 慢速放电，电容 C_1 的端电压（即 4 脚 $\overline{R}$ 端的电压）将缓慢减小，不过还是可以维持 $\overline{R}=1$，多谐振荡器继续输出音频信号，但是因为门铃 S 断开，多谐振荡器的频率发生改变，此时其充电回路是 $V_{CC} \rightarrow R_3 \rightarrow R_1 \rightarrow R_2 \rightarrow C \rightarrow$ 地，放电回路是 $C \rightarrow R_2 \rightarrow T \rightarrow$ 地，则频率为

$$f = \frac{1}{T} = \frac{1}{0.7(R_3 + R_1 + R_2)C + 0.7R_2C}$$

此时可听到"咚"的声音，直至电容 C_1 的端电压减小到使 $\overline{R}=0$ 为止。

◀ 12.3　单稳态触发器 ▶

顾名思义，单稳态触发器只有一个稳态，另一个就是暂稳态了。由 555 定时器构成的单稳态触发器的工作过程是：在外来触发脉冲的作用下，触发器将由稳态 0 翻转到暂稳态 1，暂稳态 1 维持一段时间后，将自动返回到稳态 0。这个外来触发脉冲是窄的负脉冲数字信号，下降沿翻转。

12.3.1　工作原理

1. 电路组成

用 555 定时器构成的单稳态触发器如图 12.3.1 所示。2 脚 $\overline{TR}$ 作为外来触发信号输入端，6 脚 TH 和 7 脚 D 连接在电阻 R 和电容 C 之间。

2. 稳态和暂稳态之间翻转过程的分析

单稳态触发器的工作波形图如图 12.3.2 所示，依据表 12.1.1 所示的 555 定时器的功

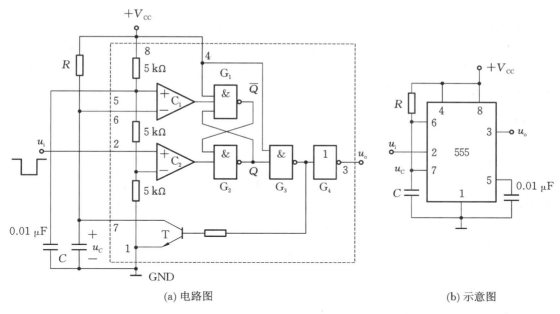

(a) 电路图　　　　　　　　　　　　　　(b) 示意图

图 12.3.1　用 555 定时器构成的单稳态触发器

能表进行分析。

当无负脉冲出现时,2 脚 $\overline{\text{TR}}$ 端输入为 $1\left(>\dfrac{1}{3}V_{\text{CC}}\right)$,由表 12.1.1 可知,晶体管 T 导通,$u_C \approx 0$,则 6 脚 TH 端输入为 $0\left(<\dfrac{2}{3}V_{\text{CC}}\right)$,电路输出为 0(稳态)。

当负脉冲下降沿到来时,电路被触发到暂稳态,此时 2 脚 $\overline{\text{TR}}$ 端输入为 $0\left(<\dfrac{1}{3}V_{\text{CC}}\right)$,则电路输出为 1(暂稳态),晶体管 T 截止,电源通过电阻 R 对电容 C 充电,u_C 逐渐增大。

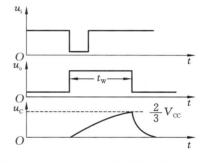

图 12.3.2　单稳态触发器的工作波形图

当 u_C 增大到 $0\sim\dfrac{2}{3}V_{\text{CC}}$ 时,无论 2 脚 $\overline{\text{TR}}$ 端输入为 0 还是为 1,电路将继续保持为:电路输出呈高电平(1),晶体管 T 截止。

当 u_C 增大到 $\dfrac{2}{3}V_{\text{CC}}$ 时,有 $u_{\text{TH}}\geqslant\dfrac{2}{3}V_{\text{CC}}$ 的瞬间,由表 12.1.1 可知,电路输出状态产生翻转,则电路输出呈低电平(0),晶体管 T 导通,电容 C 通过晶体管 T 放电,直至 $u_C\approx 0$,电路的暂稳态 1 结束,从而返回稳态 0。

要注意的是,负脉冲的宽度必须小于暂稳态的宽度 t_{W}。

3. 输出脉冲宽度 t_{W} 的计算

输出脉冲宽度 t_{W} 由电容 C 的充电时间决定。由 4.3 节中介绍的一阶电路的三要素法进行充电过程的暂态分析。待求响应 $u_C(t_{\text{W}})=\dfrac{2}{3}V_{\text{CC}}$,稳态值 $u_C(\infty)=V_{\text{CC}}$,初始值 $u_C(0_+)=u_C(0_-)\approx 0$,时间常数 $\tau=RC$,将这些参数代入式(4.3.1)中,得

$$t_\mathrm{w} = 1.1RC \qquad\qquad (12.3.1)$$

要说明的是,单稳态触发器有多种型号的中规模集成电路:TTL 的有 74LS121(非重触发单稳态触发器)、74LS122(可重触发单稳态触发器)、74LS123(双可重触发单稳态触发器);CMOS 的有:CD4098(双单稳态触发器)、CD4528(双单稳态触发器)。这些单稳态触发器都需外接定时元件 R 和 C。

12.3.2　应用举例

1. 延时

如有一个触发信号需要将触发时间延时一段时间,可以用单稳态触发器实现。例如,对于将要处理的触发信号 u_i,将其下降沿 ↓ 延时 t_w,那么下降沿 ↓ 已滞后 t_w 的信号为 u_o,如图 12.3.3所示。

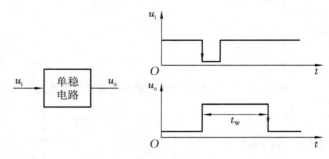

图 12.3.3　延时应用的波形图

2. 定时

单稳态触发器在触发后输出一定宽度 t_w 的脉冲,利用这一特性可以控制某一电路,使它在 t_w 的时间内动作(或者不动作),如图 12.3.4 所示。

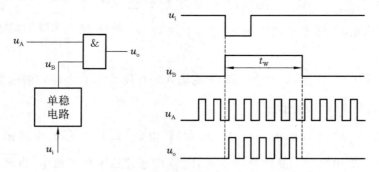

图 12.3.4　定时应用的波形图

3. 震动报警电路

震动报警电路如图 12.3.5 所示,555 定时器构成单稳态触发器。

震动传感器由镀锡吊锤和镀锡金属环构成,镀锡是为了减少吊锤和金属环相碰时的接触电阻。吊锤和金属环的间距越小,震动传感器的灵敏度越高。

该电路红灯亮为有震动报警,绿灯亮为无震动(或极弱)。红、绿 LED 的导通压降近似

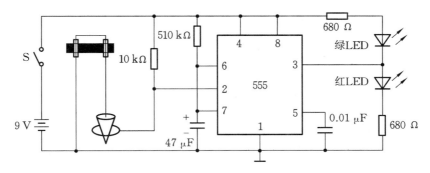

图 12.3.5　震动报警电路

为 2 V，正常发光电流为 10 mA 左右，所以限流电阻取为 680 Ω。

开关 S 闭合，电路接通 9 V 电源，此时无震动，2 脚 $\overline{\text{TR}}$ 端为 9 V（高电平），3 脚 OUT 端为 0，绿灯亮，红灯不亮。

若有震动产生，吊锤就会晃动，与金属环接触。一旦接触，2 脚 $\overline{\text{TR}}$ 端就会从 1 变为 0，下降沿触发单稳态触发器，输出高电平（暂稳态），红灯亮，报警，绿灯不亮。由图 12.3.5 中给定的参数可知，红灯亮的持续时间为

$$t_{\text{w}} = 1.1RC = 1.1 \times 510 \times 10^3 \times 47 \times 10^{-6}\ \text{s} = 26.4\ \text{s}$$

◀ **12.4　施密特触发器** ▶

施密特触发器是一种常用的脉冲波形变换电路，是应用最多的整形电路，能够把变化非常缓慢的脉冲波形整形成上下沿陡峭的数字矩形脉冲。施密特触发器具有滞回特性，抗干扰能力很强，其原理可参考 7.3.2 小节中的滞回比较器。

12.4.1　工作原理

1. 电路组成

用 555 定时器构成的施密特触发器如图 12.4.1 所示。施密特触发器电路简单，无外围阻容元件，只是将 2 脚 $\overline{\text{TR}}$ 和 6 脚 TH 相连，作为信号输入端 u_i。

2. 工作过程分析

施密特触发器的工作波形图如图 12.4.2 所示，依据表 12.1.1 所示的 555 定时器的功能表进行分析，输入波形 u_i 为三角波。

若电压 u_i 处于上升过程，由表 12.1.1 可知：当 $u_\text{i} < \dfrac{1}{3}V_{\text{CC}}$ 时，3 脚 OUT 端输出为高电平（1）；当 $\dfrac{1}{3}V_{\text{CC}} < u_\text{i} < \dfrac{2}{3}V_{\text{CC}}$ 时，电路输出保持不变，3 脚 OUT 端输出仍为高电平（1）；当 $u_\text{i} \geqslant \dfrac{2}{3}V_{\text{CC}}$ 的瞬间，3 脚 OUT 端输出由 1 翻转到 0；当 $u_\text{i} > \dfrac{2}{3}V_{\text{CC}}$ 时，3 脚 OUT 端输出为 0。

若电压 u_i 处于下降过程：当 $u_\text{i} > \dfrac{2}{3}V_{\text{CC}}$ 时，3 脚 OUT 端输出为 0；当 $\dfrac{1}{3}V_{\text{CC}} < u_\text{i} < \dfrac{2}{3}V_{\text{CC}}$

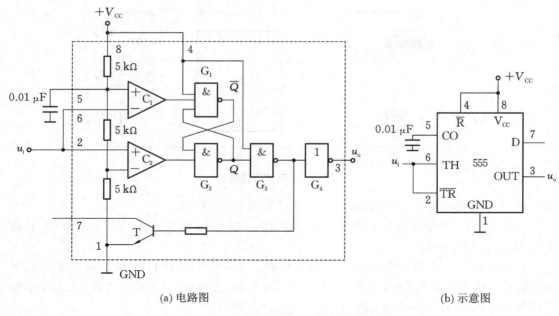

(a) 电路图   (b) 示意图

图 12.4.1 用 555 定时器构成的施密特触发器

时,电路输出保持不变,3 脚 OUT 端输出仍为低电平(0);当 $u_i \leqslant \frac{1}{3} V_{CC}$ 的瞬间,3 脚 OUT 端

输出由 0 翻转到 1;当 $u_i < \frac{1}{3} V_{CC}$ 时,3 脚 OUT 端输出为 1。

由此可以归纳出:当电压 u_i 处于上升过程,直到上升到 $\frac{2}{3} V_{CC}$ 时,电路状态由 1 翻转到

0;当电压 u_i 处于下降过程,直到下降到 $\frac{1}{3} V_{CC}$ 时,电路状态由 0 翻转到 1。

显然,这可以看作是三角波转换为矩形方波的波形转换电路。

3. 滞回特性

所谓滞回特性,就是当输入信号 u_i 逐渐增大或减小时,它有两个阈值,且不相等,其传输特性具有"滞回"曲线的形状,如图 12.4.3 所示。图中的实心箭头表示输入 u_i 上升时 u_o 的状态变化情况,空心箭头表示输入 u_i 下降时 u_o 的状态变化情况。

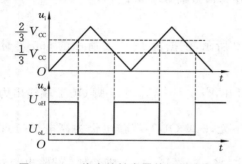

图 12.4.2 施密特触发器的工作波形图

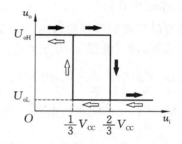

图 12.4.3 电压传输特性曲线

当电压 u_i 处于上升过程中引起电路状态翻转时的输入信号 u_i 的电压值,称为上限阈

值,用 U_{T_+} 表示。在图 12.4.2 中,$U_{T_+}=\dfrac{2}{3}V_{CC}$。

当电压 u_i 处于下降过程中引起电路状态翻转时的输入信号 u_i 的电压值,称为下限阈值,用 U_{T_-} 表示。在图 12.4.2 中,$U_{T_-}=\dfrac{1}{3}V_{CC}$。

回差电压又叫滞回电压,其表达式为

$$\Delta U = U_{T_+} - U_{T_-} \tag{12.4.1}$$

显然,在图 12.4.2 中,回差电压 $\Delta U=\dfrac{1}{3}V_{CC}$。回差电压越大,抗抖动能力越强,但是灵敏度会越差。

4. 5 脚 CO 端和 7 脚 D 端的作用

1)5 脚 CO 端的作用

若在电压控制输入端 5 脚 CO 端加 U_{CO},如图 12.4.4 所示,则有

$$U_{T_+}=U_{CO}, \quad U_{T_-}=\frac{1}{2}U_{CO}, \quad \Delta U=\frac{1}{2}U_{CO}$$

由此可知,因为 U_{CO} 是可以改变的,所以电路上、下限阈值和回差电压可根据需要进行调节。

2)7 脚 D 端的作用

施密特触发器若以 7 脚 D 端为电路输出端,则为一个电平转换电路,其 7 脚 D 端的接线图如图 12.4.4 所示。7 脚 D 端是晶体管 T 的集电极,集电极是开路的。应用时,另一个电源 V_{CC1} 通过电阻与 7 脚 D 端相连。

若输入波形 u_i 为三角波,则 7 脚 D 端的输出波形与图 12.4.2 中 u_o 的波形是一样的。当 3 脚 OUT 端输出为 1 时,晶体管 T 是截止的,则 7 脚 D 端输出为高电平;当 3 脚 OUT 端输出为 0 时,晶体管 T 是饱和导通的,则 7 脚 D 端输出为低电平。所不同的是,3 脚 OUT 端输出的高电平 $U_{oH}\approx V_{CC}$,而 7 脚 D 端输出的高电平 $U_{oH}\approx V_{CC1}$,即实现了电平转换。

5. 集成施密特触发器

图 12.4.1 所示的电路具有反相功能。由图 12.4.3 所示的电压传输特性曲线可知:当 $u_i=U_{iL}$ 时,$u_o=U_{oH}$;当 $u_i=U_{iH}$ 时,$u_o=U_{oL}$。可以说,该电路是具有施密特触发器特性的反相器。

在对数字信号进行整形时,都是用专门的集成施密特触发器,如图 12.4.5 所示。TTL 的 74LS14 为六反相器(施密特触发),其电源电压 $V_{CC}=5$ V,典型值为:$U_{T_+}=1.6$ V,$U_{T_-}=0.8$ V,$\Delta U=0.8$ V。

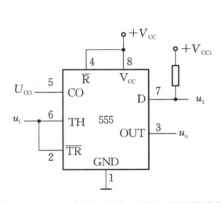

图 12.4.4　5 脚 CO 端和 7 脚 D 端的接线图

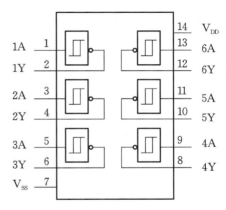

图 12.4.5　74LS14(同 CD40106)的引脚图

CMOS 的 CD40106 为六施密特反相器,若电源电压 $V_{DD}=5$ V,典型值为 2.2 V$<U_{T_+}<$ 3.6 V,0.9 V$<U_{T_-}<$2.8 V,0.3 V$<\Delta U<$1.6 V;若电源电压 $V_{DD}=15$ V,典型值为 6.8 V$<U_{T_+}<$10.8 V,4 V$<U_{T_-}<$7.4 V,1.6 V$<\Delta U<$5 V。

12.4.2 应用举例

1. 波形变换

施密特触发器能将缓变信号转换成矩形脉冲。图 12.4.2 所示为施密特触发器将三角波转换成矩形脉冲,那么施密特触发器也可以将正弦信号转换成矩形脉冲,且周期不变,如图 12.4.6 所示。

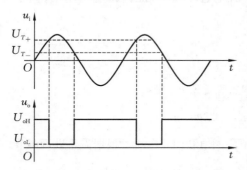

图 12.4.6　正弦信号转换为矩形脉冲

2. 脉冲整形

在数字系统中,由于干扰和噪声,数字信号在传输后往往会产生波形畸变、边沿振荡等,这样的不规则波形会使电路产生误动作。通过施密特触发器对信号进行整形后,能够获得比较理想的数字矩形脉冲。

在应用施密特触发器时,要注意的是 U_{T_+}、U_{T_-} 在输入波形中的位置,ΔU 应设为多大才好。脉冲整形如图 12.4.7 所示。

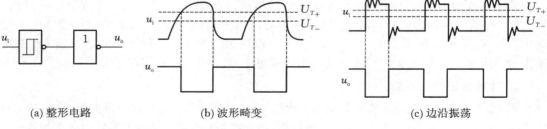

(a) 整形电路　　　　　　(b) 波形畸变　　　　　　(c) 边沿振荡

图 12.4.7　脉冲整形

3. 脉冲鉴幅

有一系列幅度不一的脉冲信号加到施密特触发器的输入端,只有那些幅度大于 U_{T_+} 的输入脉冲才会在输出端产生输出信号 0,这就是施密特触发器的鉴幅应用,如图 12.4.8 所示。施密特触发器可用于生产生活中的异常信号检测,如电机转速、液体浓度、心电信号等的异常信号的捕捉。

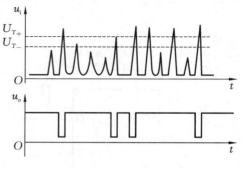

图 12.4.8　脉冲鉴幅

4. 构成多谐振荡器

由施密特触发器构成的多谐振荡器如图 12.4.9 所示。接通电源瞬间,电容 C 上的电压 $u_C=0$,输出 u_o 为高电平,u_o 则通过电阻 R 对电容 C 充电;当电容 C 充电后使 $u_C=U_{T_+}$

时,施密特触发器翻转,输出 u_o 为低电平,则电容 C 通过电阻 R 放电,u_C 逐渐减小;当电容 C 放电后使 $u_C = U_{T_-}$ 时,电路又发生翻转。如此周而复始,从而形成振荡。

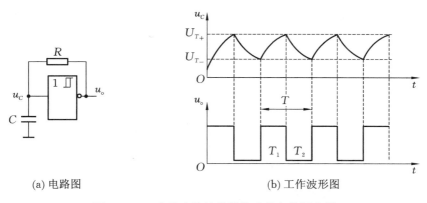

(a) 电路图   (b) 工作波形图

图 12.4.9   由施密特触发器构成的多谐振荡器

5. 光控自动照明电路

图 12.4.10 所示的电路是一个模拟的光控自动照明电路,因为实际的照明灯是用 LED 发光二极管模拟的。这也是一个典型的将外界缓变信号转换成跳变信号的应用电路。

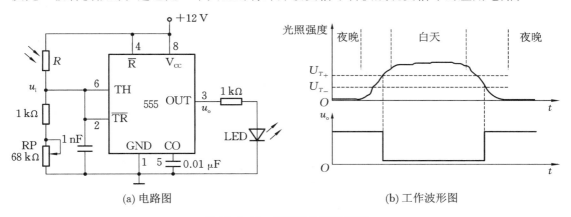

(a) 电路图   (b) 工作波形图

图 12.4.10   光控自动照明电路

光敏电阻 R 和电位器 RP 组成分压电路,为施密特触发器提供触发信号电压 u_i。光敏电阻 R 是半导体器件,随着入射光照强度的增加,其电阻值减小,无光照时的暗电阻值在 500 kΩ 以上,有光照时的亮电阻值根据型号的不同,一般从几千欧到几十千欧不等。在调试电路时,调节电位器 RP 的阻值,以得到所要求的触发信号电压 u_i。

在晚上无光照或光照很微弱时,光敏电阻 R 的内阻极大,$u_i < \frac{1}{3}V_{CC} = 4$ V,3 脚 OUT 端输出为高电平,LED 灯亮。

在清晨时,入射光照强度逐渐增大,光敏电阻 R 的内阻相应减小,u_i 增大;当 $u_i \geq \frac{2}{3}V_{CC} = 8$ V时,3 脚 OUT 端输出为低电平,LED 灯熄。

在黄昏时,入射光照强度逐渐减小,光敏电阻 R 的内阻相应增大,u_i 减小;当 $u_i \leq \frac{1}{3}V_{CC} = 4$ V时,3 脚 OUT 端输出为高电平,LED 灯亮。

习　题

12.1　图 12.01 所示是一个小电机启动停车控制电路,试指出 S_1、S_2 中哪一个是启动按钮,哪一个是停车按钮,并对照 555 定时器的功能表说明该控制电路的工作原理。

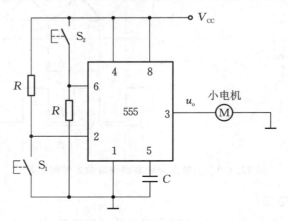

图 12.01　习题 12.1 图

12.2　分析图 12.02 所示的电路,指出 555 定时器所构成的是什么电路,并说明红LED、绿 LED 的发光过程以及发光时间。

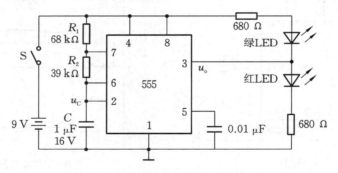

图 12.02　习题 12.2 图

12.3　图 12.03 所示是一个用于电机调速的 PWM 脉宽调制电路,试分析该电路的工作原理以及电机调速原理,并计算 3 脚 OUT 端输出脉冲的频率。设 $R_2 = RP_1 + RP_2$。

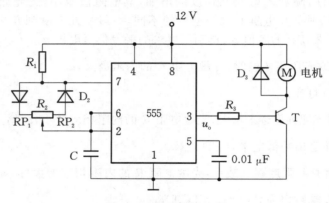

图 12.03　习题 12.3 图

12.4 如图 12.04 所示,电路工作时能够发出"嘟嘟"的间歇声音,试分析该电路的工作原理。若已知 $R_{1A} = 100\ \text{k}\Omega$,$R_{2A} = 390\ \text{k}\Omega$,$C_A = 10\ \mu\text{F}$,$R_{1B} = 100\ \text{k}\Omega$,$R_{2B} = 620\ \text{k}\Omega$,$C_B = 1000\ \text{pF}$,则 f_A、f_B 分别为多少? 定性画出 u_{o1}、u_{o2} 的波形图。

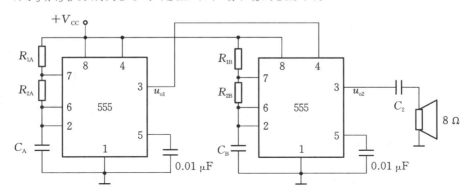

图 12.04 习题 12.4 图

12.5 图 12.05 所示是用 555 定时器构成的简单压控振荡器,试求输入控制电压 u_i 和振荡频率 f 之间的关系式。当 u_i 增大时,频率是升高还是降低?

[压控振荡器全称为电压控制振荡器(voltage controlled oscillator,简称 VCO),它是一种将电压的变化转换为脉冲频率的变化的电路,或者说是输出脉冲频率与输入信号电平成比例的电路,被广泛地应用在自动控制、通信等技术领域。]

12.6 对于由 555 定时器组成的单稳态触发器电路,它对外来触发脉冲的宽度有无限制? 当输入脉冲的低电平持续时间过长时,电路应做何修改?

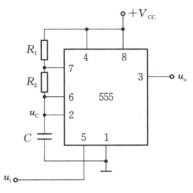

图 12.05 习题 12.5 图

12.7 试用 555 定时器设计一个单稳态触发器,要求输出脉冲宽度在 $1 \sim 10\ \text{s}$ 的范围内可手动调节(R 为电位器,可调节),并画出电路图。给定的 555 定时器的电源为 15 V,触发信号来自 TTL 电路,高、低电平分别为 3.4 V 和 0.1 V,取定时电容 C 为 100 μF。

12.8 图 12.06 所示为单稳态触发器,已知 $R = 100\ \text{k}\Omega$,要使输出脉冲宽度为 1.5 s,求定时电容 C,并画出输出电压的波形图(标明输出脉冲宽度)。

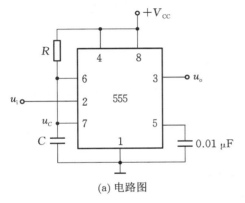

(a) 电路图

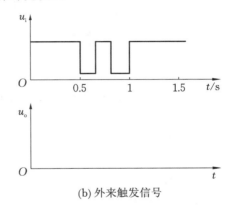

(b) 外来触发信号

图 12.06 习题 12.8 图

12.9 有一施密特触发器,其输入波形图如图 12.07 所示,试对应画出输出波形图。

12.10 有一周期性心电波形如图 12.08 所示,通过施密特触发器可提取心跳信号,试画出经施密特触发器整形后的输出电压的波形图。

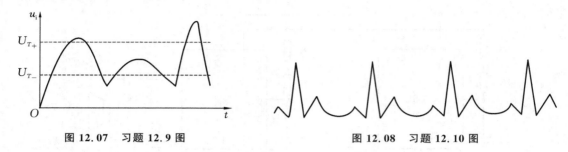

图 12.07 习题 12.9 图　　　　图 12.08 习题 12.10 图

12.11 由 555 定时器组成的施密特触发器具有回差特性,试问回差电压 ΔU_T 的大小对电路有何影响?应怎样调节?当 $U_{DD}=12$ V 时,U_{T_+}、U_{T_-}、ΔU_T 各为多少?当 5 脚 CO 端外接 8 V 电压时,U_{T_+}、U_{T_-}、ΔU_T 又各为多少?

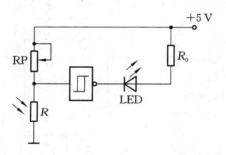

图 12.09 习题 12.12 图

12.12 图 12.09 所示是光控开关电路,试说明光敏电阻接收较强入射光时,LED 是亮还是熄,并分析电路的工作原理,同时计算限流电阻 R_0 的阻值。

12.13 图 12.10 所示是由 555 定时器、边沿 JK 触发器等构成的两相时钟发生器,试计算用 555 定时器构成的多谐振荡器的频率,并对应画出 u_o、Y_1、Y_2 的波形图。

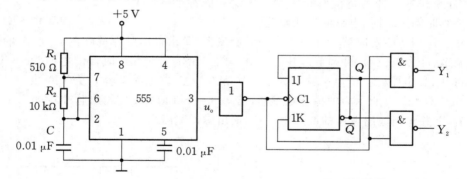

图 12.10 习题 12.13 图

12.14 由 555 定时器、四位二进制计数器等构成的电路如图 12.11 所示,试回答下列问题:

(1)说明由 555 定时器构成的多谐振荡器,在控制信号 A、B、C 取何值时开始起振工作?

(2)驱动喇叭发声的 Z 信号是怎样的波形?喇叭何时发声?

(3)若多谐振荡器的频率为 640 Hz,求电容 C。

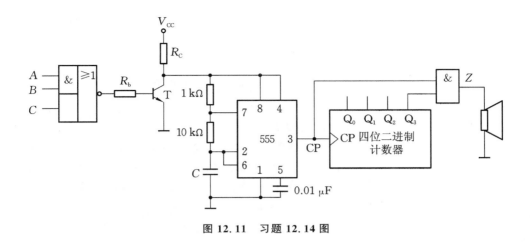

图 12.11 习题 12.14 图

第 13 章
数字量与模拟量转换器

◀ **本章指南**

　　能将数字量转换为模拟量的电路称为数模转换器，简称 D/A 转换器或 DAC(digital to analog converter)；反之，能将模拟量转换为数字量的电路称为模数转换器，简称 A/D 转换器或 ADC(analog to digital converter)。D/A 转换器和 A/D 转换器是数字系统和模拟系统相互联系的桥梁，是计算机与外部设备的重要接口，是数字系统不可缺少的组成部分。

　　举个例子，在人声鼎沸的演唱会现场，当红的演唱组合各拿无线数字麦克风又唱又跳，你还是能清晰地听到他们动听的歌声。从电路角度上讲，每个无线数字麦克风将模拟信号经前置放大后，通过 A/D 转换器转换为数字信号，经调制后发射；接收机将多路无线信号解调后送入数字音频处理器，然后对数字信号进行一系列的算法处理和频谱分析，如改善音质、矩阵混音、消噪、消回音等；再通过 D/A 转换器输出多通道的模拟信号，经功率放大后驱动高中低音响。

◀ **13.1 D/A 转 换 器** ▶

13.1.1 基本思想

D/A 转换器的功能就是将数字量转换成与它成正比的模拟量。

有一个 n 位二进制数 $(D_n)_2 = (d_{n-1}d_{n-2}\cdots d_1d_0)_2$，根据式（9.1.3），将其按位权展开，其和是十进制数，为

$$(D_n)_2 = d_{n-1} \times 2^{n-1} + d_{n-2} \times 2^{n-2} + \cdots + d_1 \times 2^1 + d_0 \times 2^0 \qquad (13.1.1)$$

将上式乘以比例系数 K，就是所需要的模拟量 u_o，即

$$u_o = K(d_{n-1} \times 2^{n-1} + d_{n-2} \times 2^{n-2} + \cdots + d_1 \times 2^1 + d_0 \times 2^0) \qquad (13.1.2)$$

如对于 0～5 V 直流电压，用 8 位数字量描述：数字量 $(00000000)_2$ 对应模拟量 0，数字量 $(11111111)_2$ 对应模拟量 5 V。那么，数字量 $(01111111)_2$ 输入 D/A 转换器，其输出端的电压值为 2.5 V，数字量 $(00111111)_2$ 输入 D/A 转换器，其输出端的电压值为 1.25 V。

接下来的事情就是用电路实现式（13.1.2）了。

13.1.2 基本原理

1. 电路组成

图 13.1.1 所示是四位 D/A 转换器的电路图。该电路中的电阻网络呈 T 形结构，多画成倒 T 形，常称其为四位倒 T 形电阻网络 D/A 转换器，这是应用最多的 D/A 转换器类型。

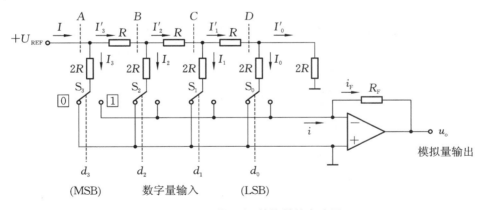

图 13.1.1 四位 D/A 转换器的电路图

1）模拟电子开关

四个模拟电子开关 S_i（S_0、S_1、S_2、S_3）是数字量的输入端，其电路原理图如图 13.1.2 所示。当 $d_i = 1$ 时，右边的 MOS 管导通；当 $d_i = 0$ 时，左边的 MOS 管导通。例如，若 $d_3 = 1$，电阻 $2R$ 接到运算放大器的反相输入端；若 $d_3 = 0$，电阻 $2R$ 接到运算放大器的同相输入端。

由运算放大器的线性特性可知，若同相输入端接地，则其反相输入端为虚地。这说明，无论数码 d_i 为何值，都会使电阻 $2R$ 接地（或虚地）。

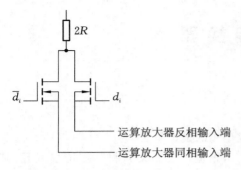

图 13.1.2　模拟电子开关 S_i 的电路原理图

2）基准电压源

基准电压源即参考电压 U_{REF}，其作用是为电阻网络提供电压和电流。

3）电阻网络

电阻网络实现式(13.1.2)中的位权 2^i，所以也可称为权电阻网络。

由于电阻 $2R$ 的一端始终接地或虚地，所以从图 13.1.1 中的虚线 D、C、B、A 处依次向右看的二端网络等效电阻都是 R，于是有

$$I_0 = I'_0, \quad I_1 = I'_1, \quad I_2 = I'_2, \quad I_3 = I'_3$$

$$(13.1.3)$$

设从参考电压 U_{REF} 流到电阻网络的电流为 I，那么依次分流后就有

$$I_3 = \frac{1}{2}I, \quad I_2 = \frac{1}{4}I, \quad I_1 = \frac{1}{8}I, \quad I_0 = \frac{1}{16}I \qquad (13.1.4)$$

4）求和电路

求和电路由运算放大器构成，可实现式(13.1.2)中的加法运算。运算放大器的输入电流 i 是电阻网络输入运算放大器反相输入端的电流之和，即

$$i = d_3 I_3 + d_2 I_2 + d_1 I_1 + d_0 I_0 \qquad (13.1.5)$$

2. 工作原理

从图 13.1.1 中的虚线 A 处往右看的二端网络等效电阻是 R，则从参考电压 U_{REF} 流出的电流为

$$I = \frac{U_{\text{REF}}}{R} \qquad (13.1.6)$$

将上式代入式(13.1.4)中，再将式(13.1.4)代入式(13.1.5)中，得

$$
\begin{aligned}
i &= \frac{U_{\text{REF}}}{R}\left(d_3 \times \frac{1}{2} + d_2 \times \frac{1}{4} + d_1 \times \frac{1}{8} + d_0 \times \frac{1}{16}\right) \\
&= \frac{U_{\text{REF}}}{2^4 R}(d_3 \times 2^3 + d_2 \times 2^2 + d_1 \times 2^1 + d_0 \times 2^0)
\end{aligned}
\qquad (13.1.7)
$$

根据运算放大器的"虚断"特点，有 $i = i_{\text{F}}$，而 $i_{\text{F}} = \dfrac{u_{\text{o}} - u_{\text{o}}}{R_{\text{F}}} = -\dfrac{u_{\text{o}}}{R_{\text{F}}}$，那么该 D/A 转换器的模拟量输出，即运算放大器的输出电压为

$$
\begin{aligned}
u_{\text{o}} &= -iR_{\text{F}} \\
&= -\frac{U_{\text{REF}} R_{\text{F}}}{2^4 R}(d_3 \times 2^3 + d_2 \times 2^2 + d_1 \times 2^1 + d_0 \times 2^0) \\
&= K(d_3 \times 2^3 + d_2 \times 2^2 + d_1 \times 2^1 + d_0 \times 2^0)
\end{aligned}
\qquad (13.1.8)
$$

式中，$K = -\dfrac{U_{\text{REF}} R_{\text{F}}}{2^4 R}$。由此可知，电路实现了式(13.1.2)，即完成了数字量到模拟量的转换。

若取 $U_{\text{REF}} = -5\text{ V}$，$R = R_{\text{F}}$，则 $K = \dfrac{5}{16}$。将数字量转换为 $0 \sim 5$ V 模拟量输出，数字量 1111 对应模拟量 4.687 5 V，数字量 0111 对应模拟量 2.187 5 V，数字量 0000 对应模拟量 0，这说明 D/A 转换器本身就存在转换误差。

13.1.3　主要参数

1. 转换精度

1）分辨率

分辨率就是 D/A 转换器能分辨出来的最小电压（对应的输入数字量只有最低的有效位，即 LSB 为 1，其余为 0），与最大输出电压（对应的输入数字量各位都是 1）之比，即

$$分辨率 = \frac{1}{2^n - 1} \tag{13.1.9}$$

式中，n 为输入数字量的位数。上式说明了数字量的位数对 D/A 转换效果的影响：位数越高，转换效果越好，就越接近所要求的电压值。所以，分辨率也可用 n 表示。

如将式（13.1.8）改为十位的，则将数字量转换为 $0 \sim 5$ V 模拟量输出。数字量 1111111111 对应模拟量 4.995 V。

2）转换误差

转换误差指的是实际 D/A 转换特性和理想转换特性之间的最大偏差。如电阻网络中，一样的 R 或一样的 $2R$，其阻值应该是相同的，但实际上还是有差别；如理想模拟电子开关的导通压降是一样的，但实际上有偏差；如参考电压 U_{REF} 可能会有微小波动，模拟量输出也会有微小波动；如工作温度变化，会使运算放大器产生零点漂移，运算放大器输出会有微小改变。

所以，高精度的 D/A 转换器要求其内部元件必须具有很好的一致性和稳定性。在实际应用中，通常以专用的基准电压源提供参考电压 U_{REF}，这是基于对参考电压 U_{REF} 高稳定性的要求。

2. 转换速度

对转换速度的一般描述是：输入由全 0 跳变到全 1（或从全 1 跳变到全 0），输出电压从零增加到最大值直至稳定下来所需要的时间，或称为建立时间，或称为转换时间。这一参数表明，当 D/A 转换器输入的数字量发生变化时，输出的模拟量并不能随之达到该数字量所对应的值，而是需要一段时间。

在数字系统中，计算机的精度和速度是很高的，但是系统中若具有 D/A 转换器（或 A/D 转换器），那么系统最终处理结果的精度和信号处理的速度起决定作用的是 D/A 转换器（或 A/D 转换器）的转换精度和转换速度。

13.1.4　集成 D/A 转换器

1. 并行输入的 D/A 转换器

DAC0832 是八位 D/A 转换器、CMOS 电路构成的模拟电子开关，具有双缓冲器的输入结构。它在作为 D/A 转换器使用时，需外接运算放大器和基准电压源。其分辨率为八位，转换速度为 1 μs，参考电压 U_{REF} 为 $-10 \sim +10$ V，电源电压为 $5 \sim 15$ V，功耗为 20 mW。

AD7520 是十位 D/A 转换器、CMOS 电路构成的模拟电子开关，其内部只含倒 T 形电阻网络、模拟电子开关、反馈电阻。它在作为 D/A 转换器使用时，需外接运算放大器和基准电压源。其分辨率为十位，转换速度为 500 ns，参考电压 U_{REF} 为 $-25 \sim +25$ V，电源电压为

5～15 V,功耗为 20 mW。

用 AD7520 可组成锯齿波发生器,如图 13.1.3 所示。十位二进制计数器在时钟脉冲 CP 的作用下,从全 0 一直计数到全 1,电路的模拟量输出 u_o 就相应地从零增加到最大值,然后又从全 0 开始计数,如此循环往复;如果计数脉冲 CP 不断,则电路的输出端就可得到周期性的锯齿波。

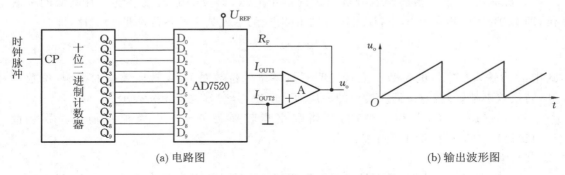

(a) 电路图   (b) 输出波形图

图 13.1.3 用 AD7520 构成的锯齿波发生器

2. 串行输入的 D/A 转换器

为减少传输线的数量,数字信号常以串行方式给出,也就有了串行输入的 D/A 转换器,其原理框图如图 13.1.4 所示。当片选信号 $\overline{CS}$ 为 0 时,串行输入数据 DIN 在串行时钟 SCLK 的作用下被逐位送入移位寄存器;在串行时钟 SCLK 的下降沿,移位寄存器中的并行数据送入 DAC 寄存器;在片选信号 $\overline{CS}$ 进入上升沿时,并行数据送入并行 D/A 转换器,输出模拟量 u_o。

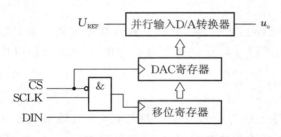

图 13.1.4 串行输入 D/A 转换器的原理框图

TLV5618(或 TLC5618)是低功耗双路电压输出型的十二位 D/A 转换器,采用 CMOS 工艺制作,其分辨率为十二位,转换速度为 3～10 μs,串行时钟最高频率为 20 MHz,单电源供电 V_{DD} 为 2.7～5.5 V,其满度输出为基准参考电压的两倍,且小于电源电压。

13.2 A/D 转 换 器

13.2.1 基本思想

A/D 转换器的功能就是将模拟量成正比地转换成数字量,即将时间连续、幅值连续的模拟信号转换成时间离散、幅值离散的数字信号。

一般的 A/D 转换过程是通过取样、保持、量化、编码这四个步骤完成的。取样和保持是将模拟信号在时间上进行离散化,量化和编码是将模拟信号在幅值上进行离散化。

1. 取样和保持

所谓取样(采样),就是将一个时间上连续变化的模拟量转换为时间上断续变化(离散)的模拟量,即把一个模拟量转换为一串脉冲,这些脉冲在时间上是等间隔的,但其幅度随输入模拟量而变。

所谓保持,就是在模拟信号被取样后,电路要对这一串脉冲数字化,而完成数字化需要一定时间,所以在数字化过程中,保持电路会使取样脉冲的电压值在一定时间内保持不变。

图 13.2.1 所示是取样-保持电路的原理图,该电路由输入端射极跟随器 A_1、模拟电子开关 S、保持电容 C、输出端射极跟随器 A_2 组成。

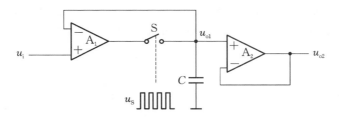

图 13.2.1 取样-保持电路的原理图

模拟电子开关 S 的作用是将模拟信号 u_i 在时间上进行离散化。取样信号 u_S 按一定频率 f_S 使模拟电子开关闭合或断开,就可得到时间上离散化的波形 u_{i1}(无保持电容 C),如图 13.2.2所示。取样后的 u_{i1} 要能正确无误地代表 u_i,则取样信号 u_S 的频率 f_S 必须满足

$$f_S \geqslant 2f_{imax} \tag{13.2.1}$$

式中,f_{imax} 是模拟信号 u_i 的最高频率分量。式(13.2.1)称为奈奎斯特取样定理。例如,对音乐信号的取样频率一般为 44.1 kHz。一般工程上,$f_S = (5 \sim 10)f_{imax}$。

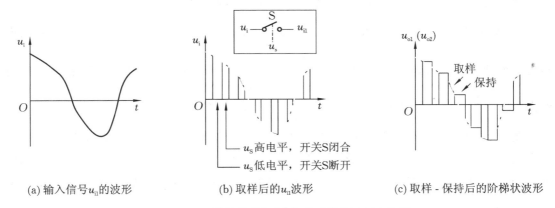

(a) 输入信号 u_{i1} 的波形   (b) 取样后的 u_{i1} 波形   (c) 取样 - 保持后的阶梯状波形

图 13.2.2 模拟信号取样、保持过程的波形变换图

保持电容 C 在模拟电子开关 S 断开时保持取样的电压值不变,因为输出端射极跟随器 A_2 的输入电阻高,此时电容 C 上的电荷无放电回路,所以在开关 S 断开期间,电容 C 上的电压 u_{o1} 基本保持不变。输入端射极跟随器 A_1 的输出电阻很小,在开关 S 闭合期间,电容 C 的充、放电速度迅速,电容 C 的电压 u_{o1} 的变化基本上与输入信号 u_i 的变化同步,起到了取样作用。

2. 量化和编码

数字量在数值上是不连续的。对于二进制数,其最低有效位是1,则任何一个二进制数的大小都是以这个最低有效位为数量单位的整数倍。

所谓量化,就是要将取样后所保持的电压值都化成某个最小数量单位的整数倍,这个最小数量单位叫作量化单位,用 Δ 表示。

所谓编码,就是将数字信号最低有效位的1所表示的数量大小等于 Δ,把量化的数值用二进制代码表示,如 2Δ 编码为010,5Δ 编码为101。

一般量化和编码多用比较器和编码器实现。

图13.2.3(a)所示是待量化的阶梯状波形。当输入的模拟电压有正、负变化时,一般采用二进制补码的方式处理。为简化讨论,只取正半周进行分析,如图13.2.3(b)所示。

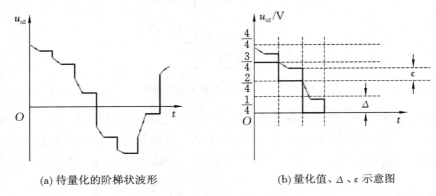

(a) 待量化的阶梯状波形　　　　　　(b) 量化值、Δ、ε 示意图

图 13.2.3　量化过程示意图

假设要将 $0\sim1$ V 的模拟电压信号转换成二位二进制代码,用简单的方法处理。取 $\Delta=\dfrac{1}{4}$ V,量化方式是:$0\sim\dfrac{1}{4}$ V 的模拟电压处理为 0Δ 量化值,相应的编码为 00;$\dfrac{1}{4}\sim\dfrac{2}{4}$ V 的模拟电压处理为 1Δ 量化值,相应的编码为 01;$\dfrac{2}{4}\sim\dfrac{3}{4}$ V 的模拟电压处理为 2Δ 量化值,相应的编码为 10;$\dfrac{3}{4}\sim\dfrac{4}{4}$ V 的模拟电压处理为 3Δ 量化值,相应的编码为 11。

图12.2.3 中的粗线即为量化值,由此可以看出,量化值与实际电压值有差别,这就是量化误差,用 ε 表示,以上方法的量化误差为 $\varepsilon=\Delta$。量化误差属于原理性的误差,无法消除。要减小量化误差,可增加 A/D 转换器的位数,则量化得越细,量化误差越小;还可对量化单位 Δ 进行优化设置,使 $\varepsilon=\dfrac{1}{2}\Delta$;也可适当提高取样频率 f_s,得到更多的取样值。

量化和编码的电路原理图如图13.2.4所示,该电路由比较器、寄存器、编码器组成。$0\sim\dfrac{1}{4}$ V 的模拟电压值经比较器输出从上至下为000,编码输出为00;$\dfrac{2}{4}\sim\dfrac{3}{4}$ V 的模拟电压值经比较器输出从上至下为011,编码输出为10;$\dfrac{3}{4}\sim\dfrac{4}{4}$ V 的模拟电压值经比较器输出从上至下为111,编码输出为11。寄存器的 CP 上升沿为编码操作。

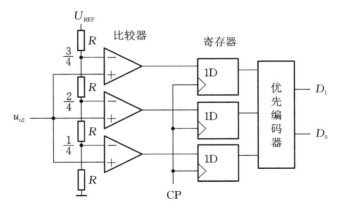

图 13.2.4 量化和编码的电路原理图

13.2.2 逐次渐近型 A/D 转换器

在各种类型的 A/D 转换器中,逐次渐近型 A/D 转换器是应用最广的 A/D 转换器。在现今的单片机系统和嵌入式系统中,都内置有 A/D 转换器,其电路结构多采用逐次渐近型。

逐次渐近型 A/D 转换器属于反馈比较型 A/D 转换器,如图 13.2.5 所示,其 A/D 转换过程类似于天平称重的操作程序。

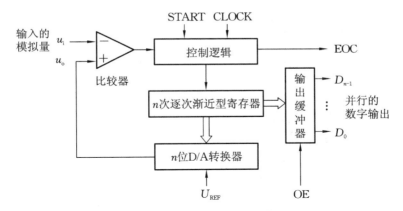

图 13.2.5 逐次渐近型 A/D 转换器的原理框图

转换启动信号 START 首先将寄存器清零,然后启动开始转换,若 ↑ 则清零,若 ↓ 则启动转换,转换期间 START 为 0。

时钟信号 CLOCK 首先将寄存器的最高位 MSB 置 1,使寄存器的输出为 $100\cdots00$,这个数字量被 D/A 转换器转换成相应的模拟电压 u_o,并送到比较器与输入信号 u_i 比较。

如果 $u_o > u_i$,类似待测 28 g 物体的天平中放了 50 g 的砝码,说明数字过大,则将最高位的 1 去掉;如果 $u_o < u_i$,类似待测 88 g 物体的天平中放了 50 g 的砝码,说明数字还不够大,则最高位的 1 应予以保留。

再在时钟信号 CLOCK 的继续操作下,将次高位置 1,并进行比较,以确定次高位的 1 是否应该保留。这样,由高位到低位逐位比较下去,直至最低位 LSB 为止。那么,寄存器中所保留的数码就是转换的数字量输出。

EOC 给出转换结束信号,如 EOC＝0,表示正在进行转换;如 EOC＝1,表示转换结束。OE 是输出允许信号,如 OE＝0,表示输出呈高阻状态;如 OE＝1,表示输出转换为二进制代码。

一般情况下,A/D 转换器前要加取样-保持器,如集成取样-保持器 LF198。但是,当采集直流信号或变化非常缓慢的模拟信号时,可以不加取样-保持器;若模拟信号频率不太高,可用高速的 A/D 转换器采集,也可以不加 A/D 转换器。

例题 13.1 一个四位逐次渐近型 A/D 转换器,输入满量程电压 $U_{REF}＝5$ V,输入的模拟电压 $u_i＝4.62$ V,求:(1)转换后的数字量;(2)转换误差。

解 (1)由高位到低位逐位比较。

设置寄存器的状态为 1000,送入 D/A 转换器,则输出电压为

$$u_o = \frac{1}{2}U_{REF} = \frac{1}{2} \times 5 \text{ V} = 2.5 \text{ V}$$

故 $u_o < u_i$,最高位 1 保留。

设置寄存器的状态为 1100,送入 D/A 转换器,则输出电压为

$$u_o = \left(\frac{1}{2} + \frac{1}{4}\right) \times 5 \text{ V} = 3.75 \text{ V}$$

故 $u_o < u_i$,次高位 1 保留。

设置寄存器的状态为 1110,送入 D/A 转换器,则输出电压为

$$u_o = \left(\frac{1}{2} + \frac{1}{4} + \frac{1}{8}\right) \times 5 \text{ V} = 4.38 \text{ V}$$

故 $u_o < u_i$,该位 1 保留。

设置寄存器的状态为 1111,送入 D/A 转换器,则输出电压为

$$u_o = \left(\frac{1}{2} + \frac{1}{4} + \frac{1}{8} + \frac{1}{16}\right) \times 5 \text{ V} = 4.69 \text{ V}$$

故 $u_o > u_i$,该位 1 去掉,则最低位为 0。

所以,模拟电压 $u_i＝4.62$ V 经 A/D 转换后的数字量为 1110。

(2) 数字量 1110 对应的模拟电压为 4.38 V,则转换误差为

$$(4.62 - 4.38) \text{ V} = 0.24 \text{ V}$$

13.2.3　主要参数

1. 转换精度

1) 分辨率

分辨率反映了 A/D 转换器对输入模拟量微小变化的分辨能力,用下式表示,即

$$分辨率 = \frac{1}{2^n} \tag{13.2.2}$$

式中,n 是 A/D 转换器输出数字量的位数。在最大输入电压一定时,位数越多,量化单位越小,则分辨率越高。

如一个电压为 5 V 的模拟信号,用四位 A/D 转换器进行转换,其分辨率为 0.062 5,量化单位 $\Delta＝5 \times 0.062 5$ V＝0.312 5 V,这就是该 A/D 转换器能分辨的最小输入电压。若是用十位 A/D 转换器进行转换,其分辨率为 0.000 976 56,则 $\Delta＝0.004 88$ V＝4.88 mV,精度

大大提高。

2）转换误差

转换误差是指输出数字量所对应的模拟输入量的实际值与理论值之间的差值,常用最低有效位 LSB 的倍数表示。最低有效位 LSB 的模拟量就是量化单位 Δ。一般的集成 A/D 转换芯片的转换误差为 $\frac{1}{4} \sim 2$ LSB。如给出的转换误差不超过 $\frac{1}{2}$ LSB,表明实际输出的数字量和理论上应得到的输出数字量之间的误差小于最低有效位的半个字。

2. 转换时间

转换时间是指 A/D 转换器从转换启动信号 START 到来开始,到输出端得到稳定的数字信号所经过的时间。A/D 转换器的转换时间主要取决于转换电路的类型。

逐次渐近型 A/D 转换器的转换时间属于比较快的,为 $10 \sim 100\ \mu s$。一般情况下,n 位输出的逐次渐近型 A/D 转换器完成一次转换所需要的时间是时钟信号 CLOCK 的 $n+2$ 个周期时间。

例题 13.2 热电偶是测温元件,其输出电压范围为 $0 \sim 0.035$ V(对应 $0 \sim 300\ ℃$),需要分辨的温度为 $0.1\ ℃$。若要对热电偶输出的模拟电压进行 A/D 转换,问应选择多少位的 A/D 转换器?

解 从温度上看,$0.1\ ℃$ 是最小的量化单位,由 A/D 转换器的分辨率表达式式(13.2.2)可得

$$分辨率 = \frac{1}{2^n} = \frac{0.1}{300}$$

解得

$$n = 11.55$$

所以,至少应选用十位 A/D 转换器。

13.2.4 集成 A/D 转换器

1. 集成逐次渐近型 A/D 转换器

ADC0809 是八位逐次渐近型 A/D 转换器,采用 CMOS 工艺制作,有八路模拟量输入端,八位并行输出,模拟输入电压范围为 $0 \sim 5$ V,电源电压为 5 V,转换时间为 $100\ \mu s$,时钟脉冲频率为 640 kHz,未经调整误差为 $\frac{1}{2}$ LSB 和 1 LSB,功耗为 15 mW。

ADS7852 是高速的十二位逐次渐近型 A/D 转换器,带有采样保持器,八路模拟量输入端,十二位并行输出,模拟输入电压范围为 $0 \sim 5$ V,电源电压为 5 V,转换时间为 $1.75\ \mu s$,采样频率为 500 kHz,时钟脉冲频率为 200 kHz~8 MHz,功耗为 13 mW。

串行输出的 TLC1549,是十位逐次渐近型 A/D 转换器,采用 CMOS 工艺制作,带有采样保持器,电源电压为 6.5 V,时钟脉冲频率为 2.1 MHz 时转换时间为 $26\ \mu s$,未经调整误差为 ± 1 LSB。

2. Σ-Δ 型 A/D 转换器

传统的 A/D 转换器的工作过程都包含取样、保持、量化、编码这四个步骤,要提高这类 A/D 转换器的分辨率,就要增加 A/D 转换器的位数 n,那么就需要区分 2^n 个不同等级电平

的硬件电路。该硬件电路实现起来是很困难的,因为这需要极复杂的比较网络和极高精度的模拟电子器件。随着大规模集成电路技术的发展和数字信号处理技术理论的日趋完善,出现了一种新型的基于通信编码理论和数字信号处理技术的高精度的 Σ-Δ 型 A/D 转换器。

Σ-Δ 型 A/D 转换器由简单的模拟电路(开关、比较器、积分器、求和电路)和复杂的数字信号处理电路构成,其特点是通过采样以时间换取精度,以数字电路的复杂性换取降低对模拟电路精度的要求。Σ-Δ 型 A/D 转换器以高分辨率(十六到二十四位)、低价格、集成化的数字滤波、与 DSP 的兼容性便于实现系统集成等优势,广泛应用于仪表测量、工业控制等领域,如高精度的温度数据采集、弱心电信号采集、压力信号采集、医疗超声信号采集、声呐信号处理、高品质的数字音频接收器等。

Σ-Δ 型 A/D 转换器有很多种型号,如二十四位的 ADS1258,二十四位的 AD7714、十六位的 MAX1402 等。Σ-Δ 型 A/D 转换器多应用于高分辨率的中、低频(低至直流)信号测量和数字音频电路,随着设计和工艺水平的提高,它逐渐向着高速 Σ-Δ 型 A/D 转换器产品发展,如 AD7723、AD9260 等。

习　　题

13.1　对于图 13.1.1 所示的四位倒 T 形电阻网络 D/A 转换器,已知参考电压 $U_{REF}=-10$ V,$R=R_F$,试问当 $d_3d_2d_1d_0=0001001001001000$ 时,输出电压为多少?

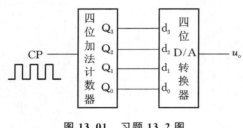

图 13.01　习题 13.2 图

13.2　图 13.01 所示的电路由四位加法计数器和四位 D/A 转换器(同图 13.1.1 所示的四位 D/A 转换器)组成,已知 $R_F=20$ kΩ,$R=5$ kΩ,$U_{REF}=-2.56$ V,设计数器的初始状态为 0000,试画出输出电压 u_o 的波形图。

13.3　将图 13.1.1 中的 4 位倒 T 形电阻网络 D/A 转换器扩展到十位,当 $R=R_F$ 时:

(1)试求输出电压的取值范围;

(2)若要求电路输入数字量为 200H,即 $(200)_{16}$ 时输出电压 $u_o=5$ V,试问 U_{REF} 应取何值?

13.4　如果希望 D/A 转换器的分辨率优于 0.025%,应选几位 D/A 转换器?

13.5　在十位二进制数 D/A 转换器中,已知其最大满刻度输出模拟电压 $u_{omax}=5$ V,求最小分辨电压 u_{LSB} 和分辨率。

13.6　若模拟信号的最高工作频率为 10 kHz,试问采样频率的下限是多少?

13.7　在图 13.2.5 所示的逐次渐近型 A/D 转换器的原理框图中,八位 D/A 转换器的最大输出电压 $u_{omax}=9.945$ V,当模拟输入电压 $u_i=6.436$ V 时,试求该 A/D 转换器的数字量输出 $D=D_7D_6\cdots D_0$。

13.8　一个八位逐次渐近型 A/D 转换器,其输入满量程电压 $U_{REF}=10$ V,现输入模拟电压 $u_i=6.84$ V,求:(1)转换后的数字量;(2)转换误差。

13.9　有一个十位的逐次渐进型 A/D 转换器,若时钟信号 CLOCK 的频率为 2 MHz,试问完成一次转换所需要的时间是多少?

13.10　在图 13.2.5 所示的逐次渐近型 A/D 转换器的原理框图中,某一个待转换的模

拟电压 u_i 和 D/A 转换器部分的输出电压 u_o 的波形如图 13.02 所示,图中,t_0 表示转换开始时间,t_1 表示转换结束时间。根据 u_i、u_o 的波形图,说明转换结束后电路的数字量输出状态是什么。

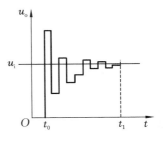

图 13.02 习题 13.10 图

第 14 章
变压器和电动机

◀ **本章指南**

　　学习和使用电动机、变压器、电磁铁、电工测量仪表及其他各种铁磁元件等电工设备时,不仅要掌握电路的基本理论,还要具备磁路的基本知识。本章先介绍磁路的相关内容,再讨论变压器,最后介绍一下异步电动机。希望通过本章内容的学习,读者能很好地理解磁场与磁路的基本概念及其具体应用,掌握变压器的电压、电流和阻抗的变换功能,能够分析异步电动机的工作原理和机械特性。

14.1 磁路及其基本定律

14.1.1 磁场的基本物理量

1820 年,丹麦的物理学家奥斯特发现了电流的磁效应。当直导线有电流通过时,在其周围就存在着磁场,如图 14.1.1 所示。用以产生磁场的电流称为励磁电流,磁场的方向与励磁电流方向之间的关系符合安培定则(右手螺旋定则)。同时,处于磁场中的电流也受到磁场的作用而产生磁场力,说明电和磁是有密切关系的。也正是因为电流能产生磁场以及磁场能对其中的电流有磁场力作用,像变压器、电机等电气设备才能正常工作。

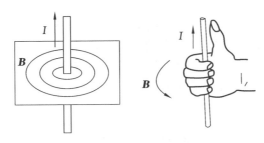

图 14.1.1　直线电流产生磁场

1. 磁通 Φ

磁通是用来定量地描述磁场在一定面积上的分布情况的物理量,用字母 Φ 来表示。磁通的大小定义为通过与磁场方向垂直的某一面积上的磁感应线的总数。磁通的单位是韦伯(Wb)。

当面积一定时,通过该面积的磁通越大,磁场就越强。

2. 磁感应强度 B

表示磁场中各点磁场的强弱和方向的物理量,称为磁感应强度 B,也称为磁通密度。在数值上它等于垂直于磁场的单位长度导体通以单位电流时所受的电磁力大小,即

$$B = \frac{F}{IL} \tag{14.1.1}$$

磁感应强度是一个矢量,它的方向就是该点的磁场方向,它的单位由 F、I 和 L 的单位决定,单位为特斯拉(T)。

如果在磁场的某一个区域里,磁感应强度的大小和方向都相同,这个区域叫作匀强磁场,变压器铁芯里的磁场即可视为匀强磁场。气隙中的磁感应强度通常为 0.4～0.5 T,铁芯中的磁感应强度为 1～1.8 T。

3. 磁导率 μ

一个插入铁棒的通电线圈和一个插入铜棒的通电线圈的磁性差别很大,这是因为磁感应强度的大小不仅与电流的大小和导体的形状有关,而且与磁场内媒质的性质有关。在磁场中,磁导率 μ 是表示磁场媒质磁性的物理量,它用来衡量物质的导磁能力。磁导率 μ 的单

位为亨/米（H/m），真空中的磁导率为常数，用 μ_0 表示，即 $\mu_0 = 4\pi \times 10^{-7}$ H/m。媒质的磁导率与真空中磁导率的比值称为相对磁导率，用 μ_r 表示，即

$$\mu_r = \frac{\mu}{\mu_0} \tag{14.1.2}$$

自然界中的物质按磁导率的大小可分为非铁磁性物质和铁磁性物质两大类。前者的磁导率很小，如空气、铜、木材、塑料、橡胶、锡、铝等都属于非铁磁性物质，它们的磁导率 μ 与 μ_0 相差很小，可近似相等；而后者的相对磁导率很大，如铁、镍、钴及其合金等，它们产生的磁场往往比真空中的磁场要强几千甚至几万倍。例如，硅钢片的相对磁导率为 6000～8000，而坡莫合金的相对磁导率则高达几万到几十万。根据铁磁性材料的性质，只需在线圈中通过较小的电流，就可产生足够大的磁感应强度，因而铁磁性物质被广泛应用在变压器、电动机、磁电式电工仪表等电工设备中。

4. 磁场强度 H

磁感应强度与介质有关，即对于通有相同电流的同样导体，在不同介质中，磁感应强度是不同的，因而介质对磁场的影响常常使磁场的分析变得复杂。为了方便分析，引入一个把电和磁定量联系起来的辅助量，叫作磁场强度，用符号 H 表示。磁场中某点的磁场强度 H，就是该点磁感应强度与介质磁导率的比值，即

$$H = \frac{B}{\mu} \tag{14.1.3}$$

磁场强度也是矢量，它的方向与该点的磁感应强度方向一致，单位是安/米（A/m）。从某种意义上讲，磁场强度是电流建立磁场能力的量度，它的大小与周围介质的磁导率无关，只与电流的大小及导体的形状有关。也就是说，在电流一定的条件下，同一点的磁场强度不因磁场媒质的不同而改变，这给工程分析计算带来了很大的方便。

5. 磁化曲线

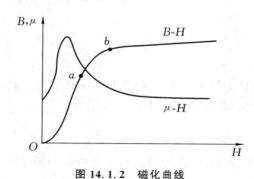

图 14.1.2 磁化曲线

磁化曲线是铁磁性物质在外磁场中被磁化时，其磁感应强度 B 随外磁场强度 H 的变化而变化的曲线，即 B-H 曲线，如图 14.1.2 所示。

磁化曲线大致上可分为 3 段：在 Oa 段，磁感应强度 B 随着磁场强度 H 的增大而增大，B 和 H 的变化几乎是线性的；在 ab 段，B 的增大变缓；b 点以后，随着 H 的增大，B 达到饱和，变化很小。可见，铁磁性物质磁化所产生的磁感应强度不会随着外磁场的增强而无限增强。当外磁场增大到一定程度时，即使再增大励磁电流，铁磁性材料的磁性也不会再继续增强，这就是磁饱和现象。

由此可见，铁磁性材料在磁化时，B 与 H 不成正比，因而铁磁性物质的磁导率 $\mu = B/H$ 也不是常数，而是随 H 而变化的。μ 的值开始很小；在 B-H 曲线最陡处 μ 最大；当 B 趋于饱和时，μ 又变小。此时，因 B 与 H 不成正比，所以 Φ 与 I 也不成正比。

6. 磁滞回线

在磁场中，磁感应强度 B 的变化总是滞后于磁场强度 H 的变化，这种现象称为磁滞现

象。当铁磁性材料在交变磁场中反复磁化时,其 B-H 曲线是一条回形闭合曲线,称为磁滞回线。由图 14.1.3 可见,当 H 从零开始增加到 H_m 时,B 相应地从零增加到 B_m,以后如逐渐减小磁场强度 H,B 值将沿曲线从 1 下降至 2;当 $H=0$ 时,B 值并不等于零,而是等于 B_r,B_r 称为剩磁。要使 B 值从 B_r 减小到零,必须加上反向外磁场强度,此反向外磁场强度称为矫顽力,用 H_c 表示。铁磁性材料所具有的这种现象称为磁滞。由于存在磁滞现象,铁磁性材料的磁化过程是不可逆的。

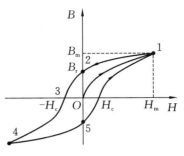

图 14.1.3　磁滞回线

14.1.2　磁路的基本定律

1. 磁路

磁路是磁通(磁感应线)集中通过的闭合路径。在电磁设备中,往往把产生磁场的电流线圈套在由铁磁性材料(例如硅钢片)构成的铁芯上,铁芯的高导磁性能使磁场大大增强,同时把绝大部分磁感应线集中在铁芯内,这样的路径称为磁路,如图 14.1.4 所示。

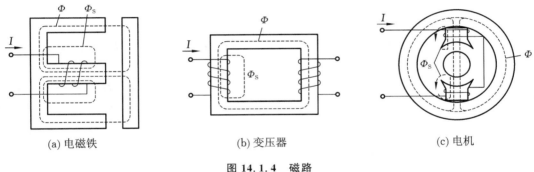

(a) 电磁铁　　　　　　　(b) 变压器　　　　　　　(c) 电机

图 14.1.4　磁路

在图 14.1.4 中,套在铁芯柱外的是线圈。线圈是电路,铁芯是磁路。线圈中通入电流,就能激励出磁场。由于铁芯的磁导率比空气的大得多,所以绝大部分磁通在铁芯中通过,这部分磁通称为主磁通。铁芯周围的空气还有少部分磁通,这部分磁通称为漏磁通。

2. 磁路的欧姆定律

在图 14.1.4(b)所示的磁路中,当线圈中通入电流 I 时,在铁芯中就会有磁通 Φ 通过。由实验可知,铁芯中的磁通 Φ 与通过线圈的电流 I、线圈匝数 N 以及磁路的截面积 S 成正比,与磁路的长度 l 成反比,还与组成磁路的磁导率 μ 成正比,即

$$\Phi = \frac{INS\mu}{l} = \frac{IN}{\dfrac{l}{\mu S}} = \frac{F_m}{R_m} \tag{14.1.4}$$

式中:F_m 为磁通势,且 $F_m = IN$,单位是 A(安培),由它产生磁通;R_m 为磁阻,且 $R_m = l/\mu S$,单位是 1/H,它是表示磁路对磁通具有阻碍作用的物理量。铁磁性物质的磁阻 R_m 不是常数,它会随励磁电流的改变而改变,因而通常不能直接用式(14.1.4)进行计算,但可以定性地分析很多磁路问题。

式(14.1.4)与电路中的欧姆定律($I=U/R$)相似,因而称它为磁路欧姆定律。两者互相对应,磁通 Φ 对应于电流 I,磁通势 F_m 对应于电动势 U,磁阻 R_m 对应于电阻 R,且磁阻 $R_m=l/(\mu S)$ 又和电阻公式 $R=l/(\gamma S)$ 相对应。磁路与电路的比较如表 14.1.1 所示。

表 14.1.1　磁路与电路的比较

物理量及相关定律	磁　　路		电　　路	
对比的物理量	磁通	Φ	电流	I
	磁通势	$F_m=IN$	电动势	U
	磁阻	$R_m=l/(\mu S)$	电阻	$R=l/(\gamma S)$
	磁通密度	B	电流密度	δ
	磁导率	μ	导电系数	γ
欧姆定律	$F_m=R_m\Phi$		$U=RI$	

◀ 14.2 变 压 器 ▶

变压器,顾名思义,就是改变电压的电器。它是将某一电压的交流电变换成频率相同的另一电压的交流电的一种能量变换装置,是电力系统中的重要设备。在远距离输电中,如果输送电功率是一定的,增大输送电压,则可以减小输送电流,这样可以降低输电线路上的功率损耗和电压损失,在使用时,再用变压器降低电压,以便满足电气设备额定电压的要求,并保证人身安全。在电子线路中,变压器除作为电源变压器外,还可用来耦合电路、传递交流信号和实现阻抗匹配。

14.2.1　变压器的结构

变压器通常由铁芯和绕在铁芯上的两个或多个匝数不等的线圈(绕组)组成,如图 14.2.1所示。铁芯是变压器的磁路部分,为了减少其损耗,通常用厚度为 0.35 mm 或 0.5 mm 的两面涂有绝缘漆的硅钢片重叠而成。铁芯都做成闭合形状,线圈缠绕在铁芯柱上。线圈是变压器的电路部分,为降低其电阻值,多用导电性能良好的绝缘铜线缠绕而成。变压器中的线圈与铁芯、线圈与线圈、线圈各层之间均是绝缘的。

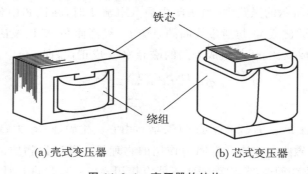

(a) 壳式变压器　　　　　　　　(b) 芯式变压器

图 14.2.1　变压器的结构

14.2.2　变压器的工作原理

为了方便分析,将变压器的运行状态分成空载和有载两种情况。

1. 变压器的空载运行

变压器原线圈接上额定的交变电压,副线圈开路不接负载,称为空载运行。如图 14.2.2 所示,S_1 闭合,S_2 断开,电源电压为 u_1,不接入负载,此时副绕组中的电流 $i_2 = 0$,原绕组中的电流 $i_1 = i_{10}$,称为空载电流(又称励磁电流)。此时,由原绕组磁通势 $N_1 i_{10}$ 产生的磁通绝大部分经铁芯而闭合,这部分磁通称为主磁通,用 Φ 表示。主磁通是交变的,它分别在原、副绕组中感应出电动势 e_1 和 e_2。此外,还有很少一部分磁通只穿过部分铁芯经空气而闭合,它只与原绕组交链,称为漏磁通,用 Φ_{S1} 表示,它只在原绕组中产生漏磁电动势 e_{S1}。

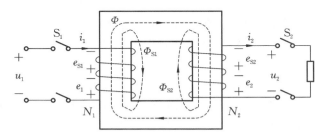

图 14.2.2　变压器的工作原理图

采用 KVL 定律,可根据原绕组电路列出方程,即

$$u_1 = r_1 i_{10} + (-e_{S1}) + (-e_1) = r_1 i_{10} + L_{S1} \frac{\mathrm{d}i_{10}}{\mathrm{d}t} + (-e_1)$$

式中,r_1 为原绕组的电阻,$r_1 i_{10}$ 为原绕组在励磁电流作用下的电阻压降,L_{S1} 为漏感系数,$L_{S1} \frac{\mathrm{d}i_{10}}{\mathrm{d}t}$ 为漏磁在原线圈侧产生的自感电动势。由于 $r_1 i_{10}$ 与 $-e_{S1}$ 这两个电压的幅值都很小,可以近似忽略,于是可得

$$u_1 \approx -e_1 \quad \text{或} \quad \dot{U}_1 \approx -\dot{E}_1$$

若电源电压 u_1 为正弦量,可认为主磁通 Φ 也按照正弦规律变化,即

$$\Phi = \Phi_m \sin\omega t$$

根据电磁感应定律,有

$$e_1 = -N_1 \frac{\mathrm{d}\Phi}{\mathrm{d}t} = -N_1 \omega \Phi_m \cos\omega t = 2\pi f N_1 \Phi_m \sin\left(\omega t - \frac{\pi}{2}\right)$$

于是有

$$U_1 \approx E_1 = \frac{2\pi f N_1 \Phi_m}{\sqrt{2}} = 4.44 f N_1 \Phi_m \tag{14.2.1}$$

可见,变压器的主磁通由原绕组电压 U_1、原绕组电压频率 f 和原绕组匝数 N_1 决定。若电源电压不变,变压器匝数不变,主磁通的大小也不会改变。

同理,主磁通在副绕组产生的感应电动势为

$$E_2 = 4.44 f N_2 \Phi_m \tag{14.2.2}$$

当副绕组是空载状态时,输出电压 U_2 为

$$U_2 = E_2 = 4.44 f N_2 \Phi_m \tag{14.2.3}$$

由式(14.2.1)和式(14.2.3)可以得到

$$\frac{U_1}{U_2}\approx\frac{E_1}{E_2}=\frac{N_1}{N_2}=k \tag{14.2.4}$$

式中,k 为原、副绕组的匝数之比,亦称为变压器的变压比。当电源电压 U_1 一定时,只要改变匝数,就可得到不同的输出电压。

2. 变压器的有载运行

在图 14.2.2 中,若开关 S_1 和 S_2 均闭合,即变压器副边接上负载阻抗 Z,此时副线圈导通。前面已指出,当电源电压不变时,铁芯中的主磁通也基本不变。因此,当变压器副边接入负载 Z 后,原边磁通势 i_1N_1 和副边磁通势 i_2N_2 共同产生的磁通,与变压器空载时的励磁磁通势 $i_{10}N_1$ 所产生的磁通应基本相等,因而磁通势也应基本相等,用数学表达式表示为

$$i_1N_1+i_2N_2=i_{10}N_1 \quad 或 \quad \dot{I}_1N_1+\dot{I}_2N_2=\dot{I}_{10}N_1 \tag{14.2.5}$$

因为空载电流 i_{10} 很小,当变压器在满载(额定负载)或接近于满载的情况下运行时,励磁磁通势 $i_{10}N_1$ 比原边磁通势 i_1N_1 和副边磁通势 i_2N_2 小得多,可以忽略不计,故式(14.2.5)可简化为

$$i_1N_1+i_2N_2\approx0 \quad 或 \quad \dot{I}_1N_1+\dot{I}_2N_2\approx0$$

上式表明,变压器负载运行时,副边磁通势与原边磁通势的方向相反,几乎相互抵消。当副边电流 I_2 由于负载变化而增大时,副边磁通势也增大,这时原边电流 i_1 和原边磁通势 i_1N_1 也随之增大,以保证 $i_{10}N_1$ 基本不变,进而保证铁芯中的主磁通基本不变。所以,当变压器带负载后,原边电流是由副边电流决定的。若将原、副边电流写成有效值的形式,即为

$$I_1N_1\approx I_2N_2 \quad 或 \quad \frac{I_1}{I_2}\approx\frac{N_2}{N_1}=\frac{1}{k} \tag{14.2.6}$$

可见,原、副绕组内的电流大小与线圈匝数成反比,同时也能得到

$$U_1I_1\approx U_2I_2 \tag{14.2.7}$$

式(14.2.7)中,左端表示输入功率,右端表示输出功率。可见,通过原、副绕组的电磁感应关系,变压器把电能转换为"高压小电流"或"低压大电流"的形式,这样原边从电源吸收的电功率就传到副边,并输出给负载,这也说明了变压器是一个可以进行能量传递的设备。

3. 阻抗变换

由上面的分析可以看到,虽然变压器两侧电路之间只有磁的耦合而没有电的直接联系,但实际上原边电流也随着副边阻抗 $|Z_L|$ 的变化而变化。如果 $|Z_L|$ 减小,则副边电流增大,原边电流也增大。假设原边电路存在一个等效的负载阻抗 $|Z'_L|$,就可用图 14.2.3(b)所示的等效电路代替图 14.2.3(a)所示的变压器电路。

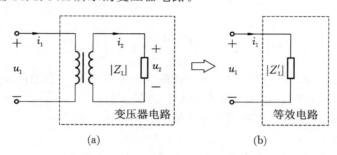

(a)　　　　　　　　　(b)

图 14.2.3　变压器的阻抗变换

等效阻抗可以利用电压、电流的变换得出,即

$$|Z'_\mathrm{L}| = \frac{U_1}{I_1} = \frac{U_2 \cdot k}{I_2 \cdot \frac{1}{k}} = k^2 \frac{U_2}{I_2} = k^2 |Z_\mathrm{L}| \qquad (14.2.8)$$

由电路分析可知,当负载电阻与电源电路的输出电阻相等时,电源可把功率最大限度地传送给负载,此时负载上得到的功率最大,这种情况在电子电路中通常称为"阻抗匹配"。由于许多电路的信号源和负载阻抗不匹配,需要匹配元件来实现阻抗的匹配,此时利用阻抗变换功能,变压器就可用来作为阻抗匹配元件。

例题 14.1 有一音响设备的信号源电压 $U_\mathrm{s} = 6$ V,内阻 $R_\mathrm{s} = 240$ Ω。现有一变压器,原边绕组为 360 匝,信号源通过变压器接入阻值为 15 Ω 的扬声器。为使负载能够获得最大功率,求变压器副边匝数、原、副电压、电流的有效值和负载的功率。

解 根据题意,为使负载能够获得最大功率,则变压器与负载的等效阻抗要与信号源内阻的阻抗相等,即 $k^2 R_\mathrm{L} = R_\mathrm{s}$,由此可得

$$k = \sqrt{\frac{R_\mathrm{s}}{R_\mathrm{L}}} = \sqrt{\frac{240}{15}} = 4$$

又有 $k = \dfrac{N_1}{N_2}$,且 $N_1 = 360$,所以有

$$N_2 = N_1 / k = \frac{360}{4} = 90$$

原边电压为

$$U_1 = \frac{R'_\mathrm{L}}{R'_\mathrm{L} + R_\mathrm{s}} U_\mathrm{s} = \frac{U_\mathrm{s}}{2} = \frac{6}{2} \text{ V} = 3 \text{ V}$$

原边电流为

$$I_1 = \frac{U_\mathrm{s}}{R_\mathrm{s} + R'_\mathrm{L}} = \frac{6}{240 + 240} \text{ A} = 0.012\ 5 \text{ A} = 12.5 \text{ mA}$$

副边电压为

$$U_2 = \frac{U_1}{k} = \frac{3}{4} \text{ V} = 0.75 \text{ V}$$

副边电流为

$$I_2 = k I_1 = 4 \times 12.5 \text{ mA} = 50 \text{ mA}$$

负载的功率为

$$P = U_2 I_2 = 0.75 \times 50 \text{ mW} = 37.5 \text{ mW}$$

14.3 异步电动机

机械能与电能是可以相互转换的。将电能转换为机械能的电机称为电动机,将机械能转换为电能的电机称为发电机。其中,电动机又可分为直流电动机和交流电动机两大类,交流电动机又可分为同步电动机和异步电动机两种。异步电动机也叫作感应电动机,它结构简单,制造和维护简便,成本低廉,运行可靠,效率高,因此在工农业生产及日常生活中得以广泛应用。根据相数的不同,异步电动机又有三相和单相之分。三相异步电动机在工业中

应用极广,主要用于拖动各种生产机械,如风机、泵、压缩机、机床、轻工及矿山机械、农业生产中的脱粒机和粉碎机、农副产品中的加工机械等。单相交流电动机则多用于家用电器,如电扇、洗衣机、电冰箱和空调机等。本节主要针对三相异步电动机进行说明。

14.3.1　三相异步电动机的基本结构

三相异步电动机的种类很多,但各类三相异步电动机的基本结构是相同的,它们都由定子和转子这两大基本部分组成,在定子和转子之间具有一定的气隙,此外还有端盖、轴承、接线盒、吊环等其他附件,如图14.3.1所示。

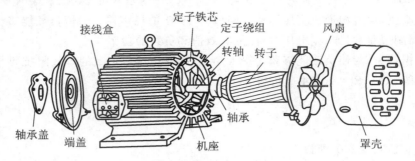

图 14.3.1　三相异步电动机的拆分图

1. 定子

三相异步电动机的定子的主要作用是产生旋转磁场。定子主要由定子铁芯、定子绕组和机座三部分组成。

定子铁芯是主磁路的一部分。为了减少励磁电流和旋转磁场在铁芯中产生的涡流和磁滞损耗,铁芯由相互绝缘的厚度为 0.5 mm 的薄硅钢片叠压而成,如图14.3.2所示。

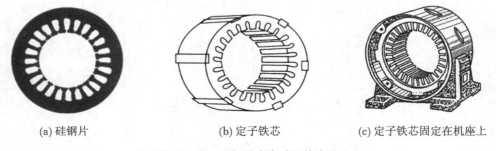

(a) 硅钢片　　　　　　　(b) 定子铁芯　　　　　(c) 定子铁芯固定在机座上

图 14.3.2　三相异步电动机的定子

铁芯的内圆周的边缘冲有均匀的槽孔,用来嵌放空间上对称(空间上相差 $120°$)分布的三相线圈绕组。三相绕组的六个出线端都引至接线盒上,首端分别标为 U_1、V_1、W_1,末端分别标为 U_2、V_2、W_2。这六个出线端在接线盒里可以按需接成星形或三角形。

2. 转子

转子的作用是产生感应电流而受力转动,并输出机械转矩,它一般由转子铁芯、转子绕组和转轴等部件组成。

转子铁芯也是主磁路的一部分,也由厚 0.5 mm 的硅钢片叠压而成,外圆周上冲有槽,槽内放置转子绕组,铁芯固定在转轴或转子支架上。整个转子的外形呈圆柱形。

根据转子绕组构造的不同,转子分为绕线型和鼠笼型两种,如图 14.3.3 和图 14.3.4 所示。

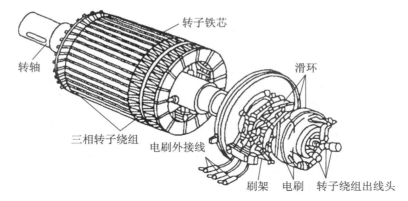

图 14.3.3　绕线型转子

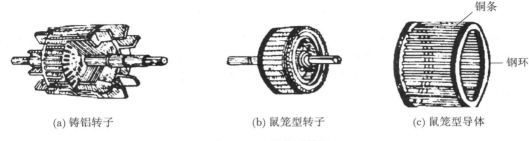

(a) 铸铝转子　　　　　　　(b) 鼠笼型转子　　　　　　　(c) 鼠笼型导体

图 14.3.4　鼠笼型转子

绕线型转子一般接成星形三相绕组,绕组的三个出线端通过电刷引出。这种转子的特点是可以在转子绕组中接入外加电阻,以改善电动机的启动和调速性能。

鼠笼型转子则在转子铁芯的每个槽中放置一根铜条。在铁芯两端的槽口处,用两个导电的钢环分别把所有槽里的铜条短接成一个回路,如图 14.3.4(c)所示。如果去掉铁芯,绕组的形状就像一个老鼠笼子,因此而得名。目前中小型鼠笼式异步电动机的转子绕组以及作冷却用的风扇常用铝液铸成一体,如图 14.3.4(a)所示,称为铸铝转子。

14.3.2　三相异步电动机的工作原理

三相交流异步电动机的工作原理是:定子绕组通入三相交流电后产生旋转磁场,转子导体切割旋转磁场产生感应电动势和电流,而载流导体在磁场中会受到电磁力的作用,从而产生电磁转矩,使电动机旋转。可见,旋转磁场是三相异步电动机工作的前提,因此首先要研究旋转磁场的产生。

1. 旋转磁场的产生

为了便于分析,把分布在定子圆周上的三相绕组用三个在空间上彼此相隔 120° 的单匝线圈来代替,如图 14.3.5 所示。

图中,U_1、V_1、W_1 是三个线圈的首端,U_2、V_2、W_2 是三个

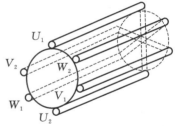

图 14.3.5　简化的三相绕组示意图

线圈的末端。通常三个绕组连接成星形,如图 14.3.6 所示,接到三相电源上后,绕组中会产生三相对称电流,即

$$\begin{cases} i_1 = I_m \sin\omega t \\ i_2 = I_m \sin(\omega t - 120°) \\ i_3 = I_m \sin(\omega t + 120°) \end{cases}$$

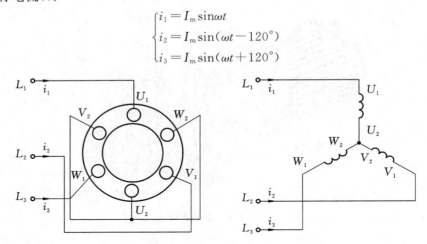

图 14.3.6　定子绕组的星形连接

假设电流正方向为从绕组的首端流入,从末端流出;流入纸面用⊗符号表示,流出纸面用⊙符号表示。在电流的正半周时其值为正,其实际方向与正方向一致;在电流的负半周时其值为负,其实际方向与正方向相反。根据这个假定,在不同瞬间由三相电流所产生的磁场情况如图 14.3.7 所示。

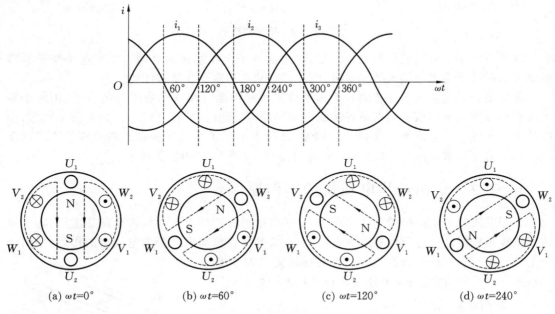

图 14.3.7　旋转磁场的产生

当 $\omega t = 0°$ 时,由电流波形图可知:$i_1 = 0$,U 相没有电流通过;i_2 为负,表示电流方向与参考方向相反,即末端流入、首端流出(即 V_2 端为⊗,V_1 端为⊙);i_3 为正,表示电流方向由首端流入、末端流出(即 W_1 端为⊗,W_2 端为⊙)。这时三相电流所产生的合成磁场方向由右手

螺旋定则可判别出,此时为一对磁极的旋转磁场,磁场方向如图 14.3.7(a)所示。

同理可得到 $\omega t=60°$、$\omega t=120°$ 和 $\omega t=240°$ 时的磁场方向,分别如图 14.3.7(b)、图 14.3.7(c)和图 14.3.7(d)所示。

由此可见,当三相电流的相位从 0° 变化到 240°时,合成磁场的方向在空间中也旋转了 240°。所以,当电流完成一个周期的变化时,其所产生的合成磁场在空间中也旋转了一周。也就是说,三相电流随着时间做周期性变化,由它所产生的合成磁场在空间中不停地旋转。异步电动机所需要的旋转磁场就是这样产生的。

由上面的分析可知,旋转磁场的旋转方向是顺时针方向,与通入三相绕组的三相电流的相序 L_1—L_2—L_3 一致。如果将三相绕组接到电源的三根导线中的任意两根对调,例如将 i_1 通入 L_2,将 i_2 通入 L_1,L_3 不变,利用同样的分析方法,可以得出此时旋转磁场的旋转方向为逆时针方向,与之前的旋转方向相反,而与三相电流的相序 L_2—L_1—L_3 相同。由此可以得出结论:旋转磁场的旋转方向是与通入三相绕组的三相电流的相序一致的。三相异步电动机的反转就是利用了这个原理。

在图 14.3.5 中,每相绕组由一个线圈组成,它们的起端之间在空间上相差 120°,此时通入对称的三相电流,所形成的旋转磁场是一对磁极的,用极对数 $p=1$ 表示。

如果将线圈数增加一倍,即每相绕组由两个线圈组成(如 U 相绕组有 U_1 和 U_2、U_1' 和 U_2' 两个线圈),则三相绕组共有六个线圈,它们按图 14.3.8 所示的位置排列,即每相绕组的两个线圈串联,三相绕组的起端之间相差 60°的空间电角度。

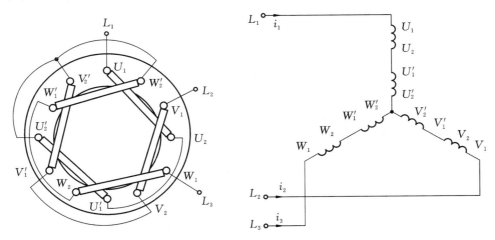

图 14.3.8 磁极对数 $p=2$ 的定子绕组

按照上述对一对磁极的旋转磁场的分析方法可分析出,在图 14.3.8 所示的定子绕组中通入三相对称交流电时,定子绕组的合成磁场为四极($p=2$)的旋转磁场,当 $\omega t=0°$ 和 $\omega t=60°$时的旋转磁场如图 14.3.9 所示。

此时通过分析不难发现,当定子铁芯圆周上具有两对磁极(即 $p=2$)时,电流的相位从 $\omega t=0°$ 到 $\omega t=60°$ 变化了 60°,而磁场在空间中仅旋转了 30°。也就是说,当电流变化一周(360°),磁场在空间中仅仅能旋转半周(180°)。由此可知,两对磁极的旋转磁场的旋转速度比一对磁极的旋转磁场的旋转速度慢了一半。

由此类推,当旋转磁场具有 p 对磁极时,交流电流每变化一周,旋转磁场就在空间中转

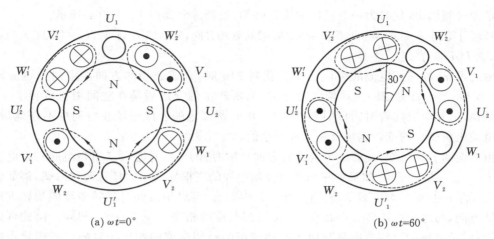

(a) $\omega t = 0°$　　　　　　　　(b) $\omega t = 60°$

图 14.3.9　当 $\omega t = 0°$ 和 $\omega t = 60°$ 时磁极对数 $p = 2$ 的旋转磁场

过 $\frac{1}{p}$ 周，即具有 p 对磁极的旋转磁场的旋转速度为

$$n_0 = \frac{60f}{p} \qquad\qquad (14.3.1)$$

式中：n_0 为旋转磁场的旋转速度，也叫同步转速，单位是 r/min；f 为三相交流电源的频率，单位是 Hz；p 为旋转磁场的磁极对数。

当 $f = 50$ Hz 时，对应于不同的磁极对数，同步转速如表 14.3.1 所示。

表 14.3.1　不同磁极对数的同步转速

p	1	2	3	4	5	6
$n_0/(\text{r/min})$	3000	1500	1000	750	600	500

2. 三相异步电动机的工作原理

由以上分析可知，三相异步电动机的定子绕组通入三相电流后，会产生一个同步转速为 n_0 的旋转磁场，在图 14.3.7 中，旋转磁场在空间中按顺时针方向旋转。这个旋转磁场切割了转子导体（铜或铝），可以在导体中感应出电动势和电流。根据相对运动的原理，转子导体切割磁力线的方向是旋转磁场转动的反方向，再用右手定则即可确定转子电流的方向，在图 14.3.10 中，用 $\odot$ 和 $\otimes$ 表示。同时，转子电流在磁场中又会受到电磁力 $\boldsymbol{F}$，其方向可以用左手定则来确定，电磁力进而会在转轴上形成电磁转矩，这样三相异步电动机的转子就可以旋转了。由图 14.3.10 可见，电磁转矩的方向同旋转磁场的方向是一致的。

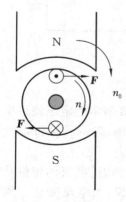

图 14.3.10　三相异步电动机的转动原理

尽管三相异步电动机转子的转向与旋转磁场的方向一致，但两者必须保持一定的转速差 $n_0 - n$，即转子与旋转磁场之间存在相对运动，否则转子导体没有切割磁力线，就不能产生感应电动势和感应电流，更不可能受到电磁力作用，也就没有电磁转矩，三相异步电动机就不能旋转。因此，转子的转速必须与磁场的同步转速有一定差值，这也

是三相异步电动机名字的由来。

为了表示三相异步电动机的转速和同步转速的相对差值,引入转差率的概念,用 s 表示,其定义为同步转速和三相异步电动机转速之差与同步转速之比,即

$$s = \frac{n_0 - n}{n_0} \tag{14.3.2}$$

转差率 s 是分析三相异步电动机运行特性的一个重要技术数据。转子转速越高,则转差率越小;转子转速越低,则转差率越大。在电动机启动瞬间,$n=0$,$s=1$,此时转差率最大;如果转子转速 n 达到同步转速 n_0,则 $s=0$。所以,s 的变化范围为 $0 \sim 1$。正常情况下,三相异步电动机在额定负载下工作时的转子转速 n 略小于同步转速 n_0,即转差率 s 的数值很小,一般为 $0.01 \sim 0.05$。根据三相异步电动机的额定转速,可以很容易得出电动机的同步转速 n_0 和磁极对数 p。

例题 14.2 已知某三相异步电动机的电源频率为 50 Hz,额定转速为 1440 r/min,求此电动机的磁极对数和转差率 s。

解 根据三相异步电动机的额定转速接近并略小于同步转速的特点,由表 14.3.1 可得,此三相异步电动机的同步转速为 1500 r/min,磁极对数 $p=2$,故该三相异步电动机额定负载时的转差率为

$$s = \frac{n_0 - n_N}{n_0} = \frac{1500 - 1440}{1500} = 0.04$$

3. 三相异步电动机的铭牌

每台电动机的机座上都有一块铭牌,铭牌上标明该电动机的型号及额定数据等,使用者只有在理解这些额定数据意义的情况下,才能正确地选择和使用电动机。电动机上铭牌的内容主要包括型号和额定值,如表 14.3.2 所示。

表 14.3.2 三相异步电动机的铭牌

××牌三相异步电动机		
型号:Y122M-4	额定功率:6 kW	频率:50 Hz
额定电压:380 V	额定电流:12.2 A	额定转速:1440 r/min
接法:△	绝缘等级:B	××年××月
××电机厂		

1) 型号

电动机的型号是表示电动机的类型、结构、规格及性能等特点的代号,一般采用大写字母加阿拉伯数字组成。例如

2）额定功率

电动机在额定工作状态时转轴上输出的机械功率称为额定功率，常用 P_N 表示，单位为 kW。

3）额定电压

电动机在额定工作状态时加在定子绕组上的电源线电压称为额定电压，常用 U_N 表示，单位为 V。

4）额定电流

电动机在额定工作状态时定子绕组中的线电流称为额定电流，常用 I_N 表示，单位为 A。

5）额定转速

电动机定子加额定电压且转轴上输出额定功率时电动机的转速称为额定转速，用 n_N 表示，单位为 r/min。

6）额定频率

电动机使用的交流电源的频率称为额定频率，用 f 表示，单位为 Hz。我国规定工业用电频率是 50 Hz。

7）绝缘等级

电动机定子绕组所用的绝缘材料的等级称为绝缘等级。定子绕组采用的绝缘材料按耐热程度可划分为 7 个等级，如表 14.3.3 所示。

表 14.3.3　电动机的绝缘等级与最高允许温度

绝缘等级	Y	A	E	B	F	H	C
最高允许温度/℃	90	105	120	130	155	180	>180

除此之外，电动机的铭牌上还有电动机的效率 η 以及定子绕组的功率因数 $\cos\varphi$ 等参数。

效率 η 就是电动机转子上的输出功率与定子上的输入功率的比值。电动机在额定运行（满载）时的效率一般为 $75\%\sim93\%$。

因为电动机是电感性负载，定子相电流比相电压滞后一个 φ 角，$\cos\varphi$ 就是电动机的功率因数。三相异步电动机的功率因数在额定负载时为 $0.7\sim0.9$，而在轻载和空载时更低。

14.3.3　三相异步电动机的转矩和机械特性

1. 三相异步电动机的转矩

三相异步电动机中的电磁关系的分析方法和电动势关系式与变压器是相类似的，电动机的定子、转子绕组相当于变压器的原、副绕组，它们都是电和磁的能量转换和传递装置。不同的是，变压器是静止的电气设备，原、副边电压和电流及电动势频率都一样；而三相异步电动机是运动的电气设备，定子、转子电路的电压、电流和电动势的频率是不同的。由变压器的电路分析可得到三相异步电动机定子、转子电路的电动势有效值 E_1、E_2 为

$$E_1=4.44f_1N_1\Phi_m \tag{14.3.3}$$

$$E_2=4.44f_2N_2\Phi_m \tag{14.3.4}$$

式（14.3.3）和式（14.3.4）中：f_1 为电源频率，也是定子产生的旋转磁场的感应电动势频率；

Φ_m 为旋转磁场每极磁通,当定子绕组工作电压一定时,每极磁通基本不变;f_2 为转子感应电动势的频率,它与旋转磁场切割转子绕组的相对速度有关。

三相异步电动机转子感应电动势的频率 f_2 与电源频率 f_1 不相等,对于转子而言,旋转磁场是以 $n_0 - n$ 的速度相对于转子旋转的。如果旋转磁场的磁极对数为 p,转子感应电动势的频率为

$$f_2 = \frac{p(n_0 - n)}{60} = \frac{n_0 - n}{n_0} \cdot \frac{pn_0}{60} = sf_1 \qquad (14.3.5)$$

在电动机开始启动的瞬间,$n = 0$,$s = 1$,此时旋转磁场与转子间的相对转速最快,转子电动势的频率最高,$f_2 = f_1$;当转速 n 升高后,s 减小,f_2 也随之减小;当电动机在额定工作点时,其转速达到额定转速,此时 $s = 0.01 \sim 0.05$,则 $f_2 = 0.5 \sim 2.5$ Hz。

将式(14.3.5)代入式(14.3.4),得

$$E_2 = 4.44 f_2 N_2 \Phi_m = s \cdot 4.44 f_1 N_2 \Phi_m = sE_{20} \qquad (14.3.6)$$

式中,E_{20} 是电动机启动时转子的感应电动势,且有

$$E_{20} = 4.44 f_1 N_2 \Phi_m \qquad (14.3.7)$$

在转子电路中,应有

$$\dot{E}_2 = \dot{I}_2 r_2 + j\dot{I}_2 X_2 \qquad (14.3.8)$$

式中:r_2 为转子每相绕组的电阻;X_2 为转子每相绕组的感抗,且 $X_2 = 2\pi f_2 L_2 = 2\pi sf_1 L_2 = s \cdot 2\pi f_1 L_2 = sX_{20}$,其中 X_{20} 为转子绕组的最大感抗。

转子绕组的阻抗为

$$|Z_2| = \sqrt{r_2^2 + X_2^2} = \sqrt{r_2^2 + (sX_{20})^2} \qquad (14.3.9)$$

转子绕组的电流为

$$I_2 = \frac{E_2}{|Z_2|} = \frac{sE_{20}}{\sqrt{r_2^2 + (sX_{20})^2}} \qquad (14.3.10)$$

转子电路的功率因数为

$$\cos\varphi_2 = \frac{r_2}{\sqrt{r_2^2 + (sX_{20})^2}} \qquad (14.3.11)$$

三相异步电动机的电磁转矩是由转子电流 I_2 在旋转磁场中受到电磁力作用而产生的。根据安培定律,导体在磁场中所受到的电磁力 F 与磁通 Φ 和转子电流 I_2 成正比。然而三相异步电动机转子电路是感性电路,只有转子电流的有功分量才能与旋转磁场相互作用而产生电磁转矩。因此,三相异步电动机的电磁转矩可表示为

$$T = K_T \Phi I_2 \cos\varphi_2 \qquad (14.3.12)$$

式中,K_T 为一个和电动机定子、转子线圈匝数、几何尺寸和铁芯材料有关的常数,Φ 为旋转磁场每极磁通,I_2 为转子每相电流,$\cos\varphi_2$ 为转子电路的功率因数。

将式(14.3.10)和式(14.3.11)代入式(14.3.12)中,得到

$$T = K_T \Phi \frac{sE_{20}}{\sqrt{r_2^2 + (sX_{20})^2}} \cdot \frac{r_2}{\sqrt{r_2^2 + (sX_{20})^2}} = K_T \Phi \frac{sE_{20} r_2}{r_2^2 + (sX_{20})^2} \qquad (14.3.13)$$

由式(14.3.3)得

$$\Phi = \frac{E_1}{4.44 f_1 N_1}$$

在定子绕组中,定子自感电动势的有效值与电源电压近似相等,所以有

$$\Phi \approx \frac{U_1}{4.44 f_1 N_1} \tag{14.3.14}$$

将式(14.3.7)和式(14.3.14)代入式(14.3.13),有

$$T = K \frac{s r_2 U_1^2}{r_2^2 + (s X_{20})^2} \tag{14.3.15}$$

式中,K 是与电动机结构有关的常数。

由式(14.3.15)可见,三相异步电动机的电磁转矩与每相电压 U_1 的平方成正比,也就是说,当电源电压变动时,将对电磁转矩产生较大的影响。此外,电磁转矩也与转子电阻 r_2 有关。当电压和转子电阻一定时,电磁转矩还同转差率 s 有关。当电源频率 f_1 不变时,转差率 s 与转子转速 n 有关,三相异步电动机的转速 n(转差率 s)与电磁转矩 T 的关系就称为三相异步电动机的机械特性。

2. 三相异步电动机的机械特性

机械特性是电力拖动系统运行规律外在的直观体现,是分析各种运行状态的重要基础。根据式(14.3.15)可以得到三相异步电动机的机械特性曲线 $T = f(s)$,如图 14.3.11(a)所示。若将 $T = f(s)$ 曲线按顺时针方向旋转 $90°$,再将横过来的 T 轴下移,又得到 $n = f(T)$ 的关系曲线,如图 14.3.11(b)所示。

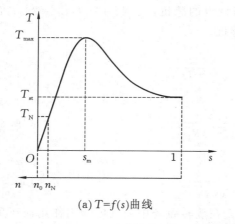
(a)$T = f(s)$曲线

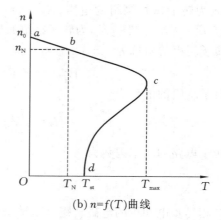
(b)$n = f(T)$曲线

图 14.3.11 三相异步电动机的机械特性曲线

1)启动转矩 T_{st}

电动机刚启动时,$n=0$,$s=1$,对应于图 14.3.11(b)中的 d 点,此时的转矩称为启动转矩,用 T_{st} 表示。当启动转矩 T_{st} 大于转轴上的阻力矩时,转子就旋转起来,并在电磁转矩的作用下逐渐加速,此时电磁转矩也逐渐增大(沿 dc 段上升)到最大转矩 T_{max} 处。随着转速的继续增大,曲线进入 cb 段,此时电磁转矩反而减小。最后,当电磁转矩等于阻力矩时,电动机就以某一转速作等速旋转。将 $s=1$ 代入式(14.3.15),可得启动转矩为

$$T_{st} = K \frac{r_2 U_1^2}{r_2^2 + X_{20}^2} \tag{14.3.16}$$

可见,T_{st} 与 r_2 及 U_1 有关。如果降低电源电压 U_1,启动转矩 T_{st} 会减小;而当转子电阻 r_2 适当增大时,启动转矩就会随之增大。为了保证电动机能够启动,启动转矩必须大于电动机静止时的负载转矩。将 T_{st} 和额定转矩 T_N 的比值记作 λ_{st},称其为启动系数,用它来衡量电动机的启动能力,即

$$\lambda_{st} = \frac{T_{st}}{T_N}$$

一般,三相异步电动机的启动系数为 1～2。

2) 额定转矩 T_N

额定转矩 T_N 表示电动机在额定工作状态时的转矩,对应于图 14.3.11(b)中的 b 点。电动机的额定转矩 T_N 可根据电动机铭牌上给出的额定输出功率 P_N 和额定转速 n_N 得到,即

$$T_N \approx 9550 \frac{P_N}{n_N} \qquad\qquad (14.3.17)$$

式中,T_N 的单位为 N・m,P_N 的单位为 kW。

三相异步电动机在额定转矩点附近工作时,可以根据负载的变化自动调整转速。例如,如果负载变重了(比如电梯的载客人数变多),则可以通过适当降低转速来增大转矩,对应于图 14.3.11(b)中的 b 点向 c 点的方向移动少许。在机械特性曲线中,若曲线的 bc 段比较平,则称这样的机械特性比较硬。这样,即使负载有变化,电动机也能照常运转,只不过速度略有改变而已。可见,三相异步电动机能自动适应负载的需要而自动地增减转速,具有自适应负载的能力。

3) 最大转矩 T_{max}

最大转矩 T_{max} 表示电动机可能产生的最大电磁转矩,又称临界转矩,对应于图 14.3.11(b)中的 c 点。对应于 T_{max} 的转差率 s_m 称为临界转差率。令 $\frac{dT}{ds} = 0$,则可以求出临界转差率,即

$$s_m = \frac{r_2}{X_{20}} \qquad\qquad (14.3.18)$$

将式(14.3.18)代入式(14.3.15)中,可得最大转矩 T_{max} 为

$$T_{max} = K \frac{U_1^2}{2X_{20}} \qquad\qquad (14.3.19)$$

当三相异步电动机的负载转矩超过最大转矩时,电动机将发生停转的现象,此时电动机的电流可以达到额定电流的 5～7 倍,若时间过长,电动机将被烧坏。电动机负载转矩超过 T_{max},称为过载。电动机为了避免过热,不允许长时间工作在过载的状态下。但是,由于某种原因或需要,在短时间内使电动机过载运行是允许的。将 T_{max} 和 T_N 的比值记作 λ_m,称其为过载系数,它代表电动机的短时过载能力。λ_m 的表达式为

$$\lambda_m = \frac{T_{max}}{T_N}$$

一般,三相异步电动机的过载系数为 1.8～2.2。

例题 14.3 已知三相异步电动机的额定功率 $P_N = 4.5$ kW,额定转速 $n_N = 970$ r/min,额定电压 $U_N = 380$ V,额定电流 $I_N = 9.7$ A,功率因数 $\cos\varphi = 0.87$,过载系数 $\lambda_m = 2$,试求:

(1) 额定状态下电动机的输入功率和效率;

(2) 电动机的转差率、额定转矩和最大转矩;

(3) 当电网电压降为额定电压的 0.9 时电动机的最大转矩。

解 (1)额定状态下电动机的输入功率为

$$P_1 = \sqrt{3} U_N I_N \cos\varphi = 1.732 \times 380 \times 9.7 \times 0.87 \text{ W} = 5.554 \text{ kW}$$

效率为

$$\eta = \frac{P_N}{P_1} = \frac{4.5}{5.554} \times 100\% = 81\%$$

（2）根据额定转速 $n_N = 970$ r/min，可以得出同步转速 $n_0 = 1000$ r/min，则转差率为

$$s = \frac{n_0 - n_N}{n_0} = \frac{1000 - 970}{1000} = 0.03$$

额定转矩为

$$T_N = 9550 \frac{P_N}{n_N} = 9550 \times \frac{4.5}{970} \text{ N} \cdot \text{m} = 44.3 \text{ N} \cdot \text{m}$$

最大转矩为

$$T_{max} = \lambda_m T_N = 2 \times 44.3 \text{ N} \cdot \text{m} = 88.6 \text{ N} \cdot \text{m}$$

（3）由于电动机的转矩与电压的平方成正比，所以当电网电压降为额定电压的 0.9 时最大转矩变为

$$T'_{max} = (0.9)^2 T_{max} = 0.81 \times 88.6 \text{ N} \cdot \text{m} = 71.8 \text{ N} \cdot \text{m}$$

习　题

14.1　变压器铁芯的作用是什么？为什么它要用表面涂有绝缘漆的硅钢片叠成？

14.2　某变压器处于空载状态，已知原绕组的额定电压为 220 V，原绕组电阻 $R = 20$ Ω，试问原绕组中的电流是否等于 11 A？

14.3　有一台额定电压为 220 V/110 V 的变压器，其原边匝数 $N_1 = 1000$ 匝，副边匝数 $N_2 = 500$ 匝。为了节省铜线，是否可以将原、副边匝数变为 500 匝和 250 匝？

14.4　变压器的额定电压为 220 V/110 V，如果操作人员不慎将低压绕组接到 220 V 电源上，试问激磁电流有何变化？后果如何？

14.5　有一单相照明变压器，其容量为 11 kV·A，额定电压为 3300 V/220 V。今欲在二次侧接上 40 W/220 V 的白炽灯，正常情况下此变压器可接多少盏白炽灯？此时原、副边电流各为多少？

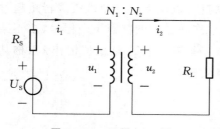

图 14.01　习题 14.6 图

14.6　已知电路如图 14.01 所示，其中信号源 $U_S = 120$ V，内阻 $R_S = 32$ Ω，扬声器 $R_L = 8$ Ω，试问：（1）为使输出功率最大，变压器的变比应为多少？（2）此时原、副边的电压、电流各为多少？

14.7　三相异步电动机的旋转磁场是怎样产生的？它的旋转方向和转速由什么决定？如何根据额定转速判断出电动机的磁极对数？

14.8　什么是三相异步电动机的转差率？试说明当 $s=1$、$s=0$ 和 $0<s<1$ 时电动机分别处在什么运行状态。

14.9　三相异步电动机的额定转速为 720 r/min，试问电动机的同步转速是多少？有几对磁极？

14.10　一台 50 Hz、8 极的三相异步电动机，其额定转差率 $s = 0.04$，试问其额定转速是多少？当该电动机运行在 700 r/min 时，转差率是多少？该电动机刚启动时，转差率是多少？

14.11　某三相异步电动机的磁极对数 $p = 3$，电源频率 $f = 50$ Hz，额定转差率 $s = 0.04$，

试求额定转速及转子电动势的频率。

14.12 一台异步电动机铭牌上显示 $P_N = 2.5$ kW，$U_N = 380$ V，$I_N = 5.4$ A，$n_N = 1490$ r/min，$f_1 = 50$ Hz，$\cos\varphi_N = 0.88$，试求：

(1)电动机的磁极对数 p；

(2)额定转矩 T_N 和额定效率 η。

14.13 一台电动机的额定功率为 9.9 kW，额定转速为 980 r/min，电源频率为 50 Hz，过载系数为 1.8，求此电动机的最大转矩。

第 15 章
电气控制技术

◀ **本章指南**

　　电气控制技术是采用各种电气、电子等器件对各种控制对象按生产和工艺要求进行有效控制的一门技术。本章首先介绍基本的电气控制器件,然后介绍了可编程控制器的基础知识及其在电机控制系统中的应用。

◀ 15.1 低压电器 ▶

低压电器通常指工作在 1200 V 以下的交、直流电压的电路中起通断、控制、保护和调节作用的电气设备。低压电器是电气控制技术中的最主要的控制执行机构。

15.1.1 机械开关

机械开关是指由人或机械等外力来控制的电器,主要包括空气开关、按钮、行程开关和微动开关等基本电器。

1. 空气开关

空气开关,又名空气断路器,如图 15.1.1 所示,它是大电流断路器的一种,除能完成连接和断开电路外,还能对电路或电气设备发生的短路、严重过载及欠电压等进行保护,同时也可以用于不频繁地启动电动机。

空气开关的规格及其意义如下:如规格为 DZ47-63-C40 的空气开关,DZ 表示该空气开关为 DZ 系列(家用系列),47 为序列号,63 为最大型号,C 为普通照明用,40 为型号,单位为 A,表示起跳电流为 40 安。安装 8500 W 的热水器要用 C40 的空气开关。

(a) 实物图　　　(b) 三路空气开关电路符号

图 15.1.1　空气开关

2. 按钮

按钮是一种简单的手动开关,可以用来接通或断开小电流控制电路,其外形及电路符号如图 15.1.2 所示。按钮一般只用于弱电控制,流过电流为 mA 级。

(a) 外形　　　　　(b) 电路符号

图 15.1.2　按钮

3. 行程开关

行程开关是位置开关(又称限位开关)的一种,是一种常用的小电流主令电器。它利用生产机械运动部件的碰撞使其触头动作来实现电路的接通或断开,从而达到一定的控制目的。行程开关的实物图及电路符号如图 15.1.3 所示。

通常,这类开关被用来限制机械运动的位置或行程,使运动机械按一定位置或行程自动停止、反向运动、变速运动或自动往返运动等。

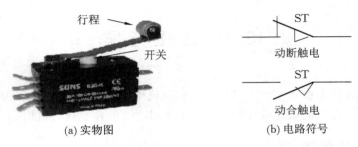

(a) 实物图　　　　　　　　　(b) 电路符号

图 15.1.3　行程开关

4. 微动开关

微动开关是具有微小接点间隔和快动机构（用规定的行程和规定的力进行开关动作的接点机构），用外壳覆盖，其外部有驱动杆的一种开关。因为微动开关的触点间距比较小（一般标准的触点间距为 0.5 mm），故名曰微动开关，又叫灵敏开关，其电气符号为 SM。

微动开关具有触点间距小、动作行程短、按动力小、通断迅速、触点流过电流小等特点，主要用于需频繁换接的电路的自动控制及安全保护等装置中。

15.1.2　继电器

继电器是一种自动、远动电器元件，其输入控制量可以是电压、电流等电信号，也可以是温度、光、速度等非电信号，输出为触点动作，实现自动切换电路的"开/关"。继电器按控制信号的不同可分为：

（1）电磁继电器：利用输入电路内电路在电磁铁铁芯与衔铁间产生的吸力作用而工作的一种电气继电器，可分为交流接触器和中间继电器等类型。

（2）固态继电器：用电子元件履行其功能且无机械运动构件的输入和输出隔离的一种继电器。

（3）温度继电器：当外界温度达到给定值时而动作的继电器。

（4）舌簧继电器：利用密封在管内的具有触电簧片和衔铁磁路双重作用的舌簧动作来开关或转换线路的继电器。

（5）时间继电器：当加上或除去输入信号时，输出部分需延时或限时到规定时间才闭合或断开其被控线路的继电器。

（6）高频继电器：用于切换高频、射频线路且具有最小损耗的继电器。

（7）极化继电器：由极化磁场与控制电流通过控制线圈所产生的磁场综合作用来动作的继电器，继电器的动作方向取决于控制线圈中流过的电流的方向。

（8）其他类型的继电器：如光继电器、声继电器、仪表式继电器、霍尔效应继电器、差动继电器等。

1. 交流接触器

交流接触器是继电接触器控制中的主要器件之一，其工作原理为环形线圈通入交流电后产生磁吸力，使触点接触或断开，常用来直接控制大电流电路的开关。

交流接触器如图 15.1.4 所示，其触点通常有三至四对，它的接触面大，并有灭弧装置，能通过较大的电流，通常接在主电路中，控制电动机等大功率负载。灭弧装置是交流接触器的重要部件,它的作用是熄灭触点在切断电流时产生的电弧。电弧实质上是一种电气导电现象,以电弧的出现表示负载电路未被切断。电弧会产生大量的热量,可能会把触点烧毛甚至烧毁。

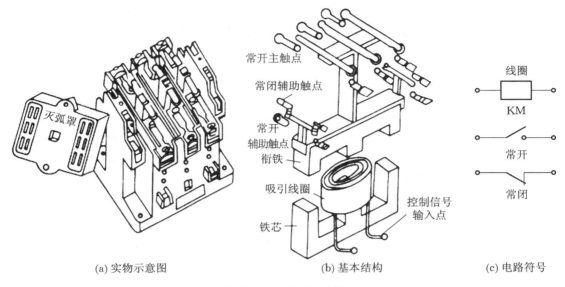

(a) 实物示意图　　　　　(b) 基本结构　　　　　(c) 电路符号

图 15.1.4　交流接触器

选择交流接触器时,需按负载要求选择触点组的额定电压、额定电流以及触点组数和类型。如 CJ10-40 交流接触器有三对接触点,额定电压为 380 V,额定电流为 40 A。

2. 中间继电器

中间继电器(intermediate relay)用于继电保护与自动控制系统中,在控制电路中用于传递中间信号,如图 15.1.5 所示。中间继电器的结构和原理与交流接触器的基本相同,不同之处在于:交流接触器的触点可以通过大电流,而中间继电器的触点只能通过小电流。所以,中间继电器只能用于控制电路中,它的触点数量比较多。在最新的国家标准中,中间继电器用字母 K 表示;在旧的国家标准中,中间继电器用字母 KA 表示。中间继电器多数采用直流电压控制,少数使用交流电压控制。

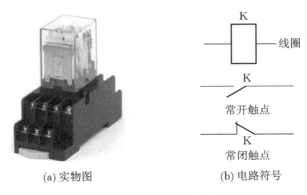

(a) 实物图　　　　　(b) 电路符号

图 15.1.5　中间继电器

3. 时间继电器

时间继电器(time relay),是指当加入(或去掉)输入的动作信号后,其输出电路需经过规定的准确时间才产生跳跃式变化(或触头动作)的一种继电器,如图 15.1.6 所示。时间继电器是一种使用较低电压或较小电流的控制信号来接通或切断较高电压或较大电流的电气元件;同时,时间继电器也是一种利用电磁原理或机械原理实现延时控制的控制电气元件。它的种类很多,有空气阻尼型、电动型和电子型等。

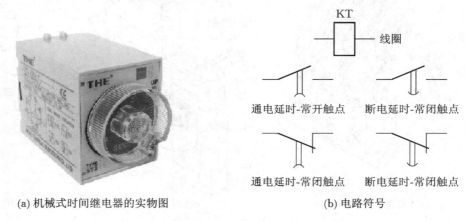

(a) 机械式时间继电器的实物图   (b) 电路符号

图 15.1.6 时间继电器

4. 热继电器

热继电器(见图 15.1.7)的工作原理是由流入热元件的电流产生热量,使有不同膨胀系数的双金属片发生形变,当形变达到一定程度时,就推动连杆动作,使控制电路断开,从而使接触器失电,主电路断开,实现电动机的过载保护。热继电器作为电动机的过载保护元件,以其体积小、结构简单、成本低等优点在生产中得到了广泛应用。

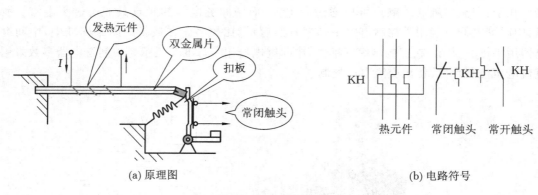

(a) 原理图   (b) 电路符号

图 15.1.7 热继电器

5. 固态继电器

固态继电器(solid state relay,简称 SSR),是由微电子电路、分立电子器件、电力电子功率器件组成的无触点开关。它用隔离器件实现了控制端与负载端的隔离。固态继电器的输入端采用微小的控制信号,达到直接驱动大电流负载的目的。固态继电器如图 15.1.8 所示,当其输入端接通直流电源时,光耦输出导通,功率控制器件(双向晶闸管)导通,负载与电源电路接通。

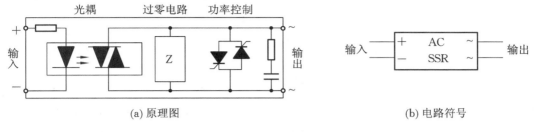

(a) 原理图　　　　　　　　　　(b) 电路符号

图 15.1.8　固态继电器

15.1.3　其他类型的低压电器

接近开关是一种无须与运动部件进行机械接触而可以直接操作的位置开关。当物体接近接近开关的感应面到动作距离时,不需要机械接触及施加任何压力即可使开关动作,从而驱动直流电器或给计算机(PLC)装置提供控制指令。接近开关是一种开关型传感器(即无触点开关),它既有行程开关、微动开关的特性,同时具有传感性能,且动作可靠,性能稳定,频率响应快,应用寿命长,抗干扰能力强等,还具有防水、防震、耐腐蚀等特点。接近开关的类型主要有电感式、电容式、霍尔式、交流型、直流型。

电感式接近开关如图 15.1.9 所示,当金属物体(或人)接近接近开关的感应头时,线圈电感增大,振荡器产生自激振荡,输出开(或关)信号。

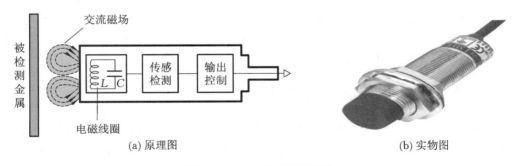

(a) 原理图　　　　　　　　　　(b) 实物图

图 15.1.9　电感式接近开关

15.1.4　电路保护电器

1. 熔断器

熔断器是根据电流超过规定值一段时间后,以其自身产生的热量使熔体熔化,从而使电路断开的一种电流保护器,如图 15.1.10 所示。熔断器广泛应用于高、低压配电系统和控制系统以及用电设备中,作为短路和过电流的保护器,是应用最普遍的保护器件之一。

2. 漏电保护开关

漏电保护开关不仅与其他断路器一样可将主电路接通或断开,而且具有对漏电流检测

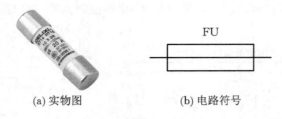

(a) 实物图　　　　　　　　　(b) 电路符号

图 15.1.10　熔断器

和判断的功能。当主回路中发生漏电或绝缘破坏时,漏电保护开关可根据判断结果将主电路接通或断开。它与熔断器、热继电器配合,可构成功能完善的低压开关元件。

漏电保护开关的动作原理是:在一个铁芯上有两个绕组,即主绕组和副绕组,主绕组也有两个绕组,分别为输入电流绕组和输出电流绕组,无漏电时,输入电流和输出电流相等,在铁芯上二磁通的矢量和为零,因此就不会在副绕组上感应出电动势,否则副绕组上就会产生感应电动势,经放大器推动执行机构,使开关跳闸。

◀ 15.2　可编程控制器 ▶

为了避免同个人计算机(personal computer,简称 PC)混淆,现在一般将可编程控制器简称为 PLC(programmable logic controller)。可编程控制器是一种数字运算的电子系统,专为在工业环境条件下应用而设计。它采用可编程序的存储器,用来在内部存储中执行逻辑运算、顺序控制、定时、计数和算术运算等操作的指令,并通过数字式、模拟式的输入输出,控制各种类型的机械或生产过程。可编程控制器及其有关设备都应按易于使工业控制系统形成一个整体、易于扩充其功能的原则设计。

15.2.1　可编程控制器的结构

可编程控制器主要由 CPU 模块、输入电路、输出电路、编程装置等构成,如图 15.2.1 所示,其作用是按照一定的逻辑结构由输入电路的信号控制输出负载的工作状态。可编程控制器的实物图如图 15.2.2 所示。

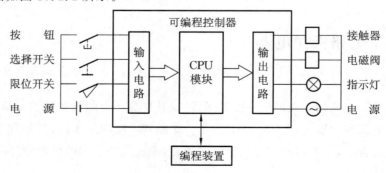

图 15.2.1　可编程控制器的结构

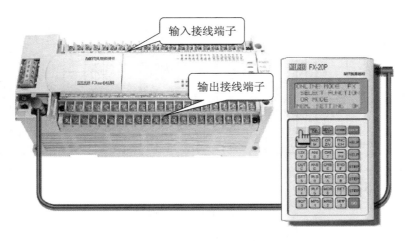

输入接线端子

输出接线端子

图 15.2.2 可编程控制器的实物图

1. CPU 模块

CPU 模块包括 CPU 和存储器,其中 CPU 是 PLC 的运算控制中心,它在系统程序的控制下,完成逻辑运算、数学运算,并协调系统内部各部分的工作,其具体作用是:

(1)接收、存储用户程序;

(2)按扫描工作方式接收来自输入单元的数据和信息,并存入相应的数据存储区;

(3)执行监控程序和用户程序,完成数据和信息的逻辑处理,产生相应的内部控制信号,完成用户指令规定的各种操作;

(4)响应外部设备的请求。

存储器用于存放系统程序、用户程序和运行中的数据,它包括只读存储器(ROM)和随机存取存储器(RAM)。

2. 输入电路

输入电路的作用是将外部输入的不同形式的信号转换成微处理器所能接收的数字信号。输入电路分为开关量输入电路和模拟量输入电路两种类型。

开关量输入电路一般有两种方式:直流输入方式和交流输入方式,如图 15.2.3 所示。图 15.2.3(a)所示为直流输入方式,虚线部分为内部输入电路,输入直流开关量通过 PLC 的输入接线端子 COM(直流公共地)、X1 接入 PLC 中;图 15.2.3(b)所示为交流输入方式,虚线部分为内部输入电路,输入交流开关量通过 PLC 的输入接线端子 COM1(交流公共地)、X10 接入 PLC 中。

模拟量输入接口把现场连续变化的模拟量标准信号转换成适合 PLC 内部处理的由若干位二进制数表示的标准模拟量信号,其输入信号范围为:电流信号为 $4 \sim 20$ mA,电压信号为 $1 \sim 10$ V。

3. 输出电路

输出电路将微处理器输出的开关信号转换为控制设备所需要的电压或电流信号。输出电路一般有继电器输出、晶体管输出和可控硅输出三种输出方式。

图 15.2.4 所示为继电器输出方式,图中虚线部分为输出电路,负载和电源接到 PLC 的输出接线端子 COM 和 Y0 上,PLC 可实现负载的开关控制。该输出方式的特点是可用于交

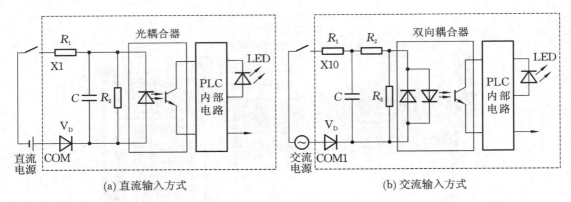

(a) 直流输入方式   (b) 交流输入方式

图 15.2.3　开关量输入电路

流及直流两种电源,接通和断开的频率低,带负载能力强。

图 15.2.5 所示为晶体管输出方式,图中虚线部分为输出电路,负载和直流电源接到 PLC 的输出接线端子 COM 和 Y0 上,PLC 可实现负载的开关控制。该输出方式的特点为输出接口有较高的接通断开频率,但只适用于直流驱动的场合。

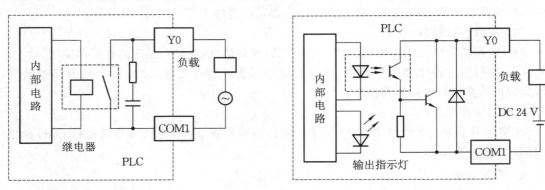

图 15.2.4　继电器输出方式   **图 15.2.5　晶体管输出方式**

图 15.2.6 所示为可控硅输出方式,图中虚线部分为输出电路,负载和直流电源接到 PLC 的输出接线端子 COM 和 Y0 上,PLC 可实现负载的开关控制。该输出方式的特点为输出接口仅用于交流驱动,适用于快速、频繁动作和大电流的场合。

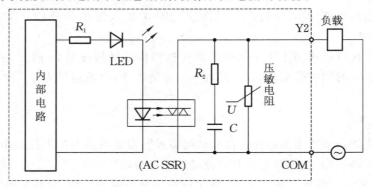

图 15.2.6　可控硅输出方式

4．编程装置

PLC 的逻辑控制是由程序来决定的,其程序的编程方式有多种形式。

(1) PLC 编程器:最普遍的一种编程方式,是可编程控制器系统的人机接口,用户可以利用编程器对可编程控制器进行程序的输入、编辑、修改和调试。

(2) 计算机编程:计算机编好程序后,通过专用通信接口将程序导入 PLC 中。

15.2.2　可编程控制器的工作方式

可编程控制器的工作方式如图 15.2.7 所示,每个工作周期(扫描周期)包含 3 个工作阶段。

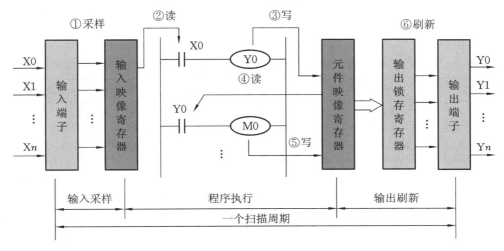

图 15.2.7　可编程控制器的工作方式

1．输入采样阶段

PLC 以扫描方式按顺序将所有输入端的输入信号状态(开或关,即 ON 或 OFF、"1"或"0")读入输入映像寄存器中寄存起来,这一过程称为对输入信号的采样,或称为输入刷新。在程序执行期间,即使输入状态变化,输入映像寄存器中的内容也不会改变。输入状态的变化只能在下一个工作周期的输入采样阶段才被重新读入。

2．程序执行阶段

在程序执行阶段,PLC 对程序按顺序进行扫描。如果程序用梯形图表示(下一节详细介绍),则总是按先左后右、先上后下的顺序进行扫描。每扫描到一条指令,所需要的输入元件状态或其他元件的状态分别由输入映像寄存器和元件映像寄存器读出,从而将执行结果写入元件映像寄存器中。元件映像寄存器中寄存的内容,随程序执行的进程而发生动态变化。

3．输出刷新阶段

程序执行完后,进入输出刷新阶段。此时,元件映像寄存器中所有输出继电器的状态转存到输出锁存寄存器中,再去驱动用户输出设备(负载),这就是 PLC 的实际输出。

4．扫描周期

PLC 重复执行上述三个过程,每重复一次的时间就是一个工作周期(或扫描周期)。工作周期的长短与程序的长短、指令的种类和 CPU 执行的速度有关,一般为 ms 级。一个扫描周期中,执行指令程序的时间占了绝大部分。

PLC 在每次扫描中,对输入信号采样一次,对输出信号刷新一次,这就保证了 PLC 在执行程序阶段,输入映像寄存器和输出锁存寄存器中的内容或数据保持不变。

◀ 15.3 可编程控制器的编程 ▶

手持式编程器使用助记符形式的编程指令。使用计算机编程的 PLC 程序语言有梯形图(LAD)、功能块图(FBD)、顺序功能流程图、结构化文本语言等。

本章主要介绍 FX 系列 PLC 的梯形图编程。FX 系列 PLC 为三菱公司推出的常用小型 PLC,其型号和特性如表 15.3.1 所示。

表 15.3.1　FX 系列 PLC 的型号和特性

类　型	型　号	输入点数	输出点数	电源电压
基本单元	FX0N(1N)-24M(R,T)	14	10	AC 100～240 V 或 DC 24 V
	FX0N(1N)-40M(R,T)	24	16	
	FX0N(1N)-60M(R,T)	36	24	
扩展单元	FX0N-40ER	24	16	AC 100～240 V
扩展模块	FX0N-8EX	8	—	不需要
	FX0N-8EYR	—	8	
	FX0N-8EYT	—	8	

15.3.1　梯形图的符号、概念

梯形图主要包含母线、输入条件和输出动作等基本符号,表 15.3.2 列举了几个基本符号的类型和功能。

表 15.3.2　触点、线圈的图形符号、类型及功能

图形符号	类　型	功　能
X0 ─┤├─	动合输入	程序扫描到此指令时,检查 X0 的值,若 X0 为 1,指令返回值为"真",否则为"假"
X0 ─┤╱├─	动断输入	程序扫描到此指令时,检查 X0 的值,若 X0 为 0,指令返回值为"真",否则为"假"
Y0 ─○─	非保持输出	阶梯条件为真时,Y0 置 1,否则清零
SET Y0	保持输出	一旦阶梯条件为真,Y0 置 1 并保持
RST Y0		一旦阶梯条件为真,Y0 置 0 并保持

续表

图 形 符 号	类　型	功　　能
PLS Y0	微分输出	阶梯条件由"假"变"真"时,Y0 置 1 并保持一个扫描周期
PLF Y0		阶梯条件由"真"变"假"时,Y0 置 1 并保持一个扫描周期

1. 母线

梯形图的两侧各有一垂直的公共母线(bus bar),有的 PLC 省略了右侧的垂直母线;母线之间是触点和线圈,用短路线连接。

2. 输入条件

PLC 内部的 I/O 继电器、辅助继电器、特殊功能继电器、定时器、计数器、移位寄存器的常开/闭触点,都可抽象为表 15.3.2 所示的输入符号,通常用字母数字串或 I/O 地址标注。

3. 输出动作

对输出接口、寄存器、计数器等的操作。

4. 编程规则

梯形图编程应遵循以下规则:

(1) 梯形图按从左到右(串联)、自上而下(并联)的顺序编制运行。

(2) 在每个梯形图上可有多个输入点,但只能有一个输出点。

(3) 在同一个程序中,同一输出点不能重复出现在输出指令中。

图 15.3.1 列举了一个 PLC 的控制逻辑对应的梯形图,其中:图 15.3.1(a)所示为 PLC 控制系统,输入有 SB1、SB2、SB3 三个开关动作,对应的接口地址分别为 X0、X1、X2,输出为交流接触器 KM1、KM2 的通断,对应的接口地址分别为 Y0、Y1;图 15.3.1(b)所示为控制逻辑,当 X0 断开、X1 闭合(或 Y0 接通)时 Y0 接通,当 Y0 接通、X2 闭合(或 Y1 接通)时 Y1 接通;图 15.3.1(c)所示为控制逻辑对应的梯形图。

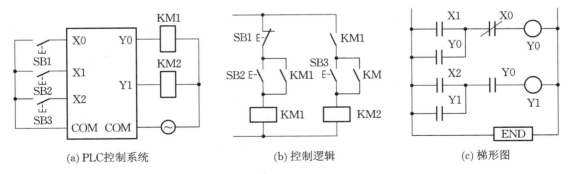

(a) PLC控制系统　　　　(b) 控制逻辑　　　　(c) 梯形图

图 15.3.1　PLC 的控制逻辑对应的梯形图

5. 定时器

定时器和计数器都可用来作为输出动作和输入条件,它们是根据时间或某事件发生的次数来进行控制的。在 PLC 中配置了大量的定时器和计数器,以适应各种控制的需要。

定时器在 PLC 中的作用相当于一个时间继电器,它有一个设定值寄存器和一个当前值寄存器,当所记录的时间达到设定值时,输出触点动作。PLC 内的定时器根据时钟脉冲累积计时,时钟脉冲有 1 ms、10 ms、100 ms 三挡。

三菱公司的 FX 系列 PLC 的所有定时器都是接通延时定时器的,它又分为通用定时器和积算定时器两种。

1)通用定时器 T0~T245(246 点)

T0~T199 的计时单位为 100 ms,定时范围为 0.1~3276.7 s;T200~T245 的计时单位为 10 ms,定时范围为 0.01~327.67 s。

当输入条件满足时,开始计时;当输入条件不满足时,当前值恢复为零,定时器复位。图 15.3.2 所示为通用定时器的工作方式。

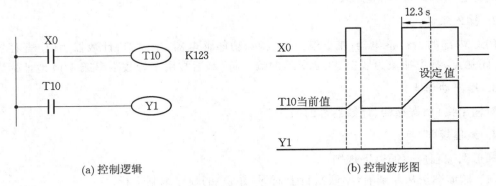

(a) 控制逻辑　　　　　　　　　　　(b) 控制波形图

图 15.3.2　通用定时器的工作方式

2)积算定时器 T246~T255

T246~T249 的计时单位为 1 ms,定时范围为 0.001~32.767 s;T250~T255 的计时单位为 100 ms,定时范围为 0.1~3276.7 s。

积算定时器具有计数累积的功能。在定时过程中如果断电或定时器线圈 OFF,积算定时器将保持当前的计数值(当前值),通电或定时器线圈 ON 后继续累积,即其当前值具有保持功能,只有将积算定时器复位,当前值才变为 0。图 15.3.3 所示为积算定时器的工作方式。

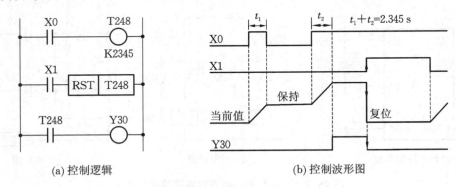

(a) 控制逻辑　　　　　　　　　　　(b) 控制波形图

图 15.3.3　积算定时器的工作方式

6. 计数器

计数器可分为普通计数器和高速计数器。

普通计数器又称为内部信号计数器,它是在执行扫描操作时对内部元件(X、Y、M、S、T、C)的信号进行计数的计时器,因此其接通和断开时间应比 PLC 的扫描周期要长。

普通计数器包括通用型:C0～C199,共 200 点,设定值 K 为 1～32 767。图 15.3.4 所示为普通计数器的工作方式。

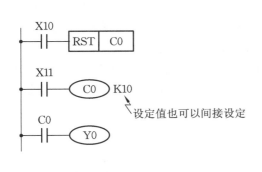 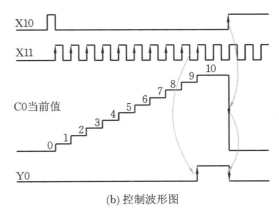

(a) 控制逻辑

(b) 控制波形图

图 15.3.4　普通计数器的工作方式

15.3.2　PLC 应用举例

1. 三相异步电机控制

三相异步电机的控制电路如图 15.3.5 所示。当交流接触器 KM1 接通时,电机正转。当交流接触器 KM2 接通时,电机反转。KM1 和 KM2 不能同时接通。

三相异步电机的控制电路采用 PLC 控制,输入节点有三个,分别控制电机的正转、反转和停止;输出节点有两个,一个使电机正转,一个使电机反转。三相异步电机的控制电路的连接方式如图 15.3.6 所示,对应的梯形图如图 15.3.7 所示。

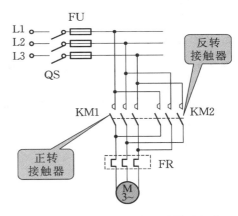

图 15.3.5　三相异步电机的控制电路

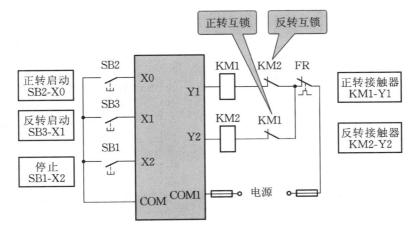

图 15.3.6　三相异步电机的控制电路的连接方式

2. 液体原料加热控制

如图 15.3.8 所示，H、I 和 L 是液位传感器，它们被液体淹没时为"1"状态，YV1、YV2、YV3 为电磁阀(线圈通电时打开，断电时关闭)。开始时容器是空的，各阀门均关闭，各传感器均为"0"状态；合上运行开关(RUN)后，YV1 打开，液体 A 流入容器，I 变为"1"状态时，关闭 YV1，打开 YV2，液体 B 流入容器；当液面到达 H 时，关闭 YV2，电加热(R)开始通电加热，液体被加热到 45 ℃时，温度开关(K)接通，停止加热，打开 YV3，放出液体；当液面降至 L 之后，容器放空，关闭 YV3，开始下一个周期的操作。断开运行开关(RUN)后，在当前工作周期的操作结束后(即容器放空之后)才停止操作。

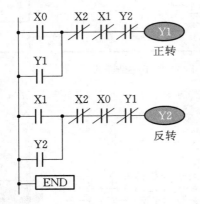

图 15.3.7　三相异步电机的控制电路的梯形图

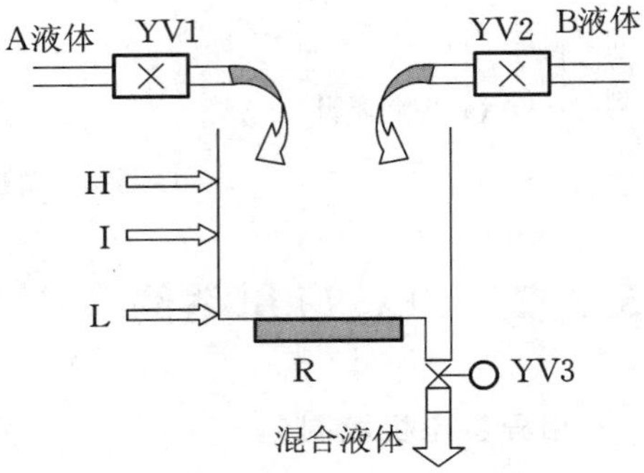

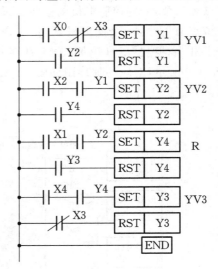

图 15.3.8　液体原料加热装置

液体原料加热装置采用 PLC 控制，输入节点有 5 个，即工作开关，H、I 和 L 液位传感器开关和温度开关；输出节点有 4 个，即 A、B 液体流入开关，液体流程开关和加热开关。液体原料加热装置的控制电路的连接方式如图 15.3.9 所示，对应的梯形图如图 15.3.10 所示。

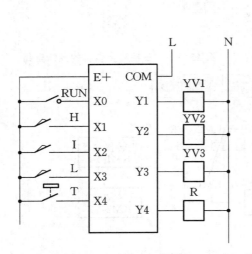

图 15.3.9　液体原料加热装置
的控制电路的连接方式

图 15.3.10　液体原料加热装置
的控制电路的梯形图

习　题

15.1　短路保护和过载保护有什么区别？

15.2　在什么条件下可用中间继电器代替交流接触器？

15.3　在电动机的主回路中既然装有熔断器，为什么还要装热继电器？它们有什么区别？

15.4　电动机启动时电流很大，为什么热继电器不会动作？

15.5　梯形图如图 15.01(a)所示，根据图 15.01(b)所示的输入 X0 的波形画出输出 Y0 的波形。

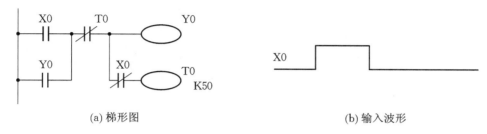

(a) 梯形图　　　　　　　　　　(b) 输入波形

图 15.01　习题 15.5 图

15.6　梯形图如图 15.02(a)所示，根据图 15.02(b)所示的输入 X0 的波形画出输出 Y0 的波形。

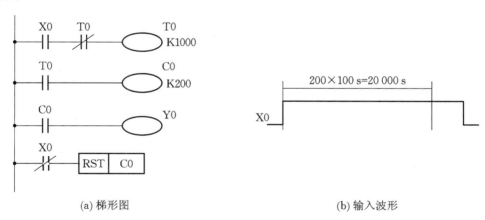

(a) 梯形图　　　　　　　　　　(b) 输入波形

图 15.02　习题 15.6 图

15.7　设计一个三相异步电动机正—反—停的主电路和控制电路，并使其具有短路、过载保护的功能。

15.8　图 15.03 所示为一电机的控制电路及其连接方式，启动按钮编号为 X1，停止按钮编号为 X2，试画出其对应的梯形图。

15.9　小车的控制方式如图 15.04 所示。现要求小车在 SQ1 和 SQ2 间左右往复运动，具有左行、右行和停止控制开关，小车到达 SQ1 或 SQ2 处要能自动停下，等待一段时间（完成装料或卸料动作）才能进行运动控制，试画出该控制方式所对应的 PLC 输入输出电路，并画出其梯形图。

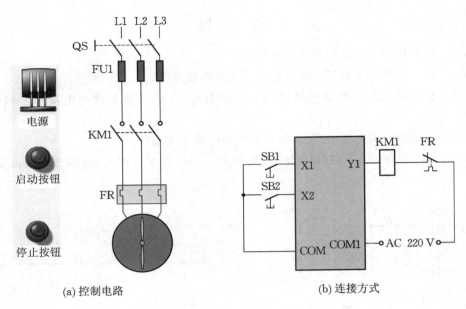

(a) 控制电路　　　　　　　(b) 连接方式

图 15.03　习题 15.8 图

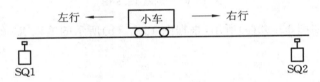

图 15.04　习题 15.9 图

附　录

◀ 附录 A　安全用电常识 ▶

在人们的工作、学习、生活中，电能的应用无处不在，但是若不能按说明书正确使用电器，违反电器操作规范或疏忽大意，则可能导致设备损坏，引起火灾，甚至造成人员伤亡等严重事故。所以，任何人都必须懂得一些安全用电的技术和常识。

1. 安全电流、人体电阻及安全电压

说到电，就离不开电路；说到电路，就得从电流、电压、功率这几个基本物理量入手进行分析。

1）安全电流

电流（不是电压）流经人体引起触电，电流通过身体的路径决定了哪些组织和器官将会受到影响。电流的大小取决于身体接触点的电位差和此时的人体电阻。人体对电流的反应如附表 A.1 所示。

附表 A.1　人体对电流的反应（具体与性别、年龄、体质等有关）

电　流　值	人体的反应
$100\sim200\ \mu A$	对人体无害，有医疗保健作用
1 mA 左右	有麻的感觉
10 mA 左右	有痛苦的感觉，但还没有丧失肌肉控制，可摆脱电源
30 mA 左右	剧烈疼痛，肌肉收缩，呼吸困难，有生命危险
100 mA 左右	很短时间便能使心跳停止
5 A 左右	组织烧伤

资料表明，直流电对血液有分解作用，频率为 40～60 Hz 的电流对人体伤害最大，但高频电流对人体有医疗保健作用。需要指出的是，在高频条件下，人体承受电流的能力会增强，医学上可以利用 20 kHz 的高频交流电（100 mA）做物理治疗。

因为人们经常接触的是 220 V 的工频交流电，一般设定人体允许的安全工频电流为 30 mA。

2）人体电阻

人体电阻包括人体内部组织电阻和皮肤电阻。人体内部组织电阻为 1 kΩ 左右，而皮肤电阻则差别很大：干燥且没有外伤的皮肤电阻可达几十到几百千欧，有破损、潮湿或流汗时皮肤电阻可降至 1 kΩ 左右。人体电阻不是一个固定值，它因时不同，因人而异。

人体触电时，皮肤与带电体接触面积越大，人体电阻越小；电流的频率增大（低频时），也会使人体电阻减小。随着接触电压的升高，人体电阻将急剧减小，因为角质层和表皮被击穿，人体电阻减小，直至人体内部组织电阻。数十伏的电压即可击穿角质层。如在皮肤潮湿状态下，接触电压为 50 V 时，人体电阻为 1700 Ω；当接触电压为 300 V 时，人体电阻降为 1000 Ω。

3）安全电压

为安全起见，我国规定，一般情况下安全电压为 36 V，如机床局部照明灯具、手持行灯、手持电动工具等；而在高度触电危险环境以及特别潮湿的场所，应采用 12 V 作为安全电压。

4）安全使用家用电器

在使用家用电器特别是大功率电器时，要关注额定功率和额定电流这两个指标。在家里，要根据总电表的额定电流来决定能同时使用多少个家用电器，如能否同时开空调、电热水器、电暖器、电热水壶、电饭煲等。在使用插座时，插在插座上的几个电器的总功率不能超过插座的额定功率。若所使用的电器的总功率超过电表或插座的额定功率，将会导致导线发热，持续通电会产生绝缘热击穿，造成短路跳闸，严重的话会引起火灾。

在计算通过线路的电流时，通常用公式 $P=UI$ 计算。但有些电器是感性负载，其功率因数 $\cos\varphi<1$，如洗衣机、电视机、电冰箱、空调、吸尘器等。若某电器的功率因数 $\cos\varphi=0.8$，输入功率 $P=1500$ W，采用的是 $U=220$ V 的交流电，则线路上通过的电流为

$$I=\frac{P}{U\cos\varphi}=\frac{1500}{220\times0.8}\ \text{A}=8.52\ \text{A}$$

2. 电力传输和分配

电力系统是发电系统、输电系统、变电所、配电系统、用电设备等的总称，如附图 A.1 所示。

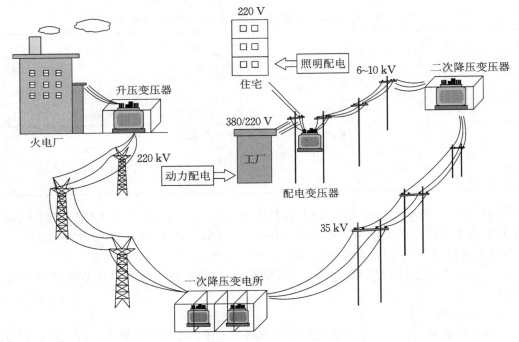

附图 A.1　电力系统示意图

发电是将水力、火力、核能、风力、太阳能和沼气等非电能转换成电能的过程，发电机组发出的电压一般为 6～10 kV。

输电网由输电线路与其相连接的变电所组成，输电过程中，一般将发电机组发出的 6～10 kV 电压经升压变压器转变为 35～1000 kV 的高压，通过输电线可远距离地将电能传送到各用户，再利用降压变压器将 35～1000 kV 的高压变为 6～10 kV 的高压。

配电由 10 kV 级以下的配电线路和配电（降压）变压器所组成，它的作用是将 10 kV 级

高压降为 380/220 V 低压,再分配到各个用户的用电设备中。

低压配电线路由配电室(配电箱)、低压线路、用电线路组成。低压配电线路的连接方式主要有放射式和树干式两种,如附图 A.2 所示。放射式配电线路相互独立,可靠性高,维护、检修方便,但是用线量大,开关设备多,费用高;树干式配电线路使用导线少,开关设备少,费用低,但是可靠性较差。某学校树干式低压配电线路的示意图如附图 A.3 所示。

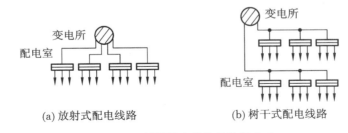

(a) 放射式配电线路　　　　　(b) 树干式配电线路

附图 A.2　低压配电线路的连接方式

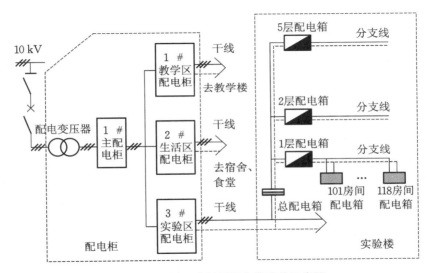

附图 A.3　树干式低压配电线路的示意图

3. 常见的触电方式

人体接触带电体或者在带电体的作用范围内,在电压的作用下,有电流通过人体而使人受到伤害的现象,称为触电。

1) 单相触电

当人站在地面上或其他接地体上,人体的某一部位触及一相带电体时,电流通过人体流入大地(或中性线),称为单相触电,如附图 A.4 所示。附图 A.4(a)所示是电源中线接地时的单相触电情况,人体承受的是相电压;附图 A.4(b)所示是中线不接地时的单相触电情况,因为相线与大地间分布电容的存在,交流电流形成了回路,从而使人体触电。一般情况下,接地电网里的单相触电比不接地电网里的单相触电的危险性大。

要想避免单相触电,操作时必须穿上胶鞋或站在干燥的木凳上。

对于附图 A.4(a)所示的电源中线接地时的情况,规定电气设备、信息系统等的接地电阻 $R_b \leqslant 4\ \Omega$。触电的相电压 $U_p = 220$ V,触电时接触电压较高,将击穿皮肤角质层,此时人体

电阻 $R_p = 1000\ \Omega$，则通过人体的电流为

$$I_p = \frac{U_p}{R_p + R_b} = \frac{220}{1000 + 4}\ A = 219.6\ mA \gg 30\ mA$$

2）双相触电

双相触电是指人体两处同时触及同一电源的两根火线，电流从一相导线流入另一相导线的触电方式，如附图 A.5 所示。两相触电时加在人体上的电压为线电压，因此不论电网的中性点接地与否，其危险性都最大。

要救人，应立即断开电源！

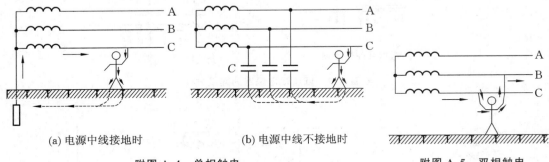

(a) 电源中线接地时　　　　　(b) 电源中线不接地时

附图 A.4　单相触电　　　　　　　　　　　　附图 A.5　双相触电

3）高压电弧触电

高压电弧触电是指人靠近高压线（或高压带电体、变压器等），小于规定的安全距离时，造成弧光放电而触电。电压越高，对人的危险性越大。

现有两个电极，相隔一定距离，其间是空气介质。若在电极上加电压并逐渐增大电压，当电压达到一定数值时，其间空气电离，带电粒子大量增加，则电流增大，且电压达到一定数值时，其间空气失去绝缘性，我们称其为空气击穿，并有弧光放电现象发生。致使空气击穿的电压值谓之击穿电压。从理论上讲，不论何种电压（直流、交流、正负 50% 冲击电压）作用，其击穿电压（峰值）都相同，且分散性很小。击穿电压的经验公式为

$$U_b = 24.22\delta d + 6.08\sqrt{\delta d}\ (kV)$$

式中，U_b 为击穿电压（kV），d 为电极间的距离（cm），δ 为相对空气密度。在标准大气条件下，均匀电场中空气的电气强度 E_b 约为 30 kV/cm（峰值）。一般情况下，采用公式 $E_b = U_b/d$ 计算空气介质击穿电压时，可近似用 30 kV/cm 来估计。

在实际中，不能以 $E_b = 30$ kV/cm 来规定高压的安全距离，因为致使人体触电的空气介质击穿电压与人体状况、高压电极形状、空气条件（湿度、温度、晴雨、地域等）、大地环境等因素有关。电力部门规定，临近高压带电体作业时，保护区安全距离应满足附表 A.2 的规定。

附表 A.2　工作人员工作时的正常活动范围与带电体的安全距离

电压等级/kV	作业人员的正常活动范围与带电体的距离/m	电压等级/kV	作业人员的正常活动范围与带电体的距离/m
10 及以下	0.7	220	3
20～35	1	330	4
60～110	1.5	500	5

注：对于非专业人员来讲，为确保万无一失，应以比标准高一倍的指标作为临近高压带电体的安全距离。

4）高压跨步触电

当高压带电体接地时，有电流向大地流散，在以接地点为圆心，以半径为 20 m 的圆内形成分布电位。人站在接地点周围，两脚之间（以 0.8 m 计算）的电位差称为跨步电压，如附图 A.6 所示，由此引起的触电事故称为高压跨步触电，或称为跨步电压触电。离接地点越近，两脚之间的距离越远，跨步电压就越大。一般在 20 m 之外，跨步电压就降为零。跨步电压的大小与人和接地点的距离、两脚之间的跨距、接地电流的大小、大地的电导率、导线的直径、导线与大地的接触电阻、人与大地的接触电阻等因素有关。

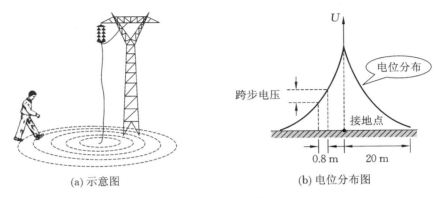

(a) 示意图   (b) 电位分布图

附图 A.6   高压跨步触电

跨步电压主要产生于电力系统的接地短路电流；雷雨天气中，有雷电流通过接地装置时，也会产生跨步电压。

若 110 kV 的高压线着地，高压线直径为 1 cm，大地的电导率为 10^{-3} S/m，此时人在高压线着地点 1～1.8 m 处跨步，可大致计算出跨步电压为 240 V，远大于安全电压 36 V。这个计算只是给出一个数值上的参考指标，说明跨步电压的危险性，而实际情况要复杂得多，也严重得多。例如 10 kV 支线中的一个水泥杆上的一相意外短路，使得水泥杆带电，短路电流通过水泥杆配筋流入大地，水泥杆旁的人员即跨步触电。救援人员到离水泥杆 3.2 m 处，也会被跨步电压击倒。

电力安规（线路部分）中有规定，巡线人员发现导线、电缆断落地面或悬吊空中，应设法防止行人靠近断线地点 8 m 以内的区域，以免跨步电压伤人，并迅速报告调度和上级，等候处理。

如果误入断线接地点附近，应双脚并拢或单脚跳出危险区，最好在 10 m 以外。

5）剩余电荷触电

电容器具有储存电荷的功能，因此当设备电源刚断开时，设备中的电容器都会保留一定量的电荷，该电荷称为剩余电荷。若此时不慎触及电容器两引脚，就会遭受剩余电荷电击，即为剩余电荷触电。若触及大电容器件，人体将通过极大短路电流，引起严重后果。

电气设备的相间绝缘和对地绝缘都存在电容效应，若有人触及刚停电的设备，就可能遭受剩余电荷电击。所以，凡具有电容效应的电气设备，就是断开电源，也须防止剩余电荷电击。

在日常生活中，如灭蚊灯、空气净化器的倍压电容，电动机上的启动电容等，都会有剩余电荷存在，刚断电时，不得自行拆开电器外壳或触碰这些电器内部电路，必须由专业人员处理。

4. 防止触电的安全措施

1）绝缘

瓷、玻璃、云母、橡胶、木材、胶木、塑料、布、纸和矿物油等都是常用的绝缘材料。常用的安全工具有绝缘手套、绝缘靴、绝缘棒等。

应当注意的是，很多绝缘材料受潮后会丧失绝缘性能或在强电场的作用下遭到破坏，丧失绝缘性能。

良好的绝缘性能是保证电气设备和线路正常运行的必要条件。如新装或大修后的低压设备和线路，其绝缘电阻应不低于 0.5 MΩ；又如，高压线路和设备的绝缘电阻一般不低于 1000 MΩ。

2）外壳保护和屏护

外壳保护就是将电气元件安装在金属盒或绝缘盒内，对人起到安全防护作用。

屏护就是将带电体间隔起来，以有效地防止人体触及或靠近带电体，特别是当带电体无明显标志时。常用的屏护方式有遮栏、栅栏、保护网等。

3）安全间距

安全间距是指人体与带电体之间必要的安全距离，如防止高压触电的安全距离。安全间距除可防止触及或过分接近带电体外，还能避免误操作和防止火灾。

4）安全电压

不带任何防护设备，对人体各部分组织均不造成伤害的电压，称为安全电压。国际电工委员会（IEC）规定，安全电压限定值为 50 V。我国规定 12 V、24 V、36 V 三个电压等级为安全电压级别。

5）安全标志

安全色标的意义如附表 A.3 所示，三相电路的导线色标如附表 A.4 所示。

附表 A.3 安全色标的意义

色　标	含　义	举　例
红色	停止、禁止、消防	如停止按钮、灭火器、仪表运行极限
黄色	注意、警告	如"当心触电""注意安全"
绿色	安全、通过、允许、工作	如"在此工作""已接地"
黑色	警告	多用于文字、图形、符号
蓝色	强制执行	如"必须戴安全帽"

附表 A.4 三相电路的导线色标

A　相	B　相	C　相	N　中　线	PE 接地线
黄	绿	红	淡蓝（或蓝）	黄绿双色

6）保护接地

按功能的不同，接地可分为工作接地和保护接地。工作接地是指电气设备（如变压器中性点）为保证其正常工作而进行的接地；保护接地是指为保证人身安全，防止人体因接触设备外露部分而触电的一种接地形式。

在中性点不接地系统中,设备外露部分(金属外壳或金属构架),必须与大地进行可靠的电气连接,即保护接地,如附图 A.7 所示。

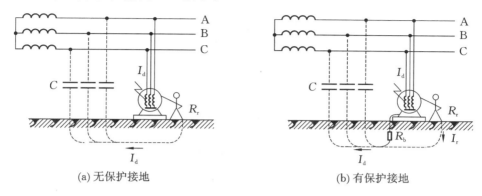

(a) 无保护接地   (b) 有保护接地

附图 A.7 三相交流电动机的保护接地

接地装置由接地体和接地线组成,埋入地下直接与大地接触的金属导体称为接地体,连接接地体和电气设备接地螺栓的金属导体称为接地线。接地体的对地电阻和接地线电阻的总和,称为接地装置的接地电阻($R_b \leqslant 4\ \Omega$)。

附图 A.7(a)所示是无保护接地的情况,每根火线与地之间存在分布电容。当人体碰到三相交流电动机的外壳(电动机某相绕组碰壳)时,碰壳的一相、人体、大地、分布电容形成回路,人就有触电的危险。

附图 A.7(b)所示是有保护接地的情况。当人体碰到三相交流电动机的外壳(电动机某相绕组碰壳)时,因人体电阻 R_r 比接地电阻 R_b 大得多,所以流过人体的电流 I_r 很小,人没有触电危险。

7) 保护接零

保护接零是指将设备的外壳与电源中性线直接连接,相当于设备外壳与大地进行电气连接。保护接零适用于 TN 型低压配电系统,即电源中性点接地的系统。

附图 A.8 所示是三相交流电动机的保护接零示意图。有了接零保护,当电动机某相碰壳时,电流会从保护接零线流向零线而形成短路电流,使熔断器熔断,从而切断电流,这样就避免了人体触电的危险。

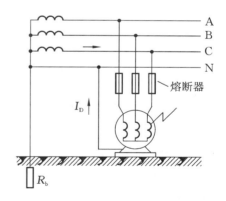

附图 A.8 三相交流电动机的保护接零示意图

举例 1 在电源中性线做了工作接地的系统中,为确保保护接零的可靠,还需相隔一定距离将中性线或接地线重新接地,称为重复接地,如附图 A.9 所示。从图中可以看出,即使中性线断线,但电动机外壳因重复接地,其对地电压大大下降,对人体的危害也大大减小。

为降低因绝缘破坏而遭到电击的危险,对于低压配电系统,电气设备常采用保护接地、保护接零、重复接地等不同的安全措施。另外,还采用其他保护措施作为补充,如采用漏电保护器、过电流保护器等。

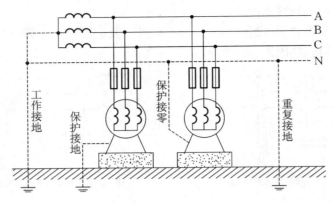

附图 A.9　重复接地

举例 2　TN-S 系统是我国目前应用最为广泛的一种系统,又称为三相五线制,其保护接线图如附图 A.10 所示。电源中性点工作接地,而用电设备外壳等可导电部分通过专门设置的保护线 PE 连接到电源中性点上。在这种系统中,中性线 N 和保护线 PE 是分开的。TN-S 系统的最大特征是 N 线与 PE 线在系统中性点分开后,不能再有任何电气连接。

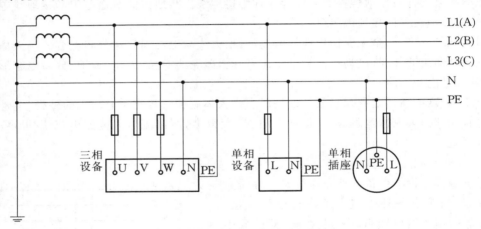

附图 A.10　TN-S 系统的保护接线图

5. 触电急救和电气消防

1) 触电急救

(1) 使触电者脱离电源。

脱离低压电源:拉开电闸,使用绝缘物挑开电线,拽触电者衣物,使之脱离电源,设法在触电者与地面间垫上绝缘物。

脱离高压电源:电话通知供电部门停电,用电压等级相应的绝缘用具切断电源,向高压线抛掷裸导线,使电源短路跳闸。

(2) 判断触电者情况。

有无意识:耳边喊或拍肩膀,若无反应,则可判断是神志不清。

有无呼吸:看胸、腹有无起伏,听有无呼吸的气流声,试口鼻有无呼气的气流,若都没有,则可判断没有自主呼吸。

有无心跳：摸颈动脉，若测不到颈动脉搏动，则可判断心跳停止。

有无外伤：检查触电部位及身体其他部分。

（3）救护措施。

医生到来之前，应立即就地进行抢救，因为心脏骤停开始抢救的 4 分钟内的成功率在 50％以上。

神志清醒者：保证呼吸道畅通、空气流通，平躺休息，严禁走动，严密观察。

触电严重者：心肺复苏法。若无心跳，做胸外按压；若无呼吸，做人工呼吸；若无心跳、呼吸，则同时做胸外按压和人工呼吸。

2）电气消防

（1）发现电子装置、电气设备、电缆等冒烟起火，要尽快切断电源。

（2）使用沙土、二氧化碳或四氯化碳等不导电灭火介质，忌用泡沫和水进行灭火。

（3）灭火时不可将身体或灭火工具触及导线和电气设备。

◀ 附录 B 静电及其防护技术 ▶

1. 产生静电的原因

静电并不是静止的电,而是宏观上暂时停留在某处的电。静电是一种电能,它存留于物体表面,是正、负电荷在局部范围内失去平衡的结果,是通过电子或离子的转换而形成的。

1）静电感应

静电感应是指在外电场的作用下导体中的电荷在导体中重新分布的现象。如果一个带电体靠近一个中性导体,那么静电场会使中性导体上处于平衡状态的电荷分离。在距离带电体最近的导体表面出现与带电体上电荷极性相反的电荷,而在距离带电体最远的导体表面出现与带电体上电荷极性相同的电荷。

如雷雨云底部分布着大量的电荷,它们产生静电场,在雷雨云所覆盖的地面和各类导体上便会感应出与雷雨云底部电荷极性相反的电荷。

人体也是导体,由于静电感应作用,当人体接近某些敏感的仪器设备时,会造成干扰甚至仪器设备损坏。

2）摩擦起电

摩擦起电是电子由一个物体转移到另一个物体的结果,它使两个物体带上了等量的电荷。得到电子的物体带负电,失去电子的物体带正电。实质上,摩擦起电是一种接触又分离的造成正、负电荷不平衡的过程。摩擦是一个不断接触与分离的过程。摩擦过的物体具有吸引轻小物体的现象表明摩擦过的物体正、负电荷不平衡。

规定用丝绸摩擦过的玻璃棒带的电荷为正电荷,用毛皮摩擦过的橡胶棒带的电荷为负电荷。

任何两个不同材质的物体接触后再分离,即可产生静电,而产生静电的常用方法就是摩擦生电。材料的绝缘性越好,则越容易产生静电。

因为空气是由原子组合而成的,所以可以这么说,在人们生活中,任何时间、任何地点都有可能产生静电。要完全消除静电几乎不可能,但可以采取一些措施控制静电,使其不产生危害。

如在冬天干燥的空气里,只要人一走动,空气与衣服之间的摩擦就使人体产生静电。因此,当手触及门上的金属把手等导体时,人就会放电,感觉就像被麻了一下。

工业生产中的某些粉尘,由于摩擦带电及感应带电作用的反复进行,可能产生大量的电荷积累,出现火花放电,或导致爆炸事故,因此需事先采取必要的防静电措施。

在沙漠地区运转的直升机,在起降时,沙子微粒会和直升机螺旋桨的金属材质高速摩擦,产生静电火花,在夜晚看起来特别神奇。

2. 人体与静电

一个物体上所积累的电荷储存在该物体的电容中。通常认为只有在两个平板之间才会有电容,实际上所有的物体都有自己的自由空间电容,无非是第二个平板（指地球）无限大而已。这个电容就是物体可有的最小电容。对于不规则形状的物体,它的自由空间电容主要取决于其表面积的函数。

人体在自由空间中的电容约为 50 pF。除此以外，人体电容还包括脚底与地面之间的电容（约为 100 pF）。如果人体接近墙壁等物体，还会增加 50～100 pF 的电容。所以，人体电容等于人体自由空间电容与平板电容之和，大小在 50～250 pF 之间变化。人体在不同条件下活动所产生的静电电位如附表 B.1 所示。

附表 B.1 人体在不同条件下活动所产生的静电电位

环境湿度 人体活动	RH 10%～20%	RH 65%～90%
在地毯上走动	35 kV	15 kV
在乙烯树脂地板上行走	12 kV	0.25 kV
在工作台上操作	6 kV	0.1 kV
从工作台上拿普通塑料袋	20 kV	1.2 kV
从垫有聚氨基甲酸泡沫的工作椅上站起	18 kV	1.5 kV

电击感觉是由于人体静电瞬间释放而造成的。虽然人体感觉不到 1 kV 以下的静电，但人体静电可使集成电路被击穿而破坏。因为大部分电子器件，特别是 MOS 管器件的静电破坏电压为几百至几千伏，而在干燥的环境中人活动所产生的静电可达几千伏到几万伏。因而，电子系统的静电抗扰度便成了一项重要的电磁兼容性（EMC）指标。静电放电时的人体感觉如附表 B.2 所示。

附表 B.2 静电放电时的人体感觉

人体带电量/kV	电击程度
1	完全没有感觉
3	感到刺痛
5	手掌甚至手腕感到发麻
7	手掌感到强烈疼痛、麻痹
10	整个手都觉得痛，并且感到触电
12	感觉整个手受到强烈冲击

3. 静电放电的特点

静电放电是指带电体周围的场强超过周围介质的绝缘击穿场强时，因介质产生电离而使带电体上的静电荷部分或全部消失的现象。放电主要有七种类型，即电晕放电、火花放电、刷形放电、传播型刷形放电、大型料仓内的粉堆放电、雷状放电、电场辐射放电。

在静电起电—静电放电的过程中，其参数是不可控的，这是一种难以重复的随机过程。

1）静电放电是高电位、强电场、瞬时大电流的过程

与常规电能量相比，静电能量虽然比较小，但其瞬间的功率十分大。有的放电电流较小，如电晕放电，其放电电流约为 10^{-6} A，但是在大多数情况下，静电放电过程往往会产生瞬时脉冲大电流。尤其是带电导体或手持金属物体（如钥匙或螺丝刀等）的带电体对接地体产生火花放电时，产生的瞬时脉冲电流可达到几十安培甚至上百安培。

2）静电放电会产生强烈的电磁辐射，形成电磁脉冲

在静电放电过程中会产生上升速度极快、持续时间极短的初始大电流脉冲，并产生强烈的电磁辐射，形成静电放电电磁脉冲。它的电磁能量往往会引起电子系统中敏感部件的损坏、翻转，对微电子设备造成电磁干扰和浪涌效应。

4. 静电的危害

静电的基本物理特性是吸引或排斥，与大地有电位差，会产生放电电流。利用静电的特性，静电在日常生活和工业生产中有很多有益的应用，如静电吸附（静电贴等）、静电除尘、静电复印、静电分拣、静电喷雾、静电喷涂。但是，由于静电的特性，静电在日常生活和工业生产中也会造成很多危害。

1）静电引力造成的危害

电脑屏幕所产生的静电吸引了大量悬浮的灰尘，使人的面部受到刺激而引起的脸部红斑、色素沉着等面部疾病的发病率增大。

静电使集成电路和半导体元件吸附灰尘，导致其绝缘电阻减小，寿命降低。

在造纸印刷工业中，纸页之间的静电会使纸页黏合在一起，难以分开，导致收卷不齐、套印不准、吸污严重。

2）静电放电造成的危害

高压静电放电会造成电击，严重的会对人体心脏、神经等造成危害，导致人受惊跳起、做出激烈反应、不舒适、精神紧张等。

人体就是个静电源，若直接接触场效应器件（CMOS 电路），则易放电使器件被击穿而造成其损坏。爆炸和火灾是静电的最大危害。

静电的能量虽然不大，但因其电压很高且易放电，故容易出现静电火花。在易燃易爆的场所，如化工和石油工业，或粉尘、油雾的生产场所，可能会因为静电火花而引起火灾或爆炸。

5. 静电的防护措施

1）静电危害产生的条件

静电虽然随时随地都会产生，但却不一定构成危害，因为静电危害的形成必须具备一定的条件。最大的静电危害，即引发火灾、爆炸事故，应具备以下条件，缺一不可。

（1）有静电产生和积聚的条件。

感应和摩擦都能够产生静电。比如，物资在装卸、输送过程中容易因摩擦而产生静电，油品在收、发、输送过程中会产生静电，粉体、灰尘飞扬可产生静电，固体物质的粉碎、研磨过程中会产生静电，高电阻率的液体在管道中高速流动时会产生静电，人员在作业过程中的操作、行走会产生静电。

对于任何材料，静电的积聚和泄漏是同时进行的，只有静电起电率大于静电泄漏率，并且有一定量的积累，才能使带电体形成高电位，从而产生火花放电，造成危害。静电积聚的大小与带电体的性质、起电率，环境温、湿度等密切相关。绝缘体比导体更易积聚静电。静电起电率越大，物体就越容易积聚静电。比如，固体物料的高速剥离，油料的快速流动，物资在装卸、搬运过程中与机械摩擦过大等，均有较高的起电率，易积聚静电而造成危害。环境

温、湿度越低,物体越容易积聚静电,特别是湿度的影响更为显著。

(2)存在引发火灾、爆炸事故的危险物质。

静电引发火灾、爆炸事故的必要条件就是要有对静电敏感的物质,且静电放电的能量与火花足以将其引燃或引爆。对静电敏感、易发生静电火灾与爆炸事故的物质称为危险物质,如炸药、油料、化工危险品等都是危险物质。危险物质的危险程度是用最小静电点火能来衡量的。最小静电点火能即为点燃或引爆某种危险物质所需要的最小静电能量。

(3)静电放电的火花能量大于最小静电点火能。

只有当产生的静电积聚起来,在一次放电中所释放的能量大于或等于危险物质的最小静电点火能,才会引发火灾、爆炸事故。

对于固体物资,在导体与导体、绝缘体与导体之间,当其静电的场强达到空气击穿场强时,就会发生火花放电,使物体上积聚的静电能量以电火花的形式释放,如这时存在爆炸性混合物或易燃易爆的危险物质,则带电体的全部或部分静电能量就会通过电火花耦合给危险物质,若电火花的能量大于或等于危险物质的最小静电点火能,就可能引燃或引爆危险物质而造成火灾、爆炸事故。

对于液体物资,如油料的装卸过程中,油料会因流动、喷射、冲击等带电,若产生的电荷积聚起来形成一定的电场强度和电位,且其场强超过气体所能承受的场强,气体就会被击穿而放电,在瞬间使静电能量集中释放,电火花能量就会引燃、引爆轻油混合气体。

2)防止静电危害的七项措施

综上可知,只要根据静电起电、放电基本原理和材料静电性能等有关知识,控制静电危害产生的三个条件之一,使其不能满足形成静电危害的要求,就能够防止静电危害的发生。为了安全可靠,在实际的静电防护工程中,一般需要使其中的两个条件不能满足。另外,静电危害的作用机理和特点、静电源与静电敏感物质之间的能量耦合途径与模式,也是确立静电安全防护原则和静电防护措施的重要依据。

(1)场所危险情况控制。

即采取减轻或消除场所周围环境火灾、爆炸危险性的预防措施,如用不燃介质代替易燃介质,采用惰性气体保护,负压操作,使危险静电源远离静电敏感物质等。

(2)工艺控制措施。

当工艺条件允许时,采用较大颗粒的粉体代替较小颗粒的粉体;输送物料应控制流速,降低摩擦速度,以减少静电的产生,操作人员不得擅自提高流速;当输送易燃易爆液体时,不能在停泵后立即进行检测等操作,应等待一段时间,待静电消散后,方可进行下一步操作。

(3)接地泄漏。

设备接地是消除静电最重要的措施。接地可以将带电物体上产生的静电,通过接地装置导入大地,消除了静电荷的大量积聚,避免了静电火花的产生。因此,对于能够产生静电的物体,如管道、容器、贮罐、设备等,都要有良好的接地。

(4)增加空气湿度。

增大空气中水蒸气的浓度,可在物体表面形成一层导电的液膜,从而提高静电从物体表面消散的能力。常用方法有通风加湿、地面洒水、喷雾水蒸气等,空气相对湿度以70%为宜。

(5)产生离子中和。

使用离子发生器向空气中释放与物体携带电荷极性相反的电荷,可以与物体携带的电荷相互抵消。空气中的离子被吸附到物体上,与物体上的电荷中和。空气中产生的离子愈多,电荷的中和速度就愈快。

(6)降低电阻率。

抗静电剂具有较好的导电性和较强的吸湿性。因此,在易产生静电的高绝缘材料中加入抗静电剂,使材料的电阻率下降,加快静电泄漏,消除静电危害。抗静电剂的种类很多,如无机盐类氯化钾等。

(7)人体防静电措施。

采用金属网或金属板等导电材料遮蔽带电体,以防带电体向人体放电。工作人员在接触静电带电体时,宜带金属线和导电性纤维混纺的手套,穿防静电工作服、防静电工作鞋(电阻为 $10^5 \sim 10^8$ Ω),使泄漏电流限制在人身安全电流 5 mA 以下。在易燃场所入口处安装硬铝或铜等导电金属的接地走道,同时入口扶手也要采用金属结构并接地,这样可消除静电。采用电导性地面,不但能导走设备上的静电,而且有利于除掉人体上的静电。

◀ 附录 C 雷电及其防护技术 ▶

　　雷电是指云层与云层之间以及云层与大地之间迅猛的脉冲放电,它会产生强烈的闪光,并伴随巨大的响声。雷电是一种既可怖又壮观的大气物理现象。

　　在雷电发生的一瞬间,除了产生极强的电流和高温外,还会产生大量的臭氧。大气中的臭氧层是地球上一切生物的保护伞,能使地球表面的生物免遭紫外线的危害。雷电也是一种巨大的声波,可使空气中的细菌和微生物丧生。所以,雷雨后的空气特别洁净而清新。雷电又是一种高效的天然肥料,雷电发生时,空气中的氮和氧会经电离和化合而形成易被植物吸收的氮肥。

　　雷电因其强大的电流、炙热的高温、猛烈的冲击波以及强烈的电磁辐射等物理效应而能够在瞬间产生巨大的破坏作用,常常导致人员伤亡,击毁建筑物、供配电系统、通信设备,引起森林火灾,造成计算机信息系统中断,导致仓库、炼油厂、油田等燃烧甚至爆炸,危害人们的财产和人身安全。了解雷电的形成原理以及它所引起的灾害特点,并采取相应的措施,就可以避免或减轻雷电给人类造成的危害。

1. 雷电的形成

　　雷电的形成过程可以分为气流上升、电荷分离和放电三个阶段。在雷雨季节,地面上的水分受热变成水蒸气上升,与冷空气相遇之后凝结成水滴,形成积云。云中水滴受强气流摩擦而产生电荷,小水滴容易被气流带走,形成带负电的云,较大水滴则形成带正电的云。重力分离作用将带正、负两种电荷的云逐渐分离,最后带正电的云粒子在云的上部,而带负电的云粒子在云的下部,这样就形成雷云空间电场,该电场的方向和地面与电离层之间的电场方向是一致的,都是上正下负。

　　当雷云形成后,在两种带不同电荷的雷云中间的电场达到一定强度后便会被击穿,形成云间放电(云闪和云间闪)。当带负电荷的云层向下靠近地面时,地面的凸出物、金属等会被感应出正电荷,随着电场的逐步增强,雷云向下形成下行先导,地面的物体形成向上闪流,二者相遇即形成云对地放电(云地闪)。雷电的放电类型如附图 C.1 所示。

附图 C.1 雷电的放电类型

　　云地闪的雷云大多带负电荷。随着负雷云中负电荷的积累,其电场强度逐渐增大,当达到 25～30 kV/cm 时,附近的空气绝缘被破坏,于是便产生雷云放电。雷云对地的放电是以下行先导放电形式进行的。当这个下行先导逐渐接近地面,距离地面 100～300 m 时,地面受感应而聚集极性相反的电荷,尤其是突出物体在强电场作用下产生尖端放电,形成上行先导,并快速向雷云的下行先导方向发展,两者会合即形成雷电通道,并随之开始主放电,接着是多次余晖放电,如附图 C.2 所示。在闪电的同时,放电路径上空气的温度瞬间可以升高到几万摄氏度,空气因急剧增热而膨胀,就会引起空气的剧烈振动、冲击、爆炸,产生强烈的雷鸣(打雷)。由于光速比声速快,故先见闪电,后闻雷声。

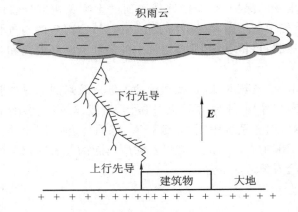

附图 C.2　对地放电示意图

2. 雷电的三种形式及危害

雷电发生时,常伴有阵风和暴雨,有时还伴有冰雹和龙卷风。雷电具有大电流、高电压、强电磁辐射等特征。

1）直击雷

直击雷是带电的云层与大地上某一点之间发生的迅猛的放电现象。雷电直接击在建筑物、人体、动物等上面,所产生的高电压、大电流、热效应和机械效应使建筑物燃烧、爆炸、倒塌,人体被击倒、烧伤,甚至威胁生命。直击雷示意图如附图 C.3 所示。

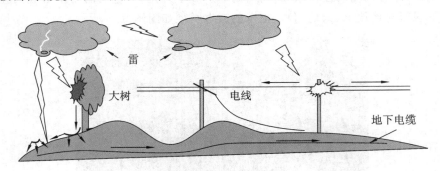

附图 C.3　直击雷示意图

2）感应雷

感应雷是指带电云层由于静电感应作用,使地面某一范围带上异种电荷,当直击雷发生以后,强大的脉冲电流使周围的导线或金属物产生电磁感应,从而产生高电压,以致发生闪击的现象。

当空间有带电的雷云时,雷云下的地面及建筑物等,都由于静电感应的作用而带上极性相反的电荷,这种电荷受带电雷云所产生的电场束缚。当雷云对地放电或对云间放电时,云层中的电荷在一瞬间消失了,那么感应出的这些被束缚的电荷也就在一瞬间失去了束缚,在电势能的作用下,这些电荷将会产生大电流冲击,从而造成二次雷电危害。如果建筑物和金属管线无防护,空间电磁脉冲将在连接的金属管线上感应产生雷电流,雷电流进入建筑内部,使建筑内的某些部位的电位升高,达到有害数值,干扰甚至损坏电气设备,特别是信息设备。感应雷示意图如附图 C.4 所示。

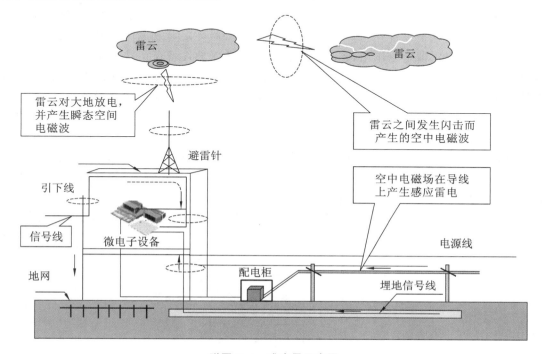

附图 C.4　感应雷示意图

3)球形雷

在雷电频繁的雷雨天,偶然会发现紫色、殷红色、灰红色、蓝色的"火球"。这些"火球"有时从天空降落,然后又在空中或沿地面水平方向移动,有时平移,有时滚动。这些"火球"一般直径为十到几十厘米,也有直径超过一米的。"火球"存在的时间从几秒到几分钟,一般以几秒到十几秒居多。这种"火球"能通过烟囱、开着的窗户、门和其他缝隙进入室内,或者无声地消失,或者发出咝咝的声音,或者发生剧烈的爆炸。人们常把这种"火球"叫作"球形雷"。

3. 防雷技术

防雷的基本途径就是要提供一条雷电流(包括雷电电磁脉冲辐射)对地泄放的合理阻抗路径,而不能让其随机地选择放电通道,简而言之,就是要控制雷电能量的泄放与转换。防雷保护要设置三道防线:外部保护,将绝大部分雷电流直接引入地下泄散;内部保护,防止沿电源线或数据线、信号线引入的侵入波危害设备;过电压保护,限制被保护设备上的雷电过电压幅值。这三道防线相互配合,各尽其职,缺一不可。附图 C.4 中也展示了几种防雷技术。

防直击雷电的避雷装置一般由三部分组成,即接闪器、引下线和接地体,接闪器又分为避雷针、避雷线、避雷带、避雷网。当雷云放电接近地面时,它使地面电场发生畸变,在避雷针(线)顶部形成局部电场强度畸变,以影响雷电先导放电的发展方向,引导雷电向避雷针(线)放电,再通过接地引下线,接地装置将雷电流引入大地,从而使被保护物免受雷击。避雷针的高度应按滚球法进行计算。建筑物的所有外露金属构件(管道),都应与防雷网(带、线)等电位连接。外部防雷系统由接闪器(避雷针)、引下线、接地地网等有机组成,缺一不可。

防感应雷电的避雷装置主要是避雷器。避雷器是连接在导线和地之间的一种防止雷击的设备,通常与被保护设备并联。对于输电系统,避雷器可以有效地保护电力设备;一旦出现不正常电压,避雷器产生作用,起到保护作用。当被保护设备在正常工作电压下运行时,避雷器不会产生作用,对地面来说视为断路;一旦出现高电压,且危及被保护设备绝缘时,避雷器立即动作,将高电压冲击电流导入大地,从而限制电压幅值,保护电气设备绝缘;当过电压消失后,避雷器迅速恢复原状,使系统能够正常供电。避雷器的主要作用是通过并联放电间隙或非线性电阻的作用,对入侵流动波进行削幅,降低被保护设备所受过电压值,从而达到保护电力设备的作用。对于低压配电系统,避雷器也叫浪涌保护器,它是一种为各种电子设备、仪器仪表、通信线路提供安全防护的电子装置。当电气回路或者通信线路中因为外界的干扰而突然产生尖峰电流或者电压时,浪涌保护器能在极短的时间内导通分流,从而避免浪涌对回路中其他设备的损害。带外串联间隙金属氧化物避雷器的基本结构如附图C.5所示。

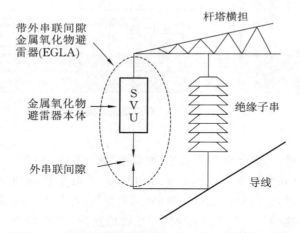

附图 C.5　带外串联间隙金属氧化物避雷器的基本结构

4. 雷电危害人体的形式

1) 直接雷击

在雷电现象发生时,闪电直接袭击到人体,由于人是一个很好的导体,因此会产生高达几万到十几万安培的雷电电流,由人的头部流过身体到两脚,最终流入大地,人因此而遭到雷击,受到雷电的击伤,严重的甚至死亡。

2) 接触电压

当雷电电流通过高大的物体,如高的建筑物、树木、金属构筑物等泄放下来时,强大的雷

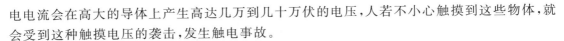

电电流会在高大的导体上产生高达几万到几十万伏的电压,人若不小心触摸到这些物体,就会受到这种触摸电压的袭击,发生触电事故。

3)旁侧闪击

当雷电击中一个物体时,强大的雷电电流通过物体泄放到大地。一般情况下,电流是最容易通过电阻小的通道穿流的。人体的电阻很小,如果人就在被雷击中的物体附近,雷电电流就会在人头顶高度附近将空气击穿,再经过人体泄放下来,使人遭受袭击。

4)跨步电压

当雷电从云中泄放到大地时,就会产生一个电位场。电位的分布是越靠近雷击点的地方电位越高,越远离雷击点的地方电位就越低。如果在雷击时人的两脚站的地点的电位不同,这一电位差在人的两脚间就会产生电压,就有电流通过人的下肢。两腿之间的距离越大,跨步电压就越大。

5. 预防雷电的措施

一般来说,容易受到雷击的物体和地点有:空旷地区的孤立物体;高于 20 m 的建筑物,如水塔、宝塔、尖形屋顶、烟囱、旗杆、天线、输电线路杆塔等;在山顶行走的人畜;金属结构的屋面、砖木结构的建筑物或构筑物;特别潮湿的建筑物、露天放置的金属物;排放导电尘埃的厂房、排废气的管道和地下水出口;烟囱冒出的热气(含有大量导电质点、游离态分子);金属矿床、河岸、山谷风口处、山坡与稻田接壤的地段;土壤电阻率小或电阻率变化大的地区。

当雷雨来临时,树木由于比较高大,故容易受雷电袭击。在雷雨天应远离旗杆、电线、配电柜、各类架空管线、路灯、烟囱等,并尽可能下蹲,双脚并拢。

家中卫生间的水管多为金属体,导电性强,金属物体和管线都可能成为雷电的最好通路,所以雷雨天卫生间自然成为家中雷击高发区。因此,遇到雷雨天气时,在室内一定要关闭好门窗,以防球形雷飘入;不要靠近、触摸任何金属管线,包括水管、暖气管、煤气管等;房屋如无防雷装置,在室内最好不要使用任何家用电器,包括电视机、计算机、收音机、电话、洗衣机、微波炉等,最好拔掉所有的电源线、网线和电话线。

附录 D   电磁环境污染及其控制

1. 电磁环境和电磁环境污染

电磁环境就是存在于给定场所的所有电磁现象的总和,简单的理解就是环境中普遍存在的电磁感应、干扰现象,比如机场的电磁环境包括广播干扰、附近电子设备干扰、移动无线电干扰、高压输电线干扰、电气化铁路干扰、场地无源干扰物体(金属堆积物)干扰等。

在环境中,电场、磁场、电磁场的强度和持续时间等的综合影响引起人体不适,或干扰仪器设备正常运行,就称为电磁环境污染。

电磁环境污染来源于现代社会中电子设备和电气装置产生的电场、磁场、电磁场,频率范围为 1 Hz～300 GHz,形式不同,频率不同,强度不同,比如大型电力发电站、输变电设备、高压及超高压输电线等产生 50 Hz 的工频电场和工频磁场,雷达系统、电视和广播发射系统、射频感应及介质加热设备、通信发射塔、卫星地球通信站等产生射频电磁辐射,各种家用电器产生不同频率的电磁场。

在这里,射频电磁辐射是指频率为 100 kHz～300 GHz 的电磁波,也称无线电波。射频电磁辐射是能量以电磁波的形式通过空间传播的物理现象。电磁波频率越高,空间传输能力越强,对人体的影响就越大。无线电波的波段划分表如附表 D.1 所示。

附表 D.1   无线电波的波段划分表

波段、频段名称		波长、频率范围	典 型 应 用
极长波 极低频(ELF)		1 Mm～100 km 30～300 Hz	电力
超长波 甚低频(VLF)		100～10 km 3～30 Hz	导航、声呐
长波 低频(LF)		10～1 km 30 Hz～300 kHz	导航、无线电信标
中波 中频(MF)		1 km～100 m 300～3000 kHz	调幅广播、海上无线电、海岸警戒通信、测向
短波 高频(HF)		100～10 m 3～30 MHz	调幅广播、通信、业余无线电
超短波 甚高频(VHF)		10～1 m 30～300 MHz	调频广播、电视、移动通信、导航
微波	分米波 特高频(UHF)	100～10 cm 300～3000 MHz	广播电视、移动通信、卫星定位导航、无线局域网
	厘米波 超高频(SHF)	10～1 cm 3～30 GHz	卫星广播、卫星电视、卫星通信、机载雷达、无线局域网
	毫米波 极高频(EHF)	10～1 mm 30～300 GHz	通信、雷达、射电天文、实验研究
	亚毫米波 超极高频(SEHF)	1～0.75 mm 300～400 GHz	—

射频电磁辐射属于非电离辐射,即量子的能量不能使原子和分子电离。量子的能量可以使原子和分子电离的辐射属于电离辐射,例如 X 射线辐射、γ 射线辐射。

2. 电磁环境污染的危害

1)电磁干扰对电力电子设备的危害

电磁干扰是指设备在工作过程中出现的一些与有用信号无关,并且对设备性能或信号传输有害的电气变化现象。

电磁干扰会降低设备性能,如:语音传输受到电磁干扰会使信号发生畸变失真,严重时信号可完全被电磁干扰淹没,使语音清晰度变差;雷达显示器、电视等的图像显示系统,在电磁干扰作用下会变得模糊并出现差错;电磁干扰使数字系统误码率增大,降低了信息的可靠性,严重时会导致信息错误和信息丢失;电磁干扰会使传统仪表的指针指示错误、抖动和乱摆,影响系统使用功能;自动控制系统受到电磁干扰时,可能出现失控或误动作,使控制系统的可靠性降低,并危及人身安全。

电磁干扰降低设备性能指标的现象极为普遍。日常生活中最容易受到电磁干扰的就是电视机和收音机了,但当干扰源关机或者远离时干扰现象随之消失,一切又都恢复正常。如果出现灾难性电磁干扰危害,则称为"电磁兼容性故障",如:手机干扰心脏起搏器,使病人生命垂危;强电磁干扰使无线电接收机前端电路烧毁,不能恢复正常工作;游乐场过山车因电磁干扰失控而造成游客受伤。

电磁干扰使金属之间因电磁感应电压而产生电火花或飞弧,引燃该处易燃气体,导致易燃物燃烧。

一般电子系统设备均有外泄电磁干扰,现代侦测系统很容易从电磁干扰中得到重要信息。电磁干扰可能造成政治、军事、经济和工业等保密信息的泄露。

2)射频电磁辐射对人体的危害

研究发现,电磁场的生物效应随频率的增大而增强,其危害程度也随之增大;脉冲波的生物效应比连续波的要高;强磁场能在短时间内使人失去定向感觉。人体是一个导电体,其本身就是一个生物弱电磁场,射频电磁辐射危害人体的机理主要是热效应、非热效应和累积效应等。

(1)热效应。

人体 70% 的体重是水,高频电磁波对生物机体细胞有"加热"作用。人体接收电磁辐射后,体温上升,如果吸收的辐射能很多(功率密度大于 10 mW/cm^2,或电场强度大于 110 V/m),靠体温调节无法把热量散发出去,于是会引起体温升高,进而引发各种症状,如心悸、头胀、失眠、心动过缓、白细胞减少、免疫功能下降、视力下降等。

(2)非热效应。

当辐射功率密度小于 1 mW/cm^2(电场强度小于 60 V/m)时,人体长时间辐射也不会引起体温明显升高,但会出现植物神经紊乱、脑电图和心电图变化等症状,称为电磁辐射的非热效应,这些症状在脱离辐射源后一般是可以逐渐恢复的。这是因为人体的器官和组织都存在微弱的电磁场,它们是稳定且有序的,一旦受到外界电磁波的干扰,处于平衡状态的微弱电磁场即遭到破坏,人体正常循环机能就会被破坏。

(3)累积效应。

热效应和非热效应作用于人体后,对人体的伤害尚未来得及自我修复之前再次受到电磁波辐射的话,其伤害程度就会发生累积,久之会成为永久性病态(体力减退、白内障、免疫力低下等)或危及生命。

由此可知,射频电磁场(如手机、微波炉等)被人体吸收后会转化为体内分子快速运动的能量,快速运动的分子之间产生摩擦而使温度升高,微波炉正是利用这种热效应来加热食物的。这种热效应相比于 X 射线的电离效应,就是小巫见大巫了,它需要比较大的电磁场能量才可以对人体造成真正的威胁。但是对于这种热效应,科学界也不敢小视。在用微波炉加热食物时,有时会发现食物的内部已经热了,但表面还是凉的。如果电磁场以这样的方式影响人体内部的组织也是很可怕的,所以对于这一频段的电磁场,制定了相应的强度标准,手机、微波炉周围的辐射强度都是远远低于安全标准的临界值的。

3)工频电场和工频磁场对人体的影响

电力设施是以 50 Hz 频率工作的,这种极低频的电磁波的空间传输能力差,不会产生辐射,而是产生工频电场和工频磁场。工频电场是由电压所产生的,并随着电压的增大而增强;工频磁场是由通过电线或电器的电流而产生的,并随着电流强度的增大而增强。工频电场和工频磁场的特点是随着距离的增大呈指数衰减。

工频电场的波长非常长,不会像电磁辐射那样被人体直接吸收。工频电场和工频磁场对人体健康可能的威胁主要在于:工频电场和工频磁场会在人体内产生或者感应出电流,电流如果足够大,可对神经和肌肉产生刺激。不过要产生这种刺激,电磁场本身的能量要足够大才可以。为了防止对人体产生影响,需要将感应电流密度控制在阈值之下。

家用电器,如电视机、电吹风、电冰箱等,会产生工频电场和工频磁场。

3. 电磁兼容和电磁环境控制

1)电磁兼容

电磁兼容(EMC)是指电子系统在规定的电磁干扰环境中能正常工作的能力,而且电子系统也不向处于同一环境的其他设备释放超过允许范围的电磁干扰。也就是说,采用有效的技术手段,设备对来自外部环境的电磁干扰必须具有一定的承受能力(EMS);设备在正常工作时产生的电磁干扰不超过一定的限值,不干扰其他设备的正常工作(EMI)。

为了实现仪器设备之间的电磁兼容,国家针对各种电子、电气设备颁布了一系列强制性的电磁兼容执行标准,强制要求多数电子、电气设备必须通过相关电磁兼容标准的性能测试,否则为不合格产品,不能进入流通领域。

为建立与国际规则相一致的技术法规、标准和合格评定程序,促进贸易便利化和自由化,国家发布了强制性产品认证制度,即 3C(China compulsory certification,简称 CCC)认证。3C 认证是国家安全认证(CCEE)、进口商品安全质量许可制度(CCIB)、电磁兼容认证(EMC)三合一的 CCC 权威认证,每个 3C 标志后面都有一个随机码,每个随机码都有对应的厂家及产品,消费者可通过国家质量认证中心进行编码查询。

2)电磁环境控制

为贯彻《中华人民共和国环境保护法》,加强电磁环境管理,保障公众健康,制定了《电磁环境控制限值》(GB 8702—2014)。这项 2015 年 1 月 1 日起正式实施的标准是对《电磁辐射防护规定》(GB 8702—1988)和《环境电磁波卫生标准》(GB 9175—1988)的整合修订。在满足本标准限值的前提下,鼓励产生电场、磁场、电磁场的设施(设备)所有者遵循预防原则,积极采取有效措施,降低公众暴露。为控制电场、磁场、电磁场所致的公众暴露,环境中的电场、磁场、电磁场参数应满足附表 D.2 的要求。

附表 D.2　公众暴露控制限值

频 率 范 围	电场强度 E/(V/m)	磁场强度 H/(A/m)	磁感应强度 B/μT	等效平面波功率密度 S_{eq}/(W/m²)
1~8 Hz	8000	$32000/f^2$	$40000/f^2$	—
8~25 Hz	8000	$4000/f$	$5000/f$	—
0.025~1.2 kHz	$200/f$	$4/f$	$5/f$	—
1.2~2.9 kHz	$200/f$	3.3	4.1	—
2.9~57 kHz	70	$10/f$	$12/f$	—
57~100 kHz	$4000/f$	$10/f$	$12/f$	—
0.1~3 MHz	40	0.1	0.12	4
3~30 MHz	$67/f^{\frac{1}{2}}$	$0.17/f^{\frac{1}{2}}$	$0.21/f^{\frac{1}{2}}$	$12/f$
30~3000 MHz	12	0.032	0.04	0.4
3000~15 000 MHz	$0.22f^{\frac{1}{2}}$	$0.000\,59f^{\frac{1}{2}}$	$0.000\,74f^{\frac{1}{2}}$	$f/7500$
15~300 GHz	27	0.073	0.092	2

注:1. 频率 f 的单位为所在行中第一栏的单位。

2. 频率为 0.1~300 GHz 时,场量参数是任意连续 6 分钟内的方均根值。

3. 频率为 100 kHz 以下时,需同时限制电场强度和磁感应强度;频率为 100 kHz 以上时,在远场区,可以只限制电场强度或磁场强度或等效平面波功率密度,在近场区,需同时限制电场强度和磁场强度。

4. 架空输电线下的耕地、园地、牧草地、畜禽饲养地、养殖水面、道路等,其频率为 50 Hz 的电场强度控制限值为 10 kV/m,且应给出警示和防护指示标志。

4. 抗干扰技术

电磁干扰的形成必须同时具备三个因素:电磁干扰源、对此类干扰敏感的仪器设备(被干扰体)、干扰信号耦合的通道(传播途径,即传导、辐射)。

那么,要消除或减弱电磁干扰,可针对这三个因素采取措施:消除或抑制干扰源、削弱接收回路对干扰的敏感性、切断干扰途径。例如,电吹风机在电视机旁使用时,会使电视机图像抖动、模糊。电吹风机所产生的电磁干扰以两种途径到达电视机:一是通过共用的电源插座,二是以空间电磁场传输的方式由电视机的天线接收。所以,应设法切断这些干扰途径。针对破坏干扰途径这一目标,常用的抗干扰技术有屏蔽、接地、滤波、隔离等。

1) 屏蔽

屏蔽就是对两个空间区域之间进行金属的隔离,以控制电场、磁场和电磁波由一个区域对另一个区域的感应和辐射。屏蔽分为主动场屏蔽(场源位于屏蔽体之内)和被动场屏蔽(场源位于屏蔽体之外),如高压试验屏蔽室、微波暗室、铜网式电磁屏蔽机房、核磁共振屏蔽室、电磁屏蔽柜、军用屏蔽帐篷等。屏蔽技术可抑制电磁干扰在空间传播,并切断电磁干扰的传播途径。

2) 接地

接地有射频接地和高频接地两种。射频接地是将场源屏蔽体或屏蔽体部件内的感应电流迅速导入大地,避免屏蔽体产生二次辐射;高频接地是将场源屏蔽体和大地,或者与大地上可以看作公共点的某些构件,采用低电阻导体连接起来,形成电流通路,使屏蔽系统与大地之间形成一个等电势分布。接地技术的目的是保护人身和设备安全,提供参考零电位,阻隔地环路。

3)滤波

滤波是抑制电磁干扰最有效的手段之一。滤波是指在电磁波的所有频谱中分离出某一频率范围内的有用波段。线路滤波的作用是保证有用信号通过的同时,阻截无用信号通过。滤波常用的设备为滤波器。滤波器按通过信号的频段分为低通滤波器、高通滤波器、带通滤波器和带阻滤波器,按处理的信号分为模拟滤波器和数字滤波器,按采用的元器件分为无源滤波器和有源滤波器,例如微波无源滤波器、高频系列滤波器、低频系列滤波器、电源滤波器等。

4)隔离

隔离的目的是阻断干扰信号的传导通路,并抑制干扰信号的强度。如:隔离变压器隔离低频干扰信号;扼流圈抑制高频干扰信号;光电耦合器可隔离两单元电路间的干扰信号;继电器和晶闸管可实现强电、弱电电路间的隔离,驱动大功率设备。重要机房的供电系统的抗干扰措施框图如附图 D.1 所示。

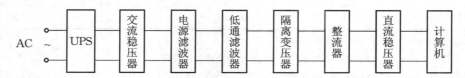

附图 D.1　重要机房的供电系统的抗干扰措施框图

5. 日常生活中的电磁环境控制

只要家用电器两端接上了电压,就一定会有电场存在;只要电器中有电流流过,电流周围一定会有磁场存在;而电器中的电压和电流常常是变化的,变化的电场会产生磁场,变化的磁场也会产生电场。

电磁场无处不在,若其强度超过人体所能承受的限度,它就会对人体产生伤害,这就是电磁环境污染。家用电器都要通过国家强制的 3C 认证,其产生的电磁波一般不会对人体造成伤害,不过,对于有些电磁场强度大的家用电器,要有正确的使用方法及安全距离,以避免电磁场的累积效应。

对一些家用电器产生的 100 kHz～3 GHz 频段内的射频电磁辐射进行检测,由此可知:通话手机产生的电场强度为 1.5 V/m 左右(接通瞬间为 3 V/m);路由器产生的电场强度为 2 V/m 左右;微波炉产生的电场强度,距离微波炉 3 cm 时为 10 V/m 左右,距离微波炉 50 cm 时为 3 V/m;电磁炉产生的电场强度为 25 V/m 左右;洗衣机产生的电场强度为 1.5 V/m 左右;液晶电视产生的电场强度为 0.86 V/m 左右;电吹风机产生的电场强度为 0.95 V/m 左右;电冰箱产生的电场强度为 0.5 V/m 左右。根据国家标准,这些家用电器的射频电磁辐射都在控制限值之内。

离电器越远,电磁辐射越弱。如测量路由器产生的电场强度时,在 1 m 开外测得的电场强度为 0.65 V/m 左右,而紧靠路由器测得的电场强度为 2 V/m 左右。

建议:充电时不要使用手机,接通瞬间将手机远离头部,睡觉时手机远离头部;微波炉开启之后要离开 1 m 远；与电磁炉的距离最好在 0.4 m 以上，加热时离开；人与电视机的距离应在 2 m 以上；电视机、电脑等有显示屏的电器设备产生的电磁辐射可能导致皮肤干燥，加速皮肤老化，因此使用后应及时洗脸。

某 4G 通信基站，现场实测到距离基站 3～5 m 时的电场强度为 0.5 V/m 左右，按照国家标准《电磁环境控制限值》(GB 8702—2014)，4G 通信基站的电场强度限值是 12 V/m，而实测值仅为国家标准限值的 1/20，因此不会对居民身体健康造成伤害。

6. 低频的电磁环境控制

为了防止工频电场和工频磁场对人体产生影响，国家将 4000 V/m 和 100 μT 作为工频电场和工频磁场的限值标准。

在距离 220 kV 高压变电站 5 m 处进行检测，其工频电场强度为 20～30 V/m，工频磁场磁感应强度为 1.3～1.4 μT；在 220 kΩ 的高压线正下方进行检测，其工频电场强度为 488.8 V/m，工频磁场磁感应强度为 0.65 μT。这些数值都远远低于国家标准限值，因此电力设施在正确使用过程中不会对人体健康产生影响。

据资料可知，家用电器所产生的工频电场强度也远低于国家标准限值 4000 V/m，如电热毯为 650 V/m，液晶电视为 490 V/m(距离 2 m 时为 6 V/m)，加湿器为 380 V/m，电吹风机为 350 V/m，台灯为 300 V/m(距离 10 cm 时为 65 V/m)，电热水壶为 110 V/m，空调为 13 V/m，电冰箱为 8 V/m，笔记本电脑为 7 V/m，抽油烟机为 1.6 V/m。

再介绍一下电磁炉。电磁炉的工作原理是将 50 Hz 的低频交流电源转变为 20～40 kHz 的高频交流电源，直接加到电磁炉的线圈盘中，产生大功率的电磁场，再利用电磁场使锅体产生涡流来进行加热。据资料可知，距离 1800 W 的电磁炉 10 cm 处的工频磁场的磁感应强度大于 20 μT，工频电场强度大于 2000 V/m；距离电磁炉 20 cm 处的工频磁场的磁感应强度大于 20 μT，工频电场强度为 300 V/m；距离电磁炉 30 cm 处的工频磁场的磁感应强度为 19 μT，工频电场强度为 1 V/m；距离电磁炉 40 cm 处的工频磁场的磁感应强度为 14 μT，工频电场强度为 0。因此，在购买电磁炉时，应选择通过国家电磁兼容标准的产品；使用时至少要距离电磁炉 40 cm 以上；尽量减少接触电磁炉的时间；吃火锅时不要把电磁炉放在桌面上，最好有金属隔板遮挡。

参 考 文 献

[1] 秦曾煌.电工学(上册)[M].7版.北京:高等教育出版社,2009.

[2] 叶挺秀,张伯尧.电工电子学[M].4版.北京:高等教育出版社,2014.

[3] 李瀚荪.电路分析基础(上册)[M].4版.北京:高等教育出版社,2010.

[4] 孙亲锡,张新建,李海华,等.电路理论[M].北京:机械工业出版社,2011.

[5] 康华光.电子技术基础 数字部分[M].6版.北京:高等教育出版社,2014.

[6] 余孟尝.数字电子技术基础简明教程[M].3版.北京:高等教育出版社,2007.

[7] 王中训,孙元平.模拟电子技术基础[M].西安:西安电子科技大学出版社,2017.

[8] 张锋,杨建国.模拟电子技术基础实验指导书[M].北京:机械工业出版社,2016.

[9] 徐淑华.电工电子技术[M].4版.北京:电子工业出版社,2017.

[10] 贾建平,刘辉.电工电子技术[M].武汉:华中科技大学出版社,2014.

[11] 林红,张鄂亮,周鑫霞.电工电子技术[M].北京:清华大学出版社,2010.

[12] 王晓荣,余颖.电工电子技术基础[M].武汉:武汉理工大学出版社,2010.

[13] 王建平,靳宝全.电工电子技术(第二分册)[M].3版.北京:高等教育出版社,2012.

[14] 范次猛,冯美仙.电子技术基础与技能(电气电力类)[M].2版.北京:电子工业出版社,2017.

[15] 陈杰瑢.物理性污染控制[M].北京:高等教育出版社,2007.